U0924255

编 委 会

主　编　林大河　莆田学院

王春忠　莆田市水产科学研究所

副主编　蔡力锋　莆田学院

吴锦程　莆田学院

黄建辉　莆田学院

林国荣　莆田学院

编　委　林大河　莆田学院

王春忠　莆田市水产科学研究所

蔡力锋　莆田学院

吴锦程　莆田学院

黄建辉　莆田学院

林国荣　莆田学院

陈伟建　莆田市农业局

翁俊发　莆田市水产科学研究所

曹连黄　方家铺子绿色食品有限公司

校企(行业)合作
系列教材

绿色食品
生产原理与技术

林大河　王春忠　主编

厦门大学出版社
XIAMEN UNIVERSITY PRESS
国家一级出版社
全国百佳图书出版单位

图书在版编目(CIP)数据

绿色食品生产原理与技术/林大河,王春忠主编.—厦门:厦门大学出版社,2020.10

校企(行业)合作系列教材

ISBN 978-7-5615-7678-6

Ⅰ.①绿… Ⅱ.①林… ②王… Ⅲ.①绿色食品－生产－教材 Ⅳ.①TS2

中国版本图书馆 CIP 数据核字(2020)第 144612 号

出 版 人 郑文礼

责任编辑 李峰伟

出版发行 厦门大学出版社

社　　址 厦门市软件园二期望海路 39 号

邮政编码 361008

总　　机 0592-2181111　0592-2181406(传真)

营销中心 0592-2184458　0592-2181365

网　　址 http://www.xmupress.com

邮　　箱 xmup@xmupress.com

印　　刷 厦门集大印刷厂

开本 787 mm×1 092 mm　1/16

印张 11.75

插页 2

字数 288 千字

版次 2020 年 10 月第 1 版

印次 2020 年 10 月第 1 次印刷

定价 39.00 元

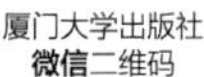

厦门大学出版社
微信二维码

厦门大学出版社
微博二维码

前 言

绿色食品的"绿色"意味着什么？安全。

科技的进步带来了物质的极大丰富，现代人的饭桌上能够选择的食物种类远远超过以往，但是人们不规范地使用各种农药、兽药和食品添加剂导致了社会公共环境的污染和破坏，同时导致了生物多样性的减少以及农产品食品安全质量的下降。20 世纪 90 年代，可持续发展成为全球关注的热点，欧美等西方发达国家，包括日本和澳大利亚，加快了有机农业、生态农业和自然农业的发展，以替代常规农业生产模式，标志着人类进入了"保护环境，崇尚自然，促进持续发展"的"绿色时代"。

我国绿色食品产业始于 21 世纪初，第九届全国人民代表大会第四次会议批准的《中华人民共和国国民经济和社会发展第十个五年计划纲要》中指出，继续抓好绿色食品基地建设是农业和农村经济结构调整的重要措施和途径之一。2001 年年末，中共中央、国务院在北京召开的中央经济工作会议上，再次指出要把食品质量、卫生和安全工作放到十分突出的位置，加快建设农产品质量标准和检验检测体系，大力发展绿色食品、有机食品和无公害食品。国务院办公厅颁布了《中国食物与营养发展纲要（2001—2010）》，重点强调了保护食物资源环境，保障食物质量、安全和卫生。

绿色食品产业到今天已经从朝阳产业转变为"烈日产业"，是我国政府实现经济和社会持续发展的战略选择，是与国际标准及认证体系接轨，应对各国技术壁垒的需要。为了更好地普及绿色食品知识，反映绿色食品发展的新动向、新成就和新技术，本书对我国绿色食品发展的意义和现状、绿色食品的概念和标准体系、绿色食品的监测和管理，以及绿色食品农产品的产后处理等问题做了较系统的介绍。本书共分 7 章，从质量标准体系、认证管理体系讲起，涉及种植业绿色食品生产（莆田市农业局陈伟建参编第三章种植业绿色食品生产第二节绿色食品生产的肥料使用）、畜禽养殖业绿色食品生产、水产养殖业绿色食品生产（莆田市水产科学研究所王春忠参编第五章水产养殖业绿色食品生产第三节绿色食品水产养殖饲料及其添加剂）、绿色食品加工技术（莆田市水产科学研究所翁俊发参编第六章绿色食品加工技术第三节绿色食品加工工艺设计与技术要求和第四节绿色食品加工厂卫生要求）、绿色食品农产品产后处理（方家铺子绿色食品有限公司曹连黄参编第七章绿色食品农产品产后处理),借鉴了莆田上述单位及企业一线工作者的先进生产经验和结论,希望可以为食品专业的学生学习绿色食品的生产技术提供参考。

同时希望读者能够在阅读过程中多提宝贵意见,反馈阅读信息,以促进本书的逐步改进和完善。

编　者

2020 年 9 月

目　录

第一章　绪　论 ······ 1
　第一节　绿色食品的概念、标志及特征 ······ 1
　第二节　绿色食品与有机食品、无公害食品的关系 ······ 3
　第三节　我国绿色食品发展的特点 ······ 6
　第四节　我国绿色食品的发展现状及趋势 ······ 8

第二章　绿色食品质量标准体系及认证管理 ······ 13
　第一节　绿色食品标准的概念和构成 ······ 13
　第二节　绿色食品产地环境质量标准 ······ 15
　第三节　绿色食品生产技术标准 ······ 18
　第四节　绿色食品产品标准 ······ 23
　第五节　绿色食品包装、标签与储运标准 ······ 24

第三章　种植业绿色食品生产 ······ 27
　第一节　种植业绿色食品生产基本要求 ······ 27
　第二节　绿色食品生产的肥料使用 ······ 30
　第三节　绿色食品生产的农药使用 ······ 42
　第四节　绿色食品生产中病虫草害的绿色防治技术 ······ 46

第四章　畜禽养殖业绿色食品生产 ······ 58
　第一节　绿色食品畜禽养殖业饲养场选择与建设 ······ 58
　第二节　绿色食品畜禽养殖业饲料选择与生产 ······ 61
　第三节　绿色食品畜禽养殖业饲料添加剂和兽药使用 ······ 67
　第四节　绿色食品畜禽养殖技术 ······ 83
　第五节　绿色食品畜禽养殖的动物福利 ······ 90

第五章　水产养殖业绿色食品生产 ······ 98
　第一节　绿色食品水产品的标准及保证途径 ······ 98
　第二节　绿色食品水产品养殖区的选择与建设 ······ 100
　第三节　绿色食品水产养殖饲料及其添加剂 ······ 101
　第四节　绿色食品水产品养殖技术 ······ 108
　第五节　绿色食品淡水鱼养殖实例 ······ 122

第六节　绿色食品海洋捕捞水产品生产管理规范…… 124
第七节　水产品绿色食品生产实例…… 128

第六章　绿色食品加工技术…… 131
第一节　绿色食品加工厂厂址选择…… 131
第二节　绿色食品加工厂总体设计…… 132
第三节　绿色食品加工工艺设计与技术要求…… 136
第四节　绿色食品加工厂卫生要求…… 143
第五节　绿色食品添加剂使用技术…… 147

第七章　绿色食品农产品产后处理…… 156
第一节　绿色食品农产品的采收处理…… 156
第二节　绿色食品包装…… 163
第三节　绿色食品储藏与保鲜…… 171
第四节　绿色食品运输技术…… 176

参考文献…… 182

第一章

绪 论

本章提要：发展绿色食品是一项开创性工作，开发绿色食品是一项系统工程。绿色食品涉及的范围很广、内容丰富。本章主要阐述绿色食品的概念及基本特征、绿色食品与其他安全食品的区别、我国绿色食品发展的特点、绿色食品在我国的发展现状及趋势等。学生学习本章后，应对绿色食品系统工程有一个全面的了解。

第一节 绿色食品的概念、标志及特征

1990年上半年，我国正式启动绿色食品系统工程建设。绿色食品的推出，不仅以其科学观念创造了一个独特的农业和食品生产的管理体系，并被我国广大农业和食品行业系统地接受、采用和推广，而且以一个可持续生产方式和消费方式的鲜明标志创造了一个崇高的理性产业。

一、绿色食品概念

绿色食品(green food)是指遵循可持续发展原则，产品出自良好的生态环境，按照特定生产方式生产，经专门机构认定，许可使用绿色食品标志商标的无污染、安全、优质、营养类食品。

绿色食品并非单纯指由绿色植物生产出来的食品，而是对无污染食品的一种形象表述。绿色象征生命和活力，而食品是维系人类生命的物质基础，自然资源和生态环境是食品生产的基本条件，为了突出这类食品出自良好的生态系统，并能给人们带来旺盛的生命力，因此将其定名为绿色食品。

为了保证绿色食品产品无污染、安全、优质、营养的特性，开发绿色食品有一套较为完整的质量标准体系。按照绿色食品特定的生产方式，即按照绿色食品质量标准体系生产、加工、销售，对产品实施全过程质量控制，产地和产品经中国绿色食品发展中心认定，同意授予绿色食品标志的产品才能称为绿色食品。

绿色食品按标准又分为A级绿色食品和AA级绿色食品。

A级绿色食品(A grade green food)系指生产地的环境质量符合《绿色食品产地环境质量标准》(NY/T 391—2013)的要求，生产过程中严格按照绿色食品生产资料使用准则和生产操作规程要求，限量使用限定的化学合成生产资料，产品质量符合绿色食品标准，经专门机构认定，许可使用A级绿色食品标志的产品。

AA级绿色食品(AA grade green food)系指生产地的环境质量符合《绿色食品产地环境质量标准》(NY/T 391—2013)的要求,生产过程中不使用化学合成的肥料、农药、兽药、饲料添加剂、食品添加剂和其他有害于环境和身体健康的物质,禁止使用转基因的种子和产品,按有机生产方式生产和加工,产品质量符合绿色食品标准,并经专门机构认定,许可使用AA级绿色食品标志的产品。因AA级绿色食品的生产标准和生产方式等同于有机食品,所以中国绿色食品发展中心于2008年6月起停止受理AA级绿色食品认证。

二、绿色食品标志

为了区别于普通食品,绿色食品实行标志管理。绿色食品标志由特定的图形来表示,如图1-1a所示。绿色食品标志图形由3部分构成:上方的太阳、下方的叶片和中心的蓓蕾,象征自然生态。标志图形为正圆形,意为保护、安全。绿色食品标志图形与字体为绿色,底色为白色,或标志图形与字体为白色,底色为绿色。整个图形描绘了一幅明媚阳光照耀下的和谐生机,告诉人们绿色食品是出自纯净、良好生态环境的安全、无污染食品,能给人们带来蓬勃的生命力。绿色食品标志还提醒人们要保护环境和防止污染,通过改善人与环境的关系,创造自然界欣欣向荣的生态和谐。绿色食品标志商标是指绿色食品标志图形、“绿色食品”中文字体、“Green Food”英文字体及这3者的组合体(图1-1)。

a.绿色食品标志图形

b.绿色食品标志商标

绿色食品

c.绿色食品中文文字商标

d.绿色食品英文文字商标

e.绿色食品标志、字组合商标

图1-1 绿色食品商标形式

三、绿色食品特征

绿色食品与普通食品相比有以下3个显著特征。

(一)强调产品出自最佳生态环境

绿色食品生产从原料产地的生态环境入手,通过对原料产地及其周围生态环境因子的严格监控，判定其是否具备生产绿色食品的基础条件，这样既可以保证绿色食品生产原料和初级产品的质量，又有利于强化企业和生产者的资源和环境保护意识，最终将农业和食品工业的发展建立在资源和环境可持续利用的基础上。

（二）对产品实行全程质量控制

绿色食品生产实施从土地到餐桌的全程质量控制，从而在农业和食品生产领域树立了全新的质量观。通过产前环节的环境监测和原料检测，产中环节的具体生产、加工操作规程的落实，以及产后环节的产品质量、卫生指标、包装、保鲜、运输、储藏和销售控制，确保绿色食品的整体产品质量，并提高整个生产过程的技术含量。

（三）对产品依法实行标志管理

绿色食品标志是个质量证明商标，属知识产权范畴，受《中华人民共和国商标法》的保护。政府授权专门机构管理绿色食品标志，这是一种将技术手段和法律手段有机结合起来的生产组织和管理行为，而不是一种自发的民间自我保护行为。对绿色食品实行统一、规范的标志管理，不仅将生产行为纳入了技术和法律监控的轨道，而且使生产者明确自身和对他人的权益责任，同时也有利于企业争创名牌、树立名牌商标保护意识，提高企业和产品的社会知名度和影响力。

由此可见，绿色食品概念不仅表述了绿色食品产品的基本特性，而且蕴含了绿色食品特定的生产方式、独特的管理模式和全新的消费观念，同时也表明开发绿色食品是一项利国利民、造福子孙的事业。

第二节　绿色食品与有机食品、无公害食品的关系

一、我国无公害农业生产的内涵

石油农业对地球环境与资源的负面影响和可持续发展思想的产生，促使 20 世纪中期起国际上陆续出现了有机农业、生态农业、生物农业、自然农业等不同替代农业模式。我国也先后推出了绿色食品、有机食品（农产品）、无公害农产品（食品）等系统工程，这些都属于无公害、安全生产方式。因此，从广义上讲，我国无公害农业生产方式包括了有机农业生产、绿色食品生产和无公害食品生产（图 1-2）。

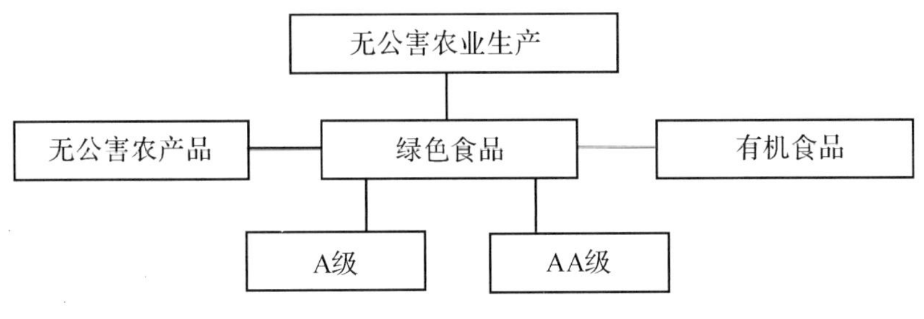

图 1-2　我国无公害农业生产方式

有机食品(organic food)是根据有机农业和有机食品生产、加工标准或生产加工技术规范而生产加工出来的经有机食品认证机构认证的无污染、纯天然、高品位的健康食品。

无公害农产品(pollution-free agricultural product)是指源于良好的生态环境,按照无公害农产品生产技术标准生产、加工,其有毒有害物质含量控制在安全允许的范围内,并经有关无公害农产品认证机构检验认证的食品或其他产品。

我国的绿色食品与无公害农产品、有机食品有很多相同的地方,但也有一些明显的区别。

二、绿色食品与无公害农产品、有机食品的共同点

(一)绿色食品与无公害农产品、有机食品的产地环境都要求无污染

产地的生态环境是绿色食品和无公害农产品、有机食品的生产基础,因此产地环境和周边环境中不能存在污染源。确保产地环境中的空气、水和土壤的洁净,是绿色食品与无公害农产品、有机食品生产的共同基础和前提条件。对那些暂时不具备无公害生产条件的地方要加以改造、整治和建设,使其逐步达到绿色食品和无公害农产品、有机食品生产基地的环境条件。

(二)绿色食品与无公害农产品、有机食品都有严格的质量控制体系

绿色食品与无公害农产品、有机食品三者在生产、收获、加工、储藏及运输的过程中,都采用了无公害的生产技术,都各自有一套严格的质量控制体系,都要求实现从土地到餐桌的全程质量控制,从而保障了其产品无污染的安全特性。它们都属于安全食品,有利于保护人们的身体健康。

(三)绿色食品与无公害农产品、有机食品都实行标志管理

标志管理的目的是充分保证产品质量的可靠,一方面约束生产者和企业按照产品质量标准和标志管理的要求进行生产和销售,另一方面使消费者能够方便地按照鲜明的标志选择和采购食品,同时也有利于执法部门查处假冒伪劣产品。因此,绿色食品与无公害农产品、有机食品都有各自经国家商标局注册的标志,并依据标志管理办法进行管理。

绿色食品标志如图 1-1 所示,无公害农产品标志如图 1-3 所示,有机食品因为不同国家、不同认证机构的标志图形都不一样,所以有不同的标志图形。我国南京国环有机产品认证中心(Organic Food Development and Certification Center of China,OFDC)和中绿华夏有机食品认证中心(China Organic Food Certification Center,COFCC)的有机食品标志图形分别如图 1-4 和图 1-5 所示。

图 1-3　无公害农产品标志

图 1-4　南京国环有机产品认证中心(OFDC)有机食品标志

图 1-5　中绿华夏有机食品认证中心(COFCC)有机食品标志

三、绿色食品与无公害农产品、有机食品的不同点

(一)认证机构不同

绿色食品唯一的颁证单位是中国绿色食品发展中心,设立在各省、市、地、县的绿色食品工作机构只能负责检测和申报,不能颁证。

无公害农产品由农业农村部农产品质量安全中心组织全国统一颁证。县(区)级、地级、省级工作机构负责申请材料的形式审查、材料审核、现场检查(限于需要对现场进行检查时)和产品检测、认证申请的初审,由农业农村部农产品质量安全中心最后审核,颁发证书。2018 年,农业农村部农产品质量安全监管司宣布停止我国无公害农产品认证工作。

有机食品是由国际有机农业运动联盟(International Federation of Organic Agriculture Movements,IFOAM)和中国国家认证认可监督管理委员会(以下简称国家认监委)通过审定和认可的认证机构颁证。我国目前已有 20 多家质量认证机构获得国家认监委认可具有有机食品的颁证资质,如中绿华夏有机食品认证中心(COFCC)、南京国环有机产品认证中心(OFDC)、中国质量认证中心(China Quality Certification,CQC)等。国外也有一些有机食品认证机构[如德国的生态认证中心(ECOCERT)、瑞士的生态市场研究所(Institute for Ecomarket,IMO)、美国的有机作物改良协会(Organic Crops Improvement Association,OCIA)等] 在我国设有办事处,通过国家认监委认可也可对我国的有机食品进行检测和颁证。

(二)生产和加工的依据不同

绿色食品是根据我国绿色食品生产、加工标准进行生产与加工的,虽然参考了国际有机食品的标准和要求,但带有符合我国国情的特色。无公害农产品是依据我国的无公害农产品卫生质量标准和环境监测标准生产与加工的。有机食品生产和加工的标准是根据国际有机农业运动联盟(IFOAM)的基本准则制定的,虽然各个国家的有机食品认证机构在具体执行上稍有差异,但总的准则不能变。

(三)生产和加工的标准要求不同

有机食品和绿色食品 AA 级在生产和加工过程中禁止使用一切人工合成的化学农药、化学肥料、生长激素、有害的化学添加剂等,只能使用有机肥、生物农药,产品中不得含有化学农药、化肥和有害化学试剂残留,不得使用基因工程种子和产品。绿色食品 A 级在生产与加工过程中,可以限量使用国家绿色食品发展中心制定的生产绿色食品的农药、化肥、兽药、食品添加剂等使用准则中的品种,但必须严格执行使用的规则。无公害农产品在生产与加工过程中,可以按照农业农村部发布的无公害农产品农业行业标准中规定的肥料和农药的使用标准来使用,有关省市也已制定出一些地方标准可供使用。

(四)认证方式不同

有机食品的认证是实行检查员制度。其认证方式以检查认证为主、检测认证为辅,强调对生产过程的质量安全措施的控制,重视农事操作记录、生产资料购买和应用的记录等。有机食品生产基地一般要有 1～3 年的转换期,转换期间只能颁发有机食品转换证书。有机食品的证书有效期不超过 1 年,第二年必须重新进行检查颁证,有些产品每一批都要颁证,领证的面积和产量必须与申报和检查的一致,不能超过证书上标明的面积和产量。有机食品生产采用的是生产基地证、加工证和贸易证,三证须齐全。

绿色食品的认证以检测认证为主,其认证着重检测工作包括绿色食品原料产地的环境条件的检测、申报产品的质量安全检测以及已获得绿色食品标志产品的年度抽查检测工作。绿色食品的证书有效期是3年,采用的是一品一证,即只颁证给申报的产品。绿色食品生产基地生产的每种产品都需单独申报、检测,才能颁证,如茶叶中的绿茶、红茶等茶类,甚至绿茶中的毛尖、炒青等均不能使用同一个证书。

无公害农产品的认证以检查认证和检测认证并重为原则。无公害农产品认证工作,在环境技术条件的评价方式上,采用了有机食品认证的检查认证的做法,实行调查评价、检查认证。同时又采用了绿色食品检测认证的方式,对申报产品进行质量与安全检测,对已获得无公害农产品标志的产品实行年度普检制度。

(五)安全档次和认证行为有区别

绿色食品与无公害农产品、有机食品在安全档次和认证行为上也有区别。绿色食品与无公害农产品和有机食品都属于农产品质量安全范畴,都是农产品质量安全认证体系的组成部分。无公害农产品符合国家食品卫生质量标准,是保证人们对食品质量安全的基本需要,是最基本的市场准入条件,是满足大众安全消费最基本的需求。绿色食品达到了发达国家的先进标准,满足人们对食品质量高层次的需求。有机食品是满足更高层次的安全消费。因此,可以把它们分为3个档次,无公害农产品是基本档次,绿色食品是第二档次,有机食品为最高档次。

发展有机食品和绿色食品都是企业行为,企业根据自己具备的条件和需要,可以自愿提出申请,政府不应强制。但无公害农产品今后会作为一种政府行为,即关系到生态环境保护和广大消费者身体健康的农产品生产都要强制性地按无公害生产标准执行,否则产品不准进入销售市场,无公害食品证书就是市场准入证。

第三节　我国绿色食品发展的特点

我国绿色食品工程的启动和发展坚持解放思想、实事求是的思想路线,从我国实际出发,走出一条与西方发达国家有机农业发展不同的道路,其主要特点有以下几方面。

一、我国绿色食品工程是在政府的倡导与推动下发展起来的

发达国家的有机农业是以理论为先导,从民间自发兴起的。早在18世纪,号称生态农业之父的俄国人康特·拉托夫就在自己的土地上试验生态农业的生产方法。1931年,英国农业专家霍华德首次提出有机农业概念。其后又有生物学专家提出生物农业理论。虽然有科学理论的指导,但由于有机农业运动是由民间组织和个人自发开展的,加上其自身具有分散性和不稳定性的弱点,因而长期发展比较缓慢。

我国绿色食品工程之所以能迎头赶上,就在于政府的大力倡导和强有力的组织,把保护生态环境、坚持经济可持续发展的目标变为生产者的自觉行为。1991年,国务院《关于开发绿色食品有关问题的批复》指出:“要采取措施,坚持不懈地抓好这项开创性的工作,各有关部门要给予大力支持。”1993年,国务院颁布实施的《九十年代中国食物结构改革与发展纲要》中强调提出:“要十分注意提高加工食品质量,选择优质的原料品种,建立稳定的原料基

地，大力开发绿色食品。”农业农村部根据国务院的一系列指示，结合农业发展的实际情况，在实施绿色食品工程中采取政策引导、示范引路、稳步推进的办法来引导绿色食品事业的发展。

二、我国绿色食品工程在启动的同时就建立起质量标准控制体系

正如前述，西方发达国家的有机农业是生产者自发的、分散发展起来的，它的标准及管理服务体系首先是由地方建立并且是滞后建立的，有的国家甚至还没有全国性管理、保障机制。而我国的绿色食品工程在启动的同时就着手进行质量标准、监测、管理和法规保障体系的建设。目前，我国农业农村部设有中国绿色食品发展中心和绿色食品管理办公室，各省（直辖市、自治区）设有绿色食品办公室，并且逐步在全国地、市、县级设立绿色食品工作机构。按照“择优选用、业务委托、合理布局、协调规范”的原则，中国绿色食品发展中心委托产品质量检测机构和环境监测机构，组成了覆盖全国的绿色食品质量监测体系，颁布了《绿色食品标志管理办法》和一系列绿色食品标准。

三、我国绿色食品既要保证优质、安全，又要注重产量和经济效益

西方发达国家早在20世纪60年代就实现了从传统农业向现代化农业的转变，农业生产力水平极大地提高，农产品有了大量的剩余。国外有机食品强调的是产品安全、卫生质量，并不强调产量的多少。我国情况则不同，目前农产品供应虽然比较宽松，但是主要农产品人均占有量刚刚达到或略高于世界平均水平，与发达国家相比差距很大。随着人口的增长，退耕还林、还草，以及土地沙漠化等许多因素的影响，人均占有耕地将持续下降。因此，我国实施绿色食品工程，必须坚持质量与产量并重的原则，优先选择生态环境好的，充分运用传统农业所长，结合现代农业科学技术，并实行产品分级制度，稳步推进绿色食品发展。这样在保证农产品优质、安全的前提下，农产品的单位面积产量不仅稳定还会有所提高，农产品生产经济效益不仅不会下降反而会稳步增长。

四、我国绿色食品工程实施从土地到餐桌的全程质量监控

西方发达国家对食品质量管理很严格，但由于对环境污染治理较早，因而有机农业产品的质量监控主要是针对初级产品和加工品，对大气和水质则不做或少许做监测。而我国环境问题到20世纪80年代初才提到国民经济发展日程。目前大气、水质、土壤污染情况仍然比较严重，因此绿色食品工程必须从源头抓起。对绿色食品的产地生态环境（主要包括土壤、水质和大气）进行开发前的调查和评价，对绿色食品的初级产品和加工食品都要依据标准进行监测和检验。中国绿色食品发展中心已经制定出绿色食品生态环境标准、生产过程标准、产品标准、产品包装标准、储藏和运输标准等，以保证对绿色食品从土地到餐桌的全程质量监控。这些标准的制定参照了联合国粮食与农业组织、世界卫生组织的标准，国际有机农业运动联盟基本标准，以及欧盟、美国、日本等发达国家和组织的食品安全标准，因此是与国际接轨的，适应经济全球化的要求。

五、我国绿色食品开发与管理目标明确、特点鲜明

与西方发达国家有机农业生产体系相比，我国绿色食品开发与管理有着显著不同的特

点，主要表现在发展目标、技术路线、生产方式、质量控制、管理方式和组织方式方面。

（一）发展目标

在发展目标上，我国绿色食品生产在追求高产量、高效益的同时，融进了环境和资源保护意识、质量控制意识和知识产权保护意识，不仅要实现高产、优质、高效的结合，更要追求经济效益、生态效益和社会效益的统一。

（二）技术路线

在技术路线上，强调谨慎地选择、组合传统技术和现代技术，尤其是我国传统农业的优秀农艺技术和当今高新技术，以适度的技术，配合一体化的管理，合理配置生产要素，获取综合效益。

（三）生产方式

在生产方式上，通过制定标准，推广生产操作规程，配合技术措施，辅之以科学管理，将农业生产过程的诸环节紧密融为一体，实现产加销、农工商的有机结合，提高农业生产过程的技术含量和农业生态经济的高效率、高效益产出。

（四）质量控制

在质量控制上，首先强调“产品出自优良生态环境”，并注重生产加工和储运过程的全程质量控制，将环境和资源保护意识自觉融入生产者的经济行为之中。另外，通过满足消费者对食品安全性提出的高要求，促使生产者改变传统的生产方式和方法，最终形成对产品实行从土地到餐桌全程质量控制的观念和模式。

（五）管理方式

在管理方式上，通过对产品实行统一、规范的绿色食品部颁标志管理，实现了质量认证和商标管理的结合，从而使生产主体在市场经济环境下明确了自身的组织行为和生产行为规范。

（六）组织方式

在组织方式上，通过管理绿色食品标志和推广全程质量控制技术措施，将分散的农业生产者有组织地纳入绿色食品产业化发展的进程，将分散的产品有组织地推向了国内外市场，从而通过技术和管理相结合的一个无形中介组织构造出中国绿色食品产业的形象和体系。

第四节　我国绿色食品的发展现状及趋势

一、我国绿色食品的发展现状

我国绿色食品经过20多年发展取得了辉煌成就，创立了一个具有鲜明特色的新兴产业，打造了一个代表我国安全优质农产品的精品品牌，创建了一套符合我国农业和食品工业的发展模式，构建了一套具有国际先进水平的技术标准体系，绿色食品的公信力和美誉度得到了全社会的高度认可。

绿色食品创立的从土地到餐桌全程质量控制模式，促进了农业标准化生产，提高了农产品的质量安全水平。绿色食品建立的以安全、优质为核心的技术标准体系，符合我国国情，整体达到了国际先进水平。绿色食品创建的质量认证与商标管理相结合的基本制度，创新了我国农产品质量安全监管的技术手段,推动了农业品牌战略的实施。绿色食品推行的以品牌带动龙头企业、促进标准化基地建设的产业化发展模式,提高了农业组织化、规模化和产业化发展水平。通过发展绿色食品,在不断满足城乡居民对安全优质农产品消费需求的同时,面向全社会,引导和传播了科学、安全、健康、环保的消费理念;面向广大企业和农户,普及和推广了安全优质农产品标准化生产技术和管理模式;面向国内外市场,宣传和提升了我国安全优质农产品的品牌形象。发展绿色食品,是对我国农业结构战略性调整的重要贡献,也是新时期我国农产品质量安全工作取得的重大成果,取得了良好的经济效益、社会效益和生态效益。

(一)绿色食品产品总量规模不断扩大

从 1990 年到 2019 年,绿色食品企业由 63 家发展到 38772 家,产品由 127 个发展到 89513 个,年均增长率分别达到 27%～29%。绿色粮食生产总量由 3.6×10^5 t 增加到近 5.620×10^7 t,产地环境监测面积由 4.0×10^4 hm^2(6.0×10^5 亩)扩大到 9.439×10^8 亩。已开发的绿色食品产品,包括农林、畜禽、水产和饮料 4 个大类,覆盖农产品及加工食品的 1000 多个品种,其中,初级产品占 30%,加工产品占 70%。

(二)品牌公信力和影响力不断增强

通过坚持实施全程标准化生产,规范产品认证,严格认证后监管,绿色食品产品质量抽检合格率一直稳定保持在 98%以上。通过坚持不懈地开展宣传,绿色食品品牌的知名度和影响力不断提高。据市场调查,部分大中城市消费者对绿色食品品牌的认知度和信任度已分别超过 70%和 80%。2019 年,绿色食品产品国内销售额达到 4656.6 亿元。绿色食品品牌影响已从国内扩大到国外,国际化进程不断加快。我国绿色食品标志商标已在我国香港以及日本、美国、俄罗斯、法国、澳大利亚等 9 个国家和地区成功注册。2012 年,我国绿色食品出口额达到 41.31 亿美元,已占全国农产品出口总额的 6%以上。

(三)产业发展水平不断提高

经过 20 多年的努力,绿色食品构建了以产品生产、技术支撑、认证监管、市场流通为核心的产业发展体系,形成了"以品牌标志为纽带、龙头企业为主体、基地建设为依托、农户参与为基础"的产业发展模式。2017 年,通过绿色食品认证的国家级和省级农业产业化龙头企业分别达到 400 家和超过 1000 家,分别占国家级和省级农业产业化龙头企业的 30%和 20%以上,企业实力不断增强。在品牌的带动下,依托我国优势农产品产业带建设,2019 年全国绿色食品原料标准化生产基地已达 721 个,种植面积达 1.66×10^8 亩,总产量 1.065×10^8 t,基地带动农户 2172.9 万户,直接增加农民收入 15 亿元以上。在市场需求的拉动下,国内部分大中城市已建立一批绿色食品专业营销网络和渠道,绿色食品市场流通体系建设步伐不断加快。

(四)质量保障体系不断完善

经过多年的探索,绿色食品创立并逐步完善了"以标准为基础、质量认证为形式、标志管理为手段"的质量保障体系。农业农村部已累计发布绿色食品标准 152 项,现行有效使用的绿色食品标准 108 项,形成了产地环境、生产过程、产品质量和包装储运全程控制的标准体系,质量安全标准达到国际先进水平,一些卫生安全指标达到甚至超过了欧盟、美国、日本等发达国家和组织水平。绿色食品现已建立起了一套较为完善的认证制度,促进企业建立健全了质量保障体系,指导农户实施了标准化生产。通过落实企业年检、产品抽检、市场监察、产品公告等监管措施，强化淘汰退出机制，对质量不合格的产品、管理不规范的企业及时取消绿色食品标志使用权，并积极配合市场监管部门严肃查处假冒产品，维护了绿色食品品牌的信誉。

（五）工作体系和队伍不断扩大

在各级政府的支持下，绿色食品现已建立起了覆盖全国的工作体系，机构逐步健全，职能不断得到加强，队伍不断扩大。全国已全面建立了省级绿色食品工作机构，截至 2011 年，全国已有 80%以上的地市、50%以上的县设立了绿色食品工作机构，队伍已发展到 5000 多人。另外，绿色食品产地环境监测和产品检测机构分别达 74 家和 57 家，专家队伍有近 500 人。

二、我国绿色食品产业的发展趋势

绿色食品工作是农业和农村经济工作的有机组成部分，必然受到农业发展阶段性的制约，客观上要求与农业和农村经济形势相适应，与农业生产力发展水平和社会消费水平相适应。在过去较长的时期内，我国农业发展主要以满足农产品数量需求为目标，在这样的历史条件下，绿色食品工作不可能作为一项常规工作提上重要议事日程。而目前，形势已经发生了 3 个重大转变，一是农产品供求格局发生了从长期短缺到总量基本平衡、丰年有余的历史性转变；二是农业和农村经济发展的外部环境发生了从国内市场和资源自我平衡为主，到面对国内国际两个市场、两种资源的根本性转变；三是农业管理工作发生了从抓产量增长为主到注重质量安全的战略性转变。为适应新形势的要求，必须对绿色食品工作的定位进行再认识。

（一）把发展绿色食品作为引导和促进农业结构战略性调整的一项有效措施来抓

全国绿色食品总量规模目前虽还不是很大，但在某些产品类别上和农业生态环境及资源条件较好的部分地区，绿色食品已占较大比重。预计全国绿色食品未来发展速度会进一步加快，并大大超过现在的规模，所占比重也将有较大的提高，在某些地区的某些产品门类上有可能成为主体。这个发展趋势表明，绿色食品的发展对农业结构调整和农民收入增长将产生日益重要的影响，主要反映在以下 3 个方面。

1.促进农产品质量提高，优化产品结构

卫生安全性是当前农产品质量的重点，也是提高质量、优化结构需要解决的首要问题。发展绿色食品将大大提高农产品卫生安全标准，对增强质量比较优势、优化产品结构具有重要意义；也将有利于增强农产品加工企业的产品竞争力，促进农产品加工业的发展和农产品结构的升级。

2.促进优势农产品发展，优化生产布局

各地的实践证明，把发展绿色食品与调整农业生产布局结合起来，有利于加快优势农产品的发展，增强区域比较优势。例如，黑龙江和江苏的大米、内蒙古的乳制品、湖南和福建的茶叶、北京和山东的蔬菜等，不同程度上都是在绿色食品开发的促进和带动下，发展为优势产业，形成了以绿色食品为特色的区域生产布局。

3.促进产业化龙头企业发展，优化生产组织结构

通过从土地到餐桌的质量管理模式和绿色食品标志的纽带作用，建立并强化了企业+

原料基地＋农户的生产组织结构和利益联结机制，增强了龙头企业的竞争力和带动力，从而推动了农业产业一体化发展。随着绿色食品龙头企业的发展，绿色食品在优化农业生产组织结构和推动农业产业化进程方面将发挥更大的作用。

因此，开发绿色食品符合农产品的发展方向，是引导和促进农业结构战略性调整的一项有效措施，必须坚持不懈地抓紧抓好。

(二)把发展绿色食品作为农产品质量安全工作的示范来抓

绿色食品系统工程是开创性的工作，特别是取得的制度创新和机制创新，对加强农产品质量安全制度建设和无公害农产品及有机食品工作具有重要的借鉴意义。这主要表现在：①以质量认证为基本手段进行质量安全管理；②以质量证明商标为纽带，建立健全认证管理体系；③实行从土地到餐桌的全过程质量管理，立足基本国情，借鉴国际先进标准建立配套的技术标准体系；④充分利用和合理整合资源，建立质量监测检验体系；⑤发挥龙头企业的主导作用，通过原料基地建设推动农业的标准化生产和规范化管理；⑥以国际市场为导向，促进农产品安全质量标准的提高。绿色食品工作在许多方面已走在了农产品质量安全管理工作的前面，为提高我国农产品的质量安全水平起到了积极的示范带动作用。

(三)把发展绿色食品作为扩大我国农产品出口的一项重要工作来抓

积极应对国际上绿色技术壁垒，减少冲击，扩大出口是农业和农村经济工作面临的重大任务。农业部门就是要千方百计地为提高我国农产品的国际竞争力，扩大出口，保护和增进农民利益多想办法、多找出路。目前，绿色食品在质量标准和品牌影响力上都具有一定的竞争优势，特别是有打破绿色技术壁垒的优势，具备了扩大出口的技术条件。从一些国家的农产品质量安全制度看，农产品在技术标准和认证条件上都是分层次的，如有机农产品、减农药减化肥农产品、常规农产品等。我国有机食品可以实行与国际认证接轨，扩大出口；绿色食品同样也可以通过双边或多边的认证接轨，扩大出口，而且具有更大的市场空间和出口潜力。只要工作做好了，绿色食品的出口潜力还能进一步得到发挥，成为带动我国农产品大规模进军国际市场的一支主导力量。因此，绿色食品不仅要立足国内创品牌，引导国内消费，而且要面向国际市场，发挥比较优势，在扩大我国农产品出口量方面担当起义不容辞的责任。

(四)绿色食品工作的新定位

绿色食品工作正处于一个重要的转折时期，要求必须实现 3 个转变：①从相对独立发展，转变为农产品质量安全工作的重要组成部分；②从追求自我发展为主，转变为在加快自身发展的同时，发挥在新阶段农业中的积极作用；③从偏重市场运作，转变为加强政府引导、推动与市场拉动相结合。只有这样，才能适应新的形势，把握发展机遇，赢得品牌效应。要充分发挥绿色食品、无公害农产品、有机食品和地理标志农产品(简称“三品一标”)在制度规范、技术标准等方面的优势，带动整个农产品标准发展。

“三品一标”是我国政府主导的安全优质农产品公共优质品牌，也是农业系统在农产品方面主推的 4 个官方认可性品牌。要充分发挥“三品一标”在制度规范、技术标准等方面的优势，带动整个农产品标准化生产、全程质量控制，在保障质量安全水平上发挥更加突出的辐射带动作用。要通过“三品一标”认证，强化农产品质量安全知识的普及、标准化技术的培训、生产服务的指导和农产品品牌的创建，辐射带动更多的农产品严格按照标准化生产，扩大安全优质农产品生产总量规模，实现认定一个产地，带动一片标准化基地建设；认证一个产品，保障一方产品的平安。同时，要充分发挥“三品一标”快捷入市、顺畅销售、品牌信誉、优质优价等方面的综合优势，全面加快“三品一标”的发展进程，扩大“三品一标”认证总量规模，不断提升品牌形象和社会公信力。

思考题

1.什么是绿色食品？绿色食品与国际国内同类产品的区别和联系是什么？
2.怎样理解21世纪是一个“绿色时代”？
3.绿色食品与有机食品、无公害农产品的主要区别是什么？
4.我国绿色食品发展与国际有机农业运动发展比较有何特点？
5.我国绿色食品发展取得了哪些主要成就？
6.如何更健康地推进绿色食品事业的发展？

第二章

绿色食品质量标准体系及认证管理

本章提要：绿色食品质量标准体系不仅是对绿色食品产品质量、产地环境质量、生产资料使用、生产操作规程等指标进行规定，而且更重要的是对绿色食品生产者、管理者的行为进行规定。绿色食品标准对每一种绿色食品产品生产者的生产活动都做了技术性规定，通过规范生产者的技术行为，达到保证绿色食品质量的目的。

第一节 绿色食品标准的概念和构成

一、绿色食品标准的概念

绿色食品标准是应用科学技术原理，结合绿色食品生产实践，借鉴国内外相关标准制定的，在绿色食品生产中必须遵循、绿色食品认证时必须依据的技术性文件。它既是绿色食品生产者的生产技术规范，也是绿色食品认证的基础和质量保证的前提。绿色食品标准是国家的行业标准，对经认证的绿色食品生产企业是强制性标准，必须严格执行。

二、绿色食品标准制定的依据和基本原则

(一)绿色食品标准制定的依据

从标准化角度看，要想提高产品质量，首先必须有一个高水平的质量标准。质量标准是打开市场的关键，产品要靠它所贯彻执行的标准获取通往市场的“通行证”。标准和质量是市场经济体制下关系到商品生产和流通的两个最基本、最活跃的要素。当前我国出口贸易中存在的突出问题是产品质量低、产品标准水平低于国际标准和国外先进标准水平。因此，积极采用国际标准和国外先进标准，有利于提高产品质量，增强我国产品在国际市场的竞争能力，促进企业的技术改造，提高经济效益。

随着我国加入世界贸易组织(World Trade Organization，WTO)，采用国际标准已成为一种发展趋势。绿色食品所面临的是国内和国际两个市场，根据两个市场的需求水平差异和绿色食品生产技术条件，我国分别制定了AA级和A级绿色食品标准。制定AA级绿色食品标准的依据是以我国国家标准为基础，参照GB/T 24000—ISO 14000环境管理系列标准、国际有机农业运动联盟(International Federation of Organic Agriculture Movements，IFOAM)标准、联合国食品法典委员会(Codex Alimentarius Commission，CAC)标准，结合绿色食品生产技术科技攻关成果，达到国际标准和国外先进标准水平。制定A级绿色食品

标准的依据是以我国国家标准为基础，部分参照国际标准和国外先进标准，能被绿色食品生产企业普遍接受，综合技术水平优于国内执行标准。

（二）绿色食品标准制定的基本原则

制定绿色食品标准要从发展经济与保护环境相结合的角度来规范绿色食品生产者的经济行为。在保证食品产量、提高食品质量，同时维护和改善人类赖以生存和发展的环境的前提下，充分考虑以下原则：

(1)生产优质、营养、对人畜安全的食品及饲料，保证获得一定产量和经济效益，兼顾生产者和消费者双方的利益。

(2)保证生产地域内环境质量不断提高，有利于水土资源保持，有利于生物自然循环和生物多样性的保持。

(3)有利于节省资源，其中包括要求使用可更新资源、可自然降解和回收利用材料，减少长途运输，避免过度包装等。

(4)有利于先进科学技术的应用，以保证及时利用最新科技成果为发展绿色食品服务。

(5)有关标准的技术要求能够被验证。有关标准要求采用的检验方法和评价方法不能是非标准方法，必须是国际标准、国家标准或技术上能保证再现性的试验方法。

(6)绿色食品的综合技术指标不低于国际标准或国外先进标准的水平。生产技术标准要有很强的可操作性，便于生产者接受。

(7)严格控制使用基因工程技术，在 AA 级绿色食品生产中禁止使用基因工程品种和产品。

三、制定绿色食品标准的作用

制定绿色食品标准主要具有如下作用：

(1)绿色食品标准是绿色食品质量认证和质量体系认证的基础。

(2)绿色食品标准是开展绿色食品生产和管理活动的技术、行为规范。

(3)绿色食品标准是推广先进生产技术、提高农业及食品生产加工水平(绿色食品生产水平)的指导性技术文件。

(4)绿色食品标准是维护绿色食品生产者和消费者利益的技术和法律依据。

(5)绿色食品标准是提高我国农产品及食品质量、增强我国食品在国际市场竞争力、促进产品出口创汇的技术目标依据。

(6)绿色食品标准为我国加入世界贸易组织以后，开展可持续的农产品及有机农产品平等贸易提供了技术保障依据，为我国农业，特别是生态农业、可持续农业在对外开放过程中提高自我保护、自我发展能力创造了条件。

四、绿色食品质量标准体系

绿色食品质量标准体系包括绿色食品产地环境质量标准，绿色食品生产技术标准，绿色食品产品标准，绿色食品包装、标签、储运标准以及其他相关标准，构成一个完整的质量控制体系(图 2-1)。

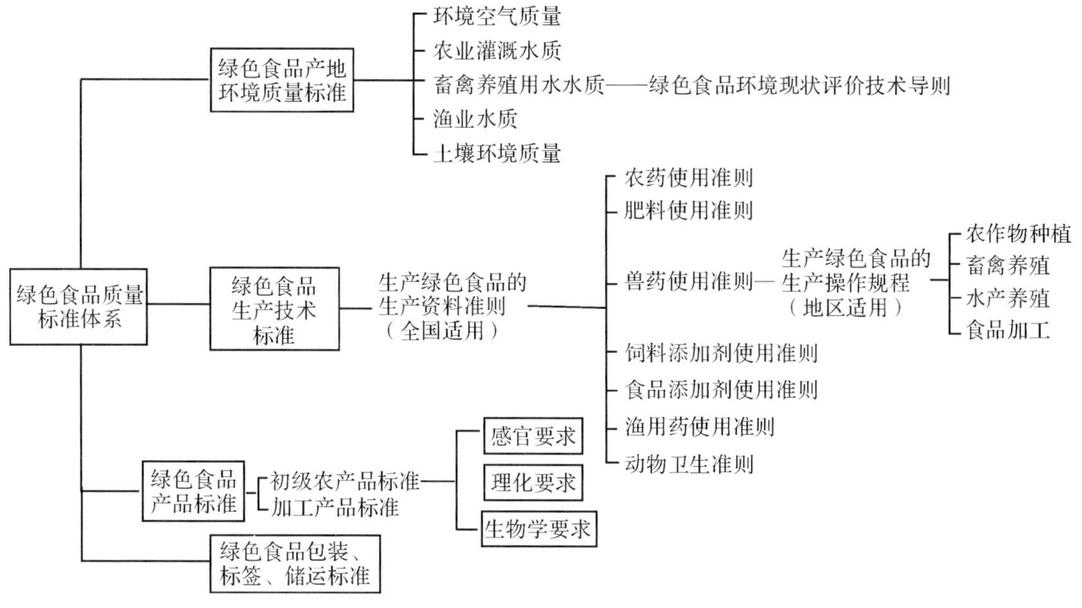

图 2-1　绿色食品质量标准体系框架图

第二节　绿色食品产地环境质量标准

制定绿色食品产地环境质量标准的目的，一是强调绿色食品必须产自良好的生态环境地域，以保证绿色食品最终产品的无污染、安全性；二是促进对绿色食品产地环境的保护和改善。

绿色食品产地环境质量标准规定了产地的环境空气质量标准、农田灌溉水质标准、渔业水质标准、畜禽养殖用水水质标准和土壤环境质量标准的各项指标，以及浓度限值、监测和评价方法；提出了绿色食品产地土壤肥力分级和土壤质量综合评价方法，并有一套保证措施，确保该区域在今后的生产过程中环境质量不下降。对于一个给定的污染物，在全国范围内其标准是统一的，必要时可增设项目，适用于绿色食品生产的农田、菜地、果园、牧场、养殖场和加工厂。

一、绿色食品产地环境质量标准的概念

环境标准是政府制定的强制性法规。环境标准体系是指为保护和改善环境质量，有效控制污染源排放，从而获得最佳的经济和环境效果，由环境保护机构全面规划，统一协调、分工、组织制定的一系列标准的总称，它是评价和提高环境质量水平的重要技术基础。

绿色食品产地环境质量标准是一系列用于度量、测定产地环境质量水平、污染物排放强度或有害能量释放强度并具法律效力的控制量，是以生态环境、人体健康为基准，由中国绿色食品发展中心委托有关环境管理、科研、教学部门，根据实现一定时期内环境目标的需要，各类环境的不同功能和技术、经济上的可行性来制定的。

对于不同的环境系统,分别制定环境空气质量、农田灌溉水质、渔业水质、畜禽养殖用水水质、土壤环境质量等浓度限值。制定标准时,根据国家政策与有关法令,以国家标准为基础,结合绿色食品的特点,综合分析自然环境特点和容量、控制污染的技术水平、经济条件、社会条件、环境管理等因素,并经有关政府部门批准,赋予法律效力。确定环境中各种污染物的最高容许浓度,要通过专门的科学试验和调查研究,由国家主管部门审批公布,成为法定的环境质量标准。环境质量标准是环境保护的依据和目标,所有绿色食品生产者和单位都必须遵照执行。

二、绿色食品产地环境质量标准制定的原则

环境质量标准通常是以环境质量准则或指南为依据的,环境质量准则或指南是污染物浓度与其对环境的不利影响的资料综合和相关分析。因此,可以说由环境质量准则产生出的环境质量标准具有较高的科学性并且由于标准在制定时在一定程度上考虑了经济技术条件,故同时具有在近期实现的可能性。

同时,在制定、执行和修订绿色食品产地环境质量标准时,应遵守以下原则:

(1)可以借鉴或参照国外的环境质量标准,但不能脱离中国的经济水平和技术发展水平。

(2)既要坚持同一环境功能、同一质量制定水平下的环境质量标准的统一性,又要避免不顾具体条件的“一刀切”。

(3)标准的高低和掌握上宽严要适度,在可能的条件下应经过经济、技术上可行性的论证,必要时还应测算实现不同标准的代价和收益,即投入产出比,进行数学模拟,以求取最优结果。

(4)保持相关环境质量标准之间的一致性。

三、绿色食品产地环境质量标准制定的依据

按其介质的不同,环境质量标准可分为空气、水质、土壤 3 部分。绿色食品产地环境质量标准是在全面调查了主要包括大气、水、土壤中的污染因子对农业生产的影响后,科学地结合绿色食品安全、优质、营养的特点反复修改后制定的。

(一)环境空气质量标准

1996 年国家颁布了国家标准《环境空气质量标准》(GB 3095—1996),此标准的修订版《环境空气质量标准》(GB 3095—2012)已于 2016 年正式实施,绿色食品产地大气环境质量按新国家标准一级执行。但考虑到农业生产中总悬浮颗粒物(total suspended particulate,TSP)主要来源于土壤扬尘,故在有风天气可以放宽到二级(日平均 0.15 mg/m^2)。

(二)农田灌溉水质标准

《农田灌溉水质标准》(GB 5084—2005)规定了农田灌溉水质,其目的是控制灌溉水中污染物的最高浓度,用此来作为绿色食品灌溉用水的质量标准显然是不合适的。绿色食品产地农田灌溉水参照地面水质标准进行修订,其限值在地表水标准Ⅲ类至Ⅳ类之内。这些限值经各绿色食品基地环境监测数据验证合理。

(三)渔业水质标准和畜禽饲养用水水质标准

《渔业水质标准》(GB 11607—89)是保护渔业生产的最低要求。绿色食品的渔业水质

标准应比一般要求严格。为了防止和控制渔业水质的污染，保证鱼、虾、贝、藻类正常生长、繁殖和水产品的质量，经各绿色食品基地环境监测数据验证其限定值有些与《渔业水质标准》(GB 11607—89)一致，如汞和镉；有些严于《渔业水质标准》(GB 11607—89)，如铅、砷和铬。

畜禽饲养用水水质应按国家标准《生活饮用水卫生标准》(GB 5749—2006)，因为畜禽场人畜水源不可能分开，畜禽场供水系统容易受到污染，所以需要严格要求供水质量。

（四）土壤环境质量标准

1995 年 7 月，国家环境保护局和国家技术监督局发布了《土壤环境质量标准》(GB 15618—1995)，标准分为 3 级：一级为保护区域自然生态，维持自然背景的土壤质量限值；二级为保障农业生产，维护人类健康的土壤质量限值；三级为保障农林生产和植物生长的土壤临界值。标准根据土壤 pH 值的不同，水田、旱地和果园所需土质的不同，分别确定了土壤质量的限值。

中国绿色食品发展中心组织中国农业大学等单位通过对绿色食品土壤环境质量的专门研究，对含重金属的土壤质量标准是根据以下程序确定的：①根据土壤元素背景值的资料，农业土壤元素背景值(几何均值)高于一般土壤元素背景值(几何均值)，如以农业土壤背景值的 95%置信限计，会超过国家标准规定的一级标准范围。因此，对绿色食品生产来说，国家一级标准显得偏严，二级标准又显得偏松，故确定绿色食品土壤环境背景质量标准应在国家一级与二级之间。②根据全国土壤元素背景值数据中的农业土壤元素背景值，按不同的耕作方法(旱地、水田)和不同的 pH 值，分别确定基准值。③对基准值进行多重比较，如参考国家标准、国外标准、农业土壤元素背景值调查资料，并根据绿色食品管理需要再确定标准值。

为了保证绿色食品的质量，增施有机肥是重要的生产措施。土壤环境质量标准增加了土壤肥力作为参考标准，主要依据是《中国土壤普查技术》一书。该书根据全国第二次土壤普查的结果，确定旱地、水田、园地、林地及牧地 5 类分级。绿色食品的土壤质量参考这种分类方法，分为 3 级，适合于栽培作物土壤的评定，目的是通过调查生产土壤的能力等级，使生产者了解土壤肥力状况，促进生产经营者增施有机肥。

绿色食品产地环境质量标准中规定的各项污染物浓度限值及检测方法见第四章第三节和第四节。

四、绿色食品产地环境质量标准的实施及管理

绿色食品产地环境质量标准同其他标准一样，为了保证标准的贯彻执行和不断发展，必须有相应的实施条例和管理机构，否则，标准就会成为一纸空文和僵死的东西。为此，依据《绿色食品标志管理办法》及有关规定的要求，各省级绿色食品定点环境监测机构，接受绿色食品委托管理机构的委托，按照《绿色食品产地环境调查、监测与评价导则》(NY/T 1054—2006)及有关规定对申报产品或产品原料产地进行环境监测与评价；根据中国绿色食品发展中心抽检计划，对获得绿色食品标志的产品或产品原料产地的环境质量进行抽检；根据中国绿色食品发展中心的安排，对提出仲裁监测申请的企业进行复检；专题研究绿色食品环境监测与评价工作中的技术问题等。实践证明，上述种种办法是十分必要和有效的。

绿色食品产地环境质量标准同其他标准一样，不可能固定不变，必须是随着经济、技术、

科学的发展而不断地修改充实其内容，只有这样，标准才具生命力。因此，标准的管理工作十分重要，必须设置专门机构负责这项工作。

第三节　绿色食品生产技术标准

对绿色食品生产过程的控制是绿色食品质量控制的关键环节。绿色食品生产技术标准是绿色食品标准体系的核心，它包括绿色食品生产资料使用准则和绿色食品生产技术操作规程两部分。绿色食品生产资料使用准则是对绿色食品生产过程中物质投入的一个原则性规定，它包括生产绿色食品的农药、肥料、食品添加剂、饲料添加剂、兽药和水产养殖药的使用准则，对允许、限制和禁止使用的生产资料及其使用方法、使用剂量、使用次数和休药期等做出了明确规定。绿色食品生产技术操作规程是以上述准则为依据，按作物种类、畜牧种类和不同农业区域的生产特性分别制定的，用于指导绿色食品生产活动、规范绿色食品生产技术，包括农产品种植、畜禽饲养、水产养殖、食品加工等技术操作规程。

一、绿色食品生产技术标准内容

到 2016 年为止，中国绿色食品发展中心组织有关部门和专家制定了如下几项绿色食品生产资料使用准则和动物卫生准则：①《绿色食品　农药使用准则》(NY/T 393—2013)；②《绿色食品　肥料使用准则》(NY/T 394—2013)；③《绿色食品　食品添加剂使用准则(NY/T 392—2013)；④《绿色食品　渔药使用准则》(NY/T 755—2013)；⑤《绿色食品　畜禽饲料及饲料添加剂使用准则》(NY/T 471—2010)；⑥《绿色食品　渔业饲料及饲料添加剂使用准则》(NY/T 2112—2011)；⑦《绿色食品　兽药使用准则》(NY/T 472—2013)；⑧《绿色食品　动物卫生准则》(NY/T 473—2001)；⑨《绿色食品　畜禽饲养防疫准则》(NY/T 1892—2010)；⑩《绿色食品　海洋捕捞水产品生产管理规范》(NY/T 1891—2010)。

以上准则规定了生产绿色食品准用、禁用和限制性使用的生产资料，从而为截断生产中的污染源，保证产地和产品不受污染提供了保证。这些准则对允许、限制和禁止使用的物资及其使用方法、使用剂量、使用次数、休药期等做了明确规定。准则是绿色食品生产、认证、监督检查的主要依据，也是绿色食品质量信誉的保证。

这里主要介绍绿色食品肥料使用准则和绿色食品农药使用准则，其他准则分别在养殖业、加工业、农产品产后处理等章节中介绍。

二、绿色食品肥料使用准则

为了确保绿色食品的质量，对生产绿色食品的肥料实施质量管理，由农业部绿色食品管理办公室和中国绿色食品发展中心提出，由农业部制定了《绿色食品　肥料使用准则》(NY/T 394—2013)。本标准是生产绿色食品的生产资料使用系列准则之一，是中华人民共和国农业行业标准(中华人民共和国农业部 2013 年 12 月 13 日批准，2014 年 4 月 1 日实施)。该标准全文如下。

1　范围

本标准规定了绿色食品生产中肥料使用原则、肥料种类及使用规定。

本标准适用于绿色食品的生产。

2　规范性引用文件

下列文件对于本文件的应用是必不可少的。凡是注日期的引用文件，仅注日期的版本适用于本文件。凡是不注日期的引用文件，其最新版本(包括所有的修改单)适用于本文件。

GB 20287　农用微生物菌剂

NY/T 391　绿色食品　产地环境质量

NY 525　有机肥料

NY/T 798　复合微生物肥料

NY 884　生物有机肥

3　术语和定义

下列术语和定义适用于本文件。

3.1　AA级绿色食品 AA grade green food

产地环境质量符合NY/T 391的要求，遵照绿色食品生产标准生产，生产过程中遵循自然规律和生态学原理，协调种植业和养殖业的平衡，不使用化学合成的肥料、农药、兽药、渔药、添加剂等物质，产品质量符合绿色食品产品标准，经专门机构许可使用绿色食品标志的产品。

3.2　A级绿色食品 A grade green food

产地环境质量符合NY/T 391的要求，遵照绿色食品生产标准生产，生产过程中遵循自然规律和生态学原理，协调种植业和养殖业的平衡，限量使用限定的化学合成生产资料，产品质量符合绿色食品产品标准，经专门机构许可使用绿色食品标志的产品。

3.3　农家肥料 farmyard manure

就地取材，主要由植物和(或)动物残体、排泄物等富含有机物的物料制作而成的肥料。包括秸秆肥、绿肥、厩肥、堆肥、沤肥、沼肥、饼肥等。

3.3.1　秸秆 stalk

以麦秸、稻草、玉米秸、豆秸、油菜秸等作物秸秆直接还田作为肥料。

3.3.2　绿肥 green manure

新鲜植物体作为肥料就地翻压还田或异地施用。主要分为豆科绿肥和非豆科绿肥两大类。

3.3.3　厩肥 barnyard manure

圈养牛、马、羊、猪、鸡、鸭等畜禽的排泄物与秸秆等垫料发酵腐熟而成的肥料。

3.3.4　堆肥 compost

动植物的残体、排泄物等为主要原料，堆制发酵腐熟而成的肥料。

3.3.5　沤肥 waterlogged compost

动植物残体、排泄物等有机物料在淹水条件下发酵腐熟而成的肥料。

3.3.6　沼肥 biogas fertilizer

动植物残体、排泄物等有机物料经沼气发酵后形成的沼液和沼渣肥料。

3.3.7 饼肥 cake fertilizer

含油较多的植物种子经压榨去油后的残渣制成的肥料。

3.4 有机肥料 organic fertilizer

主要来源于植物和(或)动物,经过发酵腐熟的含碳有机物料,其功能是改善土壤肥力、提供植物营养、提高作物品质。

3.5 微生物肥料 microbial fertilizer

含有特定微生物活体的制品,应用于农业生产,通过其中所含微生物的生命活动,增加植物养分的供应量或促进植物生长,提高产量,改善农产品品质及农业生态环境的肥料。

3.6 有机—无机复混肥料 organic-inorganic compound fertilizer

含有一定量有机肥料的复混肥料。

注:其中复混肥料是指氮、磷、钾三种养分中,至少有两种养分标明量的由化学方法和(或)掺混方法制成的肥料。

3.7 无机肥料 inorganic fertilizer

主要以无机盐形式存在,能直接为植物提供矿质营养的肥料。

3.8 土壤调理剂 soil amendment

加入土壤中用于改善土壤的物理、化学和(或)生物性状的物料,功能包括改良土壤结构、降低土壤盐碱危害、调节土壤酸碱度、改善土壤水分状况、修复土壤污染等。

4 肥料使用原则

4.1 持续发展原则。绿色食品生产中所使用的肥料应对环境无不良影响,有利于保护生态环境,保持或提高土壤肥力及土壤生物活性。

4.2 安全优质原则。绿色食品生产中应使用安全、优质的肥料产品,生产安全、优质的绿色食品。肥料的使用应对作物(营养、味道、品质和植物抗性)不产生不良后果。

4.3 化肥减控原则。在保障植物营养有效供给的基础上减少化肥用量,兼顾元素之间的比例平衡,无机氮素用量不得高于当季作物需求量的一半。

4.4 有机为主原则。绿色食品生产过程中肥料种类的选取应以农家肥料、有机肥料、微生物肥料为主,化学肥料为辅。

5 可使用的肥料种类

5.1 AA级绿色食品生产可使用的肥料种类

可使用3.3、3.4、3.5规定的肥料。

5.2 A级绿色食品生产可使用的肥料种类

除5.1规定的肥料外,还可使用3.6、3.7规定的肥料及3.8土壤调理剂。

6 不应使用的肥料种类

6.1 添加有稀土元素的肥料。

6.2 成分不明确的、含有安全隐患成分的肥料。

6.3 未经发酵腐熟的人畜粪尿。

6.4 生活垃圾、污泥和含有害物质(如毒气、病原微生物、重金属等)的工业垃圾。

6.5 转基因品种(产品)及其副产品为原料生产的肥料。

6.6 国家法律法规规定不得使用的肥料。

7 使用规定

7.1 AA级绿色食品生产用肥料使用规定

7.1.1 应选用5.1所列肥料种类,不应使用化学合成肥料。

7.1.2 可使用农家肥料,但肥料的重金属限量指标应符合NY 525的要求,粪大肠菌群数、蛔虫卵死亡率应符合NY 884的要求。宜使用秸秆和绿肥,配合施用具有生物固氮、腐熟秸秆等功效的微生物肥料。

7.1.3 有机肥料应达到NY 525的技术指标,主要以基肥施入,用量视地力和目标产量而定,可配施农家肥料和微生物肥料。

7.1.4 微生物肥料应符合GB 20287或NY 884或NY/T 798的标准要求,可与5.1所列其他肥料配合施用,用于拌种、基肥或追肥。

7.1.5 无土栽培可使用农家肥料、有机肥料和微生物肥料,掺混在基质中使用。

7.2 A级绿色食品生产用肥料使用规定

7.2.1 应选用5.2所列肥料种类。

7.2.2 农家肥料的使用按7.1.2的规定执行。耕作制度允许情况下,宜利用秸秆和绿肥按照约25∶1的比例补充化学氮素。厩肥、堆肥、沤肥、沼肥、饼肥等农家肥料应完全腐熟,肥料的重金属限量指标应符合NY 525的要求。

7.2.3 有机肥料的使用按7.1.3的规定执行。可配施5.2所列其他肥料。

7.2.4 微生物肥料的使用按7.1.4的规定执行。可配施5.2所列其他肥料。

7.2.5 有机—无机复混肥料、无机肥料在绿色食品生产中作为辅助肥料使用,用来补充农家肥料、有机肥料、微生物肥料所含养分的不足。减控化肥用量,其中无机氮素用量按当地同种作物习惯施肥用量减半使用。

7.2.6 根据土壤障碍因素,可选用土壤调理剂改良土壤。

三、绿色食品农药使用准则

为了确保绿色食品的质量,合理使用和管理生产绿色食品的农药,由农业部绿色食品管理办公室和中国绿色食品发展中心提出,由农业部制定了《绿色食品 农药使用准则》(NY/T 393—2013)。本标准是生产绿色食品的生产资料使用系列准则之一,是中华人民共和国农业行业标准(中华人民共和国农业部2013年12月3日批准,2014年4月1日实施)。该标准全文如下。

1 范围

本标准规定了绿色食品生产和仓储中有害生物防治原则、农药选用、农药使用规范和绿色食品农药残留要求。

本标准适用于绿色食品的生产和仓储。

2 规范性引用文件

下列文件对于本文件的应用是必不可少的。凡是注日期的引用文件,仅注日期的版本适用于本文件。凡是不注日期的引用文件,其最新版本(包括所有的修改单)适用于本文件。

GB 2763 食品安全国家标准食品中农药最大残留限量

GB/T 8321(所有部分) 农药合理使用准则

GB 12475 农药贮运、销售和使用的防毒规程

NY/T 391 绿色食品 产地环境质量

NY/T 1667(所有部分) 农药登记管理术语

3 术语和定义

NY/T 1667 界定的以及下列术语和定义适用于本文件。

3.1 AA 级绿色食品 AA grade green food

产地环境质量符合 NY/T 391 的要求,遵照绿色食品生产标准生产,生产过程中遵循自然规律和生态学原理,协调种植业和养殖业的平衡,不使用化学合成的肥料、农药、兽药、渔药、添加剂等物质,产品质量符合绿色食品产品标准,经专门机构许可使用绿色食品标志的产品。

3.2 A 级绿色食品 A grade green food

产地环境质量符合 NY/T 391 的要求,遵照绿色食品生产标准生产,生产过程中遵循自然规律和生态学原理,协调种植业和养殖业的平衡,限量使用限定的化学合成生产资料,产品质量符合绿色食品产品标准,经专门机构许可使用绿色食品标志的产品。

4 有害生物防治原则

4.1 以保持和优化农业生态系统为基础,建立有利于各类天敌繁衍和不利于病虫草害孳生的环境条件,提高生物多样性,维持农业生态系统的平衡。

4.2 优先采用农业措施,如抗病虫品种、种子种苗检疫、培育壮苗、加强栽培管理、中耕除草、耕翻晒垡、清洁田园、轮作倒茬、间作套种等。

4.3 尽量利用物理和生物措施,如用灯光、色彩诱杀害虫,机械捕捉害虫,释放害虫天敌,机械或人工除草等。

4.4 必要时,合理使用低风险农药。如没有足够有效的农业、物理和生物措施,在确保人员、产品和环境安全的前提下按照第 5、6 章的规定,配合使用低风险的农药。

5 农药选用

5.1 所选用的农药应符合相关的法律法规,并获得国家农药登记许可。

5.2 应选择对主要防治对象有效的低风险农药品种,提倡兼治和不同作用机理农药交替使用。

5.3 农药剂型宜选用悬浮剂、微囊悬浮剂、水剂、水乳剂、微乳剂、颗粒剂、水分散粒剂和可溶性粒剂等环境友好型剂型。

5.4 AA 级绿色食品生产应按照 A.1 的规定选用农药及其他植物保护产品。

5.5 A 级绿色食品生产应按照附录 A 的规定,优先从表 A.1 中选用农药。在表 A.1 所列农药不能满足有害生物防治需要时,还可适量使用 A.2 所列的农药。

6 农药使用规范

6.1 应在主要防治对象的防治适期,根据有害生物的发生特点和农药特性,选择适当的施药方式,但不宜采用喷粉等风险较大的施药方式。

6.2 应按照农药产品标签或 GB/T 8321 和 GB 12475 的规定使用农药,控制施药剂量(或浓度)、施药次数和安全间隔期。

7　绿色食品农药残留要求

7.1　绿色食品生产中允许使用的农药，其残留量应不低于 GB 2763 的要求。

7.2　在环境中长期残留的国家明令禁用农药，其再残留量应符合 GB 2763 的要求。

7.3　其他农药的残留量不得超过 0.01 mg/kg，并应符合 GB 2763 的要求。

第四节　绿色食品产品标准

一、绿色食品产品标准的特点

绿色食品涵盖的范围广，产品种类繁多，各种产品在原料生产、生产工艺、加工设备、技术条件等各方面都存在很大差异，因此需要对各种产品制定相应的产品检测标准。

我国绿色食品产品标准制定的主要依据：①国际标准，如食品法典委员会(CAC)、国际标准化组织(ISO)、欧洲联盟及一些发达国家的标准；②现行的国家标准和行业标准；③根据项目的多少和指标的宽严考虑我国生产企业现状、生产工艺技术水平；④我国现有的分析测试能力和技术手段。在绿色食品产品标准中规定的安全指标项目，一般都多于和严于现行国家标准、行业标准的规定，等同或接近国际同类产品的规定，在品质指标方面也主要采用了相关标准中对优等品的要求。因此，绿色食品的产品标准基本上体现了无污染、安全、优质、营养的特征。

一般而言，绿色食品与普通食品之间存在很多共性，但就同一类产品而言，绿色食品比普通食品在产品质量上、卫生指标上、农药残留要求上要更严一些。各绿色食品生产企业均应按照绿色食品产品标准检验自己所生产的产品质量。

二、绿色食品产品标准

为了适应绿色食品迅速发展的形势，中国绿色食品发展中心在全国范围内组织技术力量，有计划、有步骤地制定了一批具体的绿色食品产品标准。

产品标准是衡量绿色食品最终产品质量的指标尺度。它虽然跟普通食品的国家标准一样，规定了食品的外观品质、营养品质、卫生品质等内容，但其卫生品质要求高于国家现行标准，主要表现在对农药残留和重金属的检测项目种类多、指标严。另外，使用的主要原料必须是来自绿色食品产地的、按绿色食品生产技术操作规程生产出来的产品。绿色食品产品标准反映了绿色食品生产、管理和质量控制的先进水平，突出了绿色食品产品无污染、安全的卫生品质。

1995 年，经农业部批准首批颁布了 25 个绿色食品产品标准(NY/T 268—1995 至 NY/T 292—1995)作为农业行业标准；2000 年又颁布了 24 个绿色食品产品标准(NY/T 391—2000 至 NY/T 394—2000、NY/T 418—2000 至 NY/T 437—2000)；2003 年又颁布了(NY/T 285—2003、NY/T 743—2003 至 NY/T 755—2003)共 14 个绿色食品产品标准。到 2012 年，有效使用的绿色食品产品标准共 110 项。这些产品标准涉及种植业、养殖业、渔业及农产品和食品加工业等各个方面。今后还将陆续制定和发布更多的绿色食品产品标准。

值得注意的是,基于种种原因,绿色食品的产品标准还在不断地修改、补充和完善。例如,1995 年颁布的标准被后来颁布的标准所代替,如《绿色食品 茄果类蔬菜》(NY/T 655—2002)代替了《绿色食品 番茄》(NY/T 270—1995),《绿色食品 茶叶》(NY/T 288—2002)代替了《绿色食品 红茶和绿茶》(NY/T 288—1995),在 2012 年又发布了《绿色食品 茶叶》(NY/T 288—2012)替代了《绿色食品 茶叶》(NY/T 288—2002)。又如,2002 年制定的《绿色食品 乳制品》(NY/T 657—2002)替代了 1995 年制定的《绿色食品 消毒牛乳》(NY/T 279—1995)、《绿色食品 全脂加糖酸牛乳》(NY/T 280—1995)、《绿色食品 全脂无糖炼乳》(NY/T 281—1995)、《绿色食品 全脂加糖炼乳》(NY/T 282—1995)、《绿色食品 全脂乳粉》(NY/T 283—1995)、《绿色食品全脂加糖乳粉》(NY/T 284—95)共 6 个标准,2012 年新制定的《绿色食品 乳制品》(NY/T 657—2012)又替代了 2002 年制定的《绿色食品 乳制品》(NY/T 657—2002),在少许指标上有所修改,使之更符合我国农业生产的实际情况,与国际标准接轨,如原来的绿色食品茶叶标准铜的残留量是≤15 mg/kg,现在根据国际上多数国家的标准修正为≤60 mg/kg;大米中的黄曲霉毒素 B1 含量由原来的≤5.0 mg/kg 修改为≤0.005 mg/kg。2013 年,又对 NY/T 391、NY/T 392、NY/T 393、NY/T 394、NY/T 472、NY/T 755 和 NY/T 1054 进行了修订。因此,在使用绿色食品标准时,必须随时注意新标准的颁布和修改。

第五节 绿色食品包装、标签与储运标准

绿色食品的产后处理(包括包装、标签、储运)也有严格的标准,以防止绿色食品产品的产后污染,规范绿色食品的外观形象,使绿色食品与非绿色食品有明显的区别。

绿色食品包装标准规定了进行绿色食品产品包装时应遵循的原则,包装材料选用的范围、种类,包装上的标志内容等。要求产品包装从原料、产品制造、使用、回收至废弃的整个过程都应有利于食品安全和环境保护,包括包装材料的安全、牢固性,节省资源、能源,减少或避免废弃物产生,易回收循环利用,可降解等具体要求和内容。

绿色食品产品标签,除要求符合国家标准《食品标签通用标准》(GB 7718—1994)外,还要求符合《中国绿色食品商标标志设计使用规范手册》规定,其中对绿色食品的标准图形、标准字形、图形和字体的规范组合、标准色、广告用语以及在产品包装标签上的规范应用均做了具体规定。

绿色食品储运标准对绿色食品储藏、运输的条件、方法、时间做了规定,以保证绿色食品在储运过程中不遭受污染、不改变品质,并有利于环境保护、节能。

一、绿色食品包装标准

(一)食品包装的基本要求

食品包装是指为了在食品流通中保护产品、方便运输、促进销售,按照一定的技术方法采用的容器、材料及辅助物的总称。为了保证绿色食品的包装质量,包装要求达到下列基本条件:

(1)包装要能使产品达到较长的保质期。

(2)包装过程和包装材料不会带来二次污染。

(3)包装过程和包装材料要尽量保留原来食品的营养及风味。

(4)包装成本要低廉,降低食品的销售价格。

(5)包装产品要牢实、安全、可靠,便于储藏、运输和销售。

(6)包装外观要美观、大方,设计要精美,能引起消费者的购买欲。

(7)包装材料要选择无毒无害、不污染食品、不影响人体健康、在环境中可自然降解的材料,有些材料还要能重复利用。

(二)绿色食品的包装要求

绿色食品种类繁多,具体的包装要求各不相同,但必须符合《绿色食品包装通用准则》(NY/T 658—2002)。

二、绿色食品标签标准

食品标签是预包装食品容器上的文字、图形、符号以及一切说明物。任何商品都要有标签,借以显示和说明商品的特性和性能,向消费者传递信息。随着市场经济的发展和商品的激烈竞争,标签已成为进行公平交易的一种形式。我国已加入世界贸易组织,大量预包装食品需要出口,世界各国特别是发达国家,对食品标签的要求越来越严格。为了适应国际贸易的需要,食品标签标注内容必须与国际或有关国家接轨,否则我国的预包装食品很难进入国际市场。

(一)绿色食品标签的基本要求

为了规范我国的食品标签,国家质量技术监督局发表了食品安全国家标准《预包装食品标签通则》(GB 7718—2011)。

1.绿色食品标签的4条原则

绿色食品标签应符合国家标准《预包装食品标签通则》(GB 7718—2011),标准中规定了设计、制作食品标签必须遵守的4条基本原则。

(1)食品标签的所有内容,不得以错误的、引起误解的或欺骗性的方式描述或介绍食品。

(2)食品标签的所有内容,不得以直接或间接暗示性语言、图形、符号导致消费者将食品或食品的某一性质与另一产品混淆。

(3)食品标签的所有内容,必须符合国家法律和法规的规定,并符合相应产品标准的规定。

(4)食品标签的所有内容,必须通俗易懂、准确、科学。

2.绿色食品标签标注的内容

绿色食品标签应符合国家《食品标签通用标准》(GB 7718—1994)。标准中规定食品标签上必须标注以下方面的内容:①食品名称;②配料表;③净含量及固形物含量;④制造者、经销者的名称和地址;⑤日期标志(生产日期、保质期);⑥储藏方法;⑦质量(品质等级);⑧产品标准号;⑨特殊标注内容。

(二)绿色食品标签标准

绿色食品产品标签,除要符合国家标准《预包装食品标签通则》要求外,还应符合《中国绿色食品商标标志设计使用规范手册》的要求。凡取得绿色食品标志使用资格的单位应严格按手册规范要求将绿色食品标志用于产品的标签上。手册对绿色食品的标准图形、标准字形、图形与字体的规范组合、标准色、广告用语及用于食品系列化包装的标准图形、编号规范均做了严格规定。

（三）绿色食品标志防伪标签标准

绿色食品标志防伪标签对绿色食品具有保护和监控作用。防伪标签具有技术上的先进性、使用的专用性、价格的合理性和标签类型多样性，可以满足不同产品的包装。绿色食品标志防伪标签标准规定：①许可使用绿色食品标志的产品必须加贴绿色食品标志防伪标签；②绿色食品标志防伪标签只能使用在同一编号的绿色食品产品上，非绿色食品或与绿色食品防伪标签编号不一致的绿色食品产品不得使用该标签；③绿色食品标志防伪标签应贴于食品标签或其包装正面的显著位置，不得掩盖原有绿标、编号等绿色食品的整体形象；④企业同一种产品贴用防伪标签的位置及外包装箱封箱用的大型标签的位置应固定，不得随意变化。

三、绿色食品储运标准

绿色食品储运标准对绿色食品储运的条件、方法、时间做出规定，以保证绿色食品在储运过程中不遭受污染、不改变品质，并有利于环境保护和节能。

以上标准对绿色食品产前、产中和产后全过程质量控制技术和指标做了全面的规定，构成了一个科学、完整的绿色食品标准体系。

思考题

1.什么是标准和标准化？什么是强制性标准和推荐性标准？

2.绿色食品质量标准体系由哪些内容构成？

3.绿色食品为什么要实行从土地到餐桌的全程质量控制？

4.绿色食品肥料使用标准中最需要注意的是什么？

5.A级绿色食品生产中哪些化学农药要禁止使用？

6.绿色食品包装与标签有何具体要求？

第三章

种植业绿色食品生产

本章提要：种植业绿色食品生产既不同于传统的农业生产，也不同于现代的石油化农业生产，它是以生态学为理论基础，要求生产中充分合理地利用资源，保护生态环境，维护良好的生态平衡。本章主要从农作物的栽培管理、肥料和农药的合理使用等方面来阐述，要求按照绿色食品的标准和规则，综合运用现代农业的各种先进理论和科学技术，排除因高能量投入、大量使用化学物质带来的弊病，吸收传统农业的农艺精华，使之有机结合为全新的生产方式。生产技术措施着重围绕控制化学物质的投入，减少对产品和环境的污染，形成持续、综合的生产能力，达到农业生态系统良好的生态循环。

第一节　种植业绿色食品生产基本要求

种植业绿色食品生产技术，就是在对环境条件综合评价的基础上，以优良品种为中心，协调运用水、肥、气、热等因素，采用先进的耕作、栽培技术，建立良好的立地生态条件，使作物生长健壮、抗性提高、病虫减少，减少农药、化肥的残留，实现产品和环境的无污染。

一、作物种子和种苗的选择

（一）品种选择的基本要求

品种是农业生产中重要的生产资料，由于绿色产品特定的标准及生产技术规程要求，限制速效性化肥和化学农药的应用，因此需要通过选育和推广高产、优质、抗性强的优良品种来提高作物产量和改善产品质量。

种植业绿色食品生产对品种的基本要求包括以下几方面：

(1)选择、应用品种时，在兼顾高产、优质性状的同时，结合选用高光效及抗性品种，增强作物抗病虫及抗逆能力。

(2)充实、更新品种的同时，注意保持原有地方优良品种，保持遗传多样性。

(3)加强良种繁育，为扩大绿色食品再生产提供种质资源。

(4)绿色食品生产栽培的种子和种苗必须是无毒的，来自绿色食品生产系统。

(5)AA 级绿色食品生产禁止使用转基因品种。

（二）引　种

引种是指从外地或国外引进新作物、新的优良品种，供当地生产推广应用。引种是丰富当地作物种类、解决当地品种长期种植有可能退化的有效途径。

种植业绿色食品生产对引种的基本要求包括以下几方面：

(1)引种时目标明确，需有计划、有目的、有组织地进行，避免重复引种。

(2)引种还要根据当地的气候条件和土壤性状选择适宜当地生产的品种。

(3)严格做好引种时种子检疫工作，特别注意防止带有当地检疫对象的种子进入，以防止危险性病虫草害的扩散传播。

(4)绿色食品(有机)生产基地严格禁止引进转基因品种。

(三)良种繁育要求

良种应是纯度高、杂质少、籽粒饱满、生命力强的种子，加速良种繁育是迅速推广良种、提高生产水平的重要步骤。

(1)应根据本地生态条件、栽培习惯、技术力量，采用多种繁育方式以加速良种的繁育工作。

(2)健全防杂保纯制度，采取有效的措施防止良种混杂退化，并有计划地做好去杂选优、良种提纯复壮工作。

二、绿色食品生产种植技术

(一)绿色食品生产对耕作制度的基本要求

绿色食品生产对耕作制度的基本要求，不提倡单纯从土地中索取，而强调种地和养地相结合，通过合理的田间作物配置，建立绿色食品的种植制度，充分合理地利用土地及其相关的自然资源，全面改善农田营养物质循环，减少和避免土地恶化。合理调节和保护现有土地资源，不断提高土地生产力，并为持续增产创造条件。同时，要求通过耕作措施改善生态环境，创造有利于作物生长、有益于微生物繁衍的条件，以防止病虫草害的发生。

(二)土壤耕作

合理的土壤耕作是作物高产的基础。耕作项目包括翻耕、犁、耙、镇压、中耕等。其作用有松碎土壤，增强土壤透气性；翻转耕层，将上层残茬、有机肥、杂草埋入土中，有利于杂草、残茬的腐沤和有机肥的保存与分解，使下层土壤熟化；混拌肥料与土壤，使土壤营养物质均匀一致；平整土地有利于保墒，可提高其他农事操作的质量；压紧土壤有利于减少水分蒸发；土壤翻耕还可破坏地下害虫的栖息场所，有利于减少害虫的数量，也有利于天敌入土觅食。绿色食品生产根据各耕作措施的作用原理，按作物生长对土壤的要求，灵活地加以利用。

(三)实行轮作

轮作是指在同一田块上有顺序地在季节间和年度间轮换种植不同作物或复种组合的种植方式，如一年一熟的大豆→小麦→玉米三年轮作，这是在年度间进行的单一作物的轮作；在一年多熟条件下既有年间的轮作，也有年内的换茬，如南方的绿肥→水稻→水稻→油菜→水稻→小麦→水稻→水稻轮作，这种轮作由不同的复种方式组成，因此也称为复种轮作。轮作的命名取决于该轮作中的主要作物构成，被命名的作物群应占轮作区的1/3以上。常见的有禾谷类轮作、禾豆轮作、粮食作物和经济作物轮作、水旱轮作、草田轮作等，合理的轮作有很高的生态效益和经济效益。

1.防治病虫草害

作物的许多病害(如烟草黑胫病、蚕豆根腐病、甜菜褐斑病、西瓜蔓割病等)都通过土壤侵染。若将感病的寄主作物与非寄主作物实行轮作，便可消灭或减少这种病菌在土壤中的数量,减轻病害。对为害作物根部的线虫,轮种不感虫的作物后,可使其在土壤中的虫卵减少,减轻危害。

合理的轮作也是综合防除杂草的重要途径,因不同作物栽培过程中所运用的不同农业措施,对田间杂草有不同的抑制和防除作用。例如,密植的谷类作物,封垄后对一些杂草有抑制作用;玉米、棉花等中耕作物,中耕时有灭草作用;一些伴生或寄生性杂草(如小麦田间的燕麦草、豆科作物田间的菟丝子),轮作后由于失去了伴生作物或寄主,能被消灭或抑制危害;水旱轮作可在旱种的情况下抑制水生杂草,并在淹水情况下使一些旱生型杂草丧失发芽能力。

2.均衡利用土壤养分

不同种作物从土壤中吸收各种养分的数量和比例各不相同,如禾谷类作物对氮和硅的吸收量较多,而对钙的吸收量较少;豆科作物吸收大量的钙,而吸收硅的数量极少,因此这两类作物轮换种植,可保证土壤养分的均衡利用,避免其片面消耗。

3.调节土壤肥力

谷类作物和多年生牧草有庞大根群,可疏松土壤、改善土壤结构;绿肥作物和油料作物,可直接增加土壤有机质来源。另外,轮种根系分布深度不同的作物,深根作物可以利用由浅根作物溶脱而向下层移动的养分,并把深层土壤的养分吸收转移上来,残留在根系密集的耕作层。同时,轮作可借豆科作物根瘤菌的固氮作用,补充土壤氮素,如花生和大豆每公顷可固氮 90~120 kg,多年生豆科牧草固氮的数量更多。

(四)提高复种指数

在同一块地上,一年内种植 2 季或 2 季以上作物的称为复种。在自然条件许可的情况下,种植业绿色食品生产应充分利用农田的时间和空间,科学合理地提高复种指数。采取复种方式时,要根据当地的气候条件因地制宜、因时制宜,如日平均气温 10 ℃以上的日数在 180~250 d 范围内的地区,大田粮食作物可实行一年两熟;250 d 以上的可实行一年三熟;少于 180 d 的只能一年一熟。但粮食作物如能与生育期短的蔬菜、饲料作物搭配,在有效积温较少的地区仍能很好地提高复种指数。

复种作物的选择与配置要充分考虑到前茬给后作、复种作物给主作物创造良好的耕作层及土壤肥力条件。例如,前茬为豆科植物,它对地力要求不高,本身具有根瘤菌可以固定空气中的氮素,收获后其根系和根瘤菌残留于土壤中,既可保留有较多的氮素,其根瘤菌在土壤中又可以起固氮作用,为后作提供氮肥;绿肥可以利用主作物收获后的季节间隙或土地间隙生长,其生育期较短、生长量大,地上部分可作为饲料或直接作为肥料,地下部分可翻埋在土中为主作物提供绿肥。复种时同期或前后期的作物不应有共同寄主的主要病虫害,否则会造成交叉感染。一般来说,不同科的植物病虫害种类差异较大,复种时可减少病虫危害。

(五)间作套种

间作套种是充分利用土地和阳光的一种好方法,尤其是多年生的经济作物,在幼龄期往往土地空隙大,间作生育期短的作物不仅可充分利用土地、增加生产量,还可减少土地的裸露,保水保肥,熟化土壤;高大的作物下间作矮小的作物也可以充分利用土地和阳光。我国农村有很多传统的间作套种的技术,如茶树和果树幼龄期间种豆科植物或甘薯、花生,梨树、桃树下间作黄花菜,橡胶树与茶树间作等。

间作套种时要注意作物群体间的优势互补，使之形成良好的田间生态环境。例如，玉米间作马铃薯，玉米高秆、根深，需氮多，而马铃薯株矮、根浅，需磷和钾多；玉米喜光、高温，马铃薯较耐阴凉，间作在一起可营造和利用各自所需的生态条件。选择间作物时应考虑株高一高一低、株型一大一小、根系一深一浅、生长期一长一短、收获期一早一晚的作物相搭配，但应注意优先保证主作物的生长。

间作套种时还应注意病虫害的发生情况，间作得当可以抑制或减轻病虫害的发生；间作不合理有可能引起病虫害的相互感染，甚至发生猖獗。例如，高秆作物与矮秆作物间作，由于改善了田间通风透气状况，因此能减轻玉米叶斑病、小麦白粉病的发生。玉米间作菜豆，由于增加了天敌，因此有可能抑制危害菜豆的叶蝉。而果树不宜间作茶树，因两者均为多年生阔叶植物，有很多相同的病虫害，如蓑蛾、刺蛾等多食性害虫会相互侵害，同时果树经常用药会滴落在茶树上，造成茶叶农药残留。

第二节　绿色食品生产的肥料使用

合理施肥既能维持和提高土壤肥力，又能增加作物产量和改善品质。但目前农业生产中不合理施肥现象时有发生，影响了施肥效果，降低了施肥效益，而且还会造成环境污染。合理施肥，是生产绿色食品的基本措施之一。

一、施肥与农产品质量

随着人们生活水平的提高，对农产品品质的要求越来越高。农产品品质包括外观、营养价值(蛋白质、氨基酸、维生素等)、耐储性等，都与肥料有密切的关系。施肥对农产品品质产生正面影响还是负面影响，取决于施用方法。

(一)氮肥对农产品品质的影响

氮肥对农产品品质的影响主要是可以提高作物特别是谷物籽粒的蛋白质含量，但氮素过量，会降低产品中油脂、糖及淀粉含量，对水果和蔬菜的品质、口感都有影响。有资料表明，增施化肥可使菠菜、小白菜全株可食部分硝态氮含量明显提高。例如，郑州于 2000 年冬天对 17 个蔬菜品种的 66 个样品检测结果表明，亚硝酸盐检出率为 42.3%，超标达 16.7%，含量最高为 76 mg/kg，超标 10 多倍。国外研究表明，植物体内硝酸盐的积累随施肥量的增加而上升，施氮适量，则蛋白质含量随氮肥量增长而逐渐增加，硝酸盐含量增加缓慢，当施氮到达一定的限量，则蛋白质含量下降，硝酸盐含量急增。

(二)磷肥对农产品品质的影响

磷肥对农产品品质的影响主要是可以增加部分谷物的粗蛋白含量，特别是人体所必需的氨基酸含量。果树上施用磷肥有利于改善果实品质，减少果汁含酸量，提高糖酸比，对提高果实着色指数和果品商品价值具有一定的作用。但在高磷情况下作物过多吸收磷，可与植物体内的铁、钙、镁、锌结合生成沉淀，导致这些元素的生理缺乏。例如，在水培中，当磷的浓度高于 100 mg/L 时，会导致作物出现黄化的缺铁症状。同时作物吸收过多的磷会妨碍淀粉的合成，也不利于淀粉在植株体内的运输。例如，水稻在磷过剩时，淀粉合成受阻，成熟不良，籽粒不饱满，同时伴随磷肥施入的有害元素，可造成土壤及部分农产品重金属(如镉、铅)及放射性元素的污染,从而降低农产品的品质。

(三)钾肥对农产品品质的影响

钾常常被认为是作物生产的质量关键要素。钾肥对农产品品质的影响主要是可提高作物蛋白质和糖类的数量和质量,充足的钾素供应还能提高作物的抗逆能力,从而提高农产品品质。施钾能增强果实的抗病能力,对水果、蔬菜中糖分、维生素C、氨基酸等物质的含量和耐储性、色泽等都有很大影响。施钾后茶叶中茶多酚、茶氨酸含量提高,钾对茶叶、烟叶的色泽、油分、香味等品质改善效果明显。

(四)有机肥对农产品品质的影响

有机肥养分含量低,但富含有机物质,养分齐全,肥效长久,并可改善土壤理化性状,促进微生物活动,活化养分,为作物优良品质的形成创造良好的生长环境。有机肥与化肥配合施用,可通过改善植物营养和生长条件对其产品品质产生良好的影响,小麦、玉米籽粒的蛋白质可增加2.0%～3.5%,小麦面筋增加1.4%～3.6%;西瓜的葡萄糖度增加0.8～1.5度,单果重增加4.2%～13.1%;蔬菜和果品中B族维生素和维生素C均有不同程度的提高,并可提高蔬菜的耐储性。有机肥与氮肥配合施用能明显降低白菜和菠菜中可食部分的硝酸盐含量,但不合理或长期使用未经无害化处理的畜禽粪肥、垃圾堆肥和污泥堆肥有可能导致土壤重金属及有害虫卵的污染,进而影响农产品品质,并进入食物链威胁人畜的健康。

二、增施有机肥

有机肥是指来源于植物和动物,以提供植物养分和改良土壤为主要功效的含碳物料。有机肥主要为农家肥,是一切含有有机质的肥源的总称。我国是一个传统农业大国,有机肥的积制和施用有着悠久的历史和丰富的经验。20世纪以前,我国农业生产完全靠施用有机肥来维持地力和提高作物产量。从20世纪40年代开始,我国逐渐引进、生产、施用化肥。目前,农业生产中所需要的氮素绝大部分由氮素化肥来提供,70%以上的磷素由磷肥提供,但仍有60%以上的钾素和绝大部分的微量元素由有机肥料供应。其因一般不含人工合成的化学物质,直接来源于自然界的动植物,被认为是生产有机食品的唯一肥料,生产绿色农产品的首选优质肥料。

(一)有机肥的特点

有机肥种类繁多、营养全面、来源广泛,便于就地取材、就地积制。它具有如下特点。

1.全面性

有机肥含有丰富的有机物质和植物所必需的各种营养元素,还含有促进植物生长的有机酸、维生素和生理活性物质,以及多种有益微生物,是养分最齐全的天然肥料。植物所需的各种营养元素,有机肥都有,而且元素比例适宜。

2.缓效性

各种有机物必须通过微生物分解成无机物后,才能被植物吸收利用。分解需要一定时间,因此施有机肥后表现出肥效迟缓、平稳、后劲大等特点,不会出现烧籽、烧苗等现象。

3.持久性

有机肥的肥效比较缓慢,当季不能用完时,下季仍可以继续发挥肥效作用,养分损失少、残留量高、肥效稳定。在总体肥效上,有机肥往往优于同当量的化肥。

4.改良农产品品质

使用有机肥可提高产量,同时可以大大改善农产品质量,提高产品的耐储性。例如,每公顷施用 345 kg 氮素化肥后,白菜干烧心病发病率比施用有机肥区高出 4～7 倍;而在施厩肥地区发病率极低甚至不发病,储存 4 个月后效果一致,有机质在分解时螯合多种金属离子,降低了重金属离子活性,减少了作物对它们的吸收量,使生产出来的农产品更具安全性。

5.改良土壤

施入土壤的有机质,在微生物及酶的作用下,其分解物能增加土壤团聚作用,而且形成的团聚体水稳定性高,可改善植物根系的土壤环境,使土壤与肥料易于相融,三相(固相、液相、气相)比例更加协调。

6.减少病虫害的发生和危害

有机肥分解成的有机物可以大大提高土壤微生物的活性。有机肥带来的大量腐生型微生物能使残留于土壤中的植物病病菌泡子、害虫卵等腐烂而消灭掉,在一定程度上减轻病虫草害的发生,还可降解施入土壤的多种农药。

(二)有机肥种类及施肥技术

我国地域广阔,资源丰富,有机肥种类多、数量大,性能也千差万别。1990 年,农业部土壤肥料总站对全国有机肥资源进行了调查,根据其资源特性、性质功能和积制方法将有机肥归纳为粪尿肥、堆沤肥、秸秆肥、绿肥、土杂肥、饼肥、海肥、腐殖酸肥、废弃物和沼气肥共 10 大类,并收集了 433 个品种。值得重视的是,随着肥料科和工业的发展,有机肥产业化、工厂化进程的加快,商品有机肥发展非常迅速。商品有机肥的发展为有机食品和绿色食品生产提供了充足的优质肥料,而绿色食品的发展也为商品有机肥提供了广阔的市场。

1.粪尿类有机肥

粪尿肥是人和动物的排泄物是绿色食品生产上施用普遍的有机肥,包括人、畜、禽粪尿,这类肥料来源广泛、易于积制,其氮素含量高,钾素含量偏低,养分多以有机态为主。有机物的分子结构简单,易降解,但大多带有恶臭、致病菌、各种虫卵等,使用时应检查是否完全腐熟,对未做无害化处理的粪肥不得直接用于农田,更不能用于绿色食品生产,以防止产品受污染。因此,粪尿类有机肥必须经过较长时间的堆沤、腐熟才能使用。

(1)人粪尿的施用。人粪尿是人粪和人尿的混合物,是一种养分含量高、易腐熟、肥效快、增产效果好的优质有机肥,俗称精肥、细肥。人粪尿适用于各种作物,特别是对叶菜类作物(如白菜、菠菜、甘蓝等)的效果更为显著。由于人粪尿中含有氯离子,对忌氯作物(如烟草、红薯、马铃薯)等不宜多施。人粪尿适宜于各种土壤,作基肥或追肥都可以。在旱地作基肥时,无论是泼施、条施还是穴施,施后均应盖土,避免氮肥损失,防止烧伤种子或幼苗;作追肥施用时,应根据作物发育阶段、土壤性质和气候条件,注意分次施用,充分发挥肥效;水田施用时,应先排水把人粪尿泼入田中,并结合中耕施肥后 2～3 d 再灌水。由于人粪尿是含有机质、磷、钾较少而富含氮素的速效肥料,因此必须配合其他有机肥(如堆肥、厩肥等)和磷、钾肥料施用。

(2)家畜粪尿的施用。家畜粪尿是指家畜(猪、马、牛、羊等)的排泄物。家畜粪尿的成分因家畜的种类、大小和饲料的不同而异。一般家畜粪富含有机质和氮、磷,其中以羊粪含量最高,猪马类次之,牛粪最少;家畜尿富含氮和钾。就肥料本身而言,家畜尿容易分解,如粪尿分别储存的,尿宜作追肥,粪宜作基肥。但猪粪尿通常是混合储存的,其碳氮比较小,分解较快，因此不仅可作基肥，也可作追肥。羊粪、马粪虽然分解比牛粪快，但分解时发热高，会消耗土壤水分，故不能作种肥或追肥，更不能集中施用，以防烧坏种子和幼苗。从土壤性质来看，家畜粪尿和厩肥首先应施用在肥力水平低的土壤中。此外，砂质土壤通透性好，厩肥施用后易分解，对当季作物增产效果显著，但后效期较短。在冷浸田、阴坡地宜施用热性肥，如羊、马粪，可起到改良土壤和促进幼苗生长的作用。

(3)家禽粪的施用。家禽粪包括鸡粪、鸭粪、鹅粪、鸽粪等。农户散养鸡，鸡粪积存量不大，但现在的大型养鸡场很多，鸡粪生产力很可观。科学加工处理和施用鸡粪，不仅可以改善农村生活环境，而且可变废为宝，为农业生产提供优质高效的有机肥。据统计，每只家禽年排泄量，鸡为 25.9 kg，鸭为 48.2 kg，鹅为 70.8 kg，鸽为 2～3 kg。

禽粪的养分含量与性质不同于家畜粪尿。家禽的粪尿是混合排出的，不能分存。家禽是杂食性动物，以虫、谷、菜、草、鱼等为食，饮水较少，故禽粪中的各种养分含量比各种家畜粪尿都高。在各种禽粪中，以鸽粪的养分含量最高，其次为鸡粪，鸭粪和鹅粪的含量较低。禽粪中不仅养分含量高，所含氮素形态以尿素态氮为主，虽不能直接为作物吸收利用，但容易分解转化成铵态氮，是一种易腐熟的有机肥料。禽粪在发酵分解过程中产生的热量较高，属于热性肥料。

禽粪适用于各种作物和土壤，不仅能增加作物的产量而且能改善农产品的品质，是生产绿色食品的理想肥料。其因分解快宜作追肥施用，如作基肥可与其他有机肥混合施用。

2.堆沤肥

厩肥、堆肥、沤肥统称为堆沤肥，是我国农业生产中施用量最多的有机肥料。

(1)厩肥的施用。厩肥是畜禽粪尿与垫料或有机添加料混合堆沤腐解而成的有机肥。厩肥的积制方法有两种，圈内腐解法和圈外腐解法。厩肥一般堆沤 2～3 个月，可达半腐熟状态，3～5 个月可完全腐熟。厩肥的原料和腐熟程度决定厩肥的性质和施用，腐熟程度较差的厩肥可作基肥，不宜作种肥和追肥；完全腐熟的厩肥基本是速效的，可用作种肥和追肥。半腐熟的厩肥深施于沙壤土，腐熟好的厩肥宜施于黏质土壤上。从作物种类来看，玉米、马铃薯、油菜、萝卜、红薯等作物可施用半腐熟的厩肥，这类作物生育期长，厩肥在中途陆续分解。蔬菜等生育期短的作物宜施用腐熟肥。水稻对肥料的利用率低，应施用腐熟的厩肥或粪肥。特别是早稻田一定要施用腐熟肥，否则，肥料在田中分解慢，还会产生有毒物质，影响秧苗生长。

(2)堆肥的施用。堆肥是利用作物秸秆、落叶、杂草、泥土及人粪尿、家畜粪尿等各种有机物混合堆积腐熟而成的肥料。堆肥的养分因原料、堆积时间等不同而异。其组成与厩肥相似，富含有机质，氮、磷、钾含量较为均衡，是对各种作物、各种土壤都适宜的完全肥料。堆肥是迟效肥料，作基肥时需配合一些速效肥施用。腐熟良好的堆肥也可作追肥施用。生育期较长的作物(如玉米、棉花、水稻等)可用半腐熟的堆肥，蔬菜等宜用腐熟的堆肥。砂性土壤宜用半腐熟的堆肥，黏土应施用腐熟度高的堆肥。堆肥的施用方法有条施和穴施，大量施用要做到与土壤充分混合，使土肥相融。

(3)沤肥的施用。沤肥是以作物秸秆、青草、树叶、绿肥等植物残体为主要原料，混合人畜粪尿和泥土，在常温和淹水的条件下沤制而成的肥料。由于沤肥在嫌气条件下进行，养分不易挥发，形成的速效养分多被泥土吸附而不易流失，肥效长而稳。沤肥在南方多雨地区较普遍，主要品种有凼肥和草塘泥。沤肥是兼有迟效和速效的良好有机肥，它的肥效与猪粪和牛粪相似，肥效较持久，故沤肥多作基肥施用。

3.秸秆类有机肥

秸秆是农作物的副产品，含有较多的营养元素，既可作积制堆沤肥，也可作有机肥直接施用。秸秆类有机肥包括各种作物的秸秆、茎叶（如稻草、玉米秆、麦秆、棉枝、豆藤、瓜藤），甚至田间坑壁上的杂草、灌木等。过去很多农民都将这类肥料直接在田间焚烧造成肥源浪费，同时产生大量的烟雾污染空气、影响大气质量。对这类肥源可以采用下列方法还田：①机械化碾碎，将各种秸秆用机械切断、粉碎，再施用到农田；②过腹还田，将有些秸秆做成发酵饲料，喂饲家畜，生产粪肥再还田；③做成堆肥、沤肥，经过较长时间的堆沤，使其充分腐烂后再施用到农田。

4.绿肥

凡利用绿色植物体作肥料的统称绿肥，作为肥料利用而栽培的作物称为绿肥作物。绿肥养分全、肥效高，尤其是豆科绿肥，因与根瘤菌共生而具有较强的固氮作用，其体内的氮有2/3是根瘤菌从空气中固定而来的。同时，大部分绿肥又是家畜的优良饲料。因此，因地制宜地发展绿肥，不仅解决了来源，而且扩大了饲料来源。我国绿肥资源丰富，达10科42属60多种，共1000多个品种，生产上应用比较普遍的有500多个品种。常用的冬季绿肥有紫云英、苕子、草木樨、黄花苜蓿、肥田萝卜、油菜、蚕豆和豌豆，夏季绿肥有田箐、柽麻、绿豆和豇豆；多年生绿肥有紫花苜蓿、紫穗槐和沙打旺，水生绿肥有满江红、水花生、水葫芦、水浮莲等。利用绿肥制造堆肥和内肥，由于其碳氮比低，促进了微生物的分解，可加速腐烂，可提高堆肥和内肥的质量。例如，紫云英压青要在鲜草产量和养分含量最高时进行，过早压青，虽植株幼嫩，容易分解，但产量和养分含量低；压青过迟，植株老化、不易分解。当紫云英盛开两盘花，开始第三盘花，下部开始结荚时翻沤最适宜。

5.土杂肥

土杂肥是我国传统的农家肥，来源广，品种多，一般包括肥土、泥肥、灰肥、屠宰废弃物。随着农业生产水平的提高和肥料科学的发展，一些养分含量不高的土杂肥已很少施用，如重土、炕土等。而河泥、湖肥、沟泥、塘泥等泥肥，常因水污染严重造成泥肥重金属等有害元素含量超标，因而泥肥不宜在绿色食品生产中施用。草木灰是植物燃烧后留下的灰分，含有较多的无机养分，其中以钾和钙含量较高，磷次之。草木灰适用于各类作物和盐碱土以外的各类土壤，多作基肥或追肥。

6.饼肥

饼肥是高质量的有机肥料，养分含量高而全面。其有机质含量高达75%～85%，全氮含量为2%～7%，肥效持久，含油脂较多，有的含有皂素。饼肥包括菜枯饼、茶枯饼、棉枯饼、桐枯饼等。饼肥可作追肥和基肥，施用前先进行粉碎，作基肥时稍进行发酵即可施用，在播种前或移栽前12周施入土中继续分解；作追肥时必须先进行充分腐熟，施用时不要与种子或植株直接接触，以免发酵产生的高温伤到种子或幼苗。饼肥还可与堆肥、厩肥混合堆沤或者拌在肥中沤烂后再施用。

7.沼气肥的施用

气肥的液体部分中含有较多的铵态氮和有效钾，还含有少量腐殖酸和其他可溶性含氮有机化合物。沼气发酵过的熟料，一般呈半流体状态，可作追肥和基肥用，用于旱土最好沟施，及时盖土。

8.其他有机肥

目前农业上应用的其他有机肥有以下几种：

(1)泥炭腐殖酸肥料。泥炭是在高温、通气不良和积水条件下，由死亡的湿生植物经不完全分解累积而成。这类肥料虽然养分少、有效性低，但疏松多孔、吸收性强，可起到改良土壤的作用。这类肥料不宜直接施入农田，可以与菌肥、绿肥、厩肥共同发酵后使用，效果最好。

(2)动物性废弃物。动物性废弃物即宰杀动物的下脚料、脏器、鱼粉、鸟等。根据不同来源，动物性废弃物又可分为高氮物质和高磷物质。高氮物质包括干血、肉渣、鱼粉、蹄角等，易于分解腐化，腐熟的肥料性质与化肥相似。高磷物质包括鸟粪、兽角粉等，其磷的有效性低于水溶矿粉，在酸性土壤中使用效果较好。

(三)绿色食品生产使用有机肥的注意事项

(1)有机肥种类应符合《生产绿色食品肥料使用准则》中的有关要求。

(2)除秸秆还田外，其他多数有机肥应作无害化处理和腐熟后使用，以防止污染土壤和农产品。其腐熟标准按《生产绿色食品肥料使用准则》的规定执行。

(3)对于一些成分不清楚的较为复杂的城镇垃圾，要慎用。用前应按《生产绿色食品肥料使用准则》中城镇垃圾农用控制标准进行监测评价，不合格者禁止用在绿色食品生产田中。为保证肥料的质量，应指定专业部门对使用的肥料进行经常性营养成分检测，同时对一些重金属含量进行检测，以保证在绿色食品生产中使用高效、无污染的优质有机肥。

(4)A级绿色食品生产中有机肥可与化肥配合施用，有机氮与无机氮之比以1∶1为宜。

(5)除在病虫害发生特别严重的地块外，尽可能避免选择烧灰还田的做法。

(6)生产绿色食品的有机肥原则上就地积造，就地生产，就地使用。对外来有机肥应在确认符合标准后才能应用.商品肥料及新型肥料必须通过国家有关部门的登记认证及生产许可，确认达到绿色食品肥料要求后才能使用。

(7)因施肥而造成对土壤、水源的污染，或影响作物正常生长，使农产品质量不达标者要停止这些肥料的施用，并及时向中国绿色食品发展中心及省绿色食品管理办公室报告，生产的绿色食品也不能继续使用绿色食品标志。

总之，在绿色食品生产中应用的肥料种类、数量、质量、方法等，都必须严格按照《生产绿色食品肥料使用准则》中的有关规定执行，以保证绿色食品质量。

三、科学合理施用化学肥料

化学肥料是利用化学方法合成或将矿石直接加工精制而成。生产A级绿色食品禁止使用任何化学合成肥料，但在必要的情况下允许使用无机(矿质)肥料，如矿物钾肥、矿物磷粪肥、煅烧磷酸盐、石灰、石膏等，或使用有机肥与无机肥通过机械混合或化学反应而成的肥料。生产A级绿色食品可以允许限定(品种)限量使用化学肥料，允许使用有机肥中掺含一定比例的化学肥料(硝态氮肥除外)。为了使绿色食品生产者更好地了解化肥的特点与存在的问题，以及在绿色食品生产中准确地理解《绿色食品肥料使用准则》的含义，在生产中科学合理地用好化学肥料，有必要介绍一些化学肥料的情况，供生产者在使用时参考。

（一）化学肥料的一般特性

1.肥效快

大部分化肥为水溶性和弱酸溶性的，易被作物吸收利用，能及时供应作物所需要的养分，但后劲不长。

2.肥分单纯

除复合肥外，所含养分一般只含“三要素”（氮、磷、钾）中的一种，所以化肥又称单质肥或不完全性肥料。

3.养分含量高

例如，尿素含氮 45%～46%，硫酸铵含氮 20%～21%，0.5 kg 硫酸铵可抵得上 15～20 kg人粪尿的含氮量。

4.不含有机质

不能直接改良土壤，只能单纯地供给作物养分。

5.具有一定的酸碱性

例如，酸铵为化学酸性、生理酸性肥料碳，酸氢铵为化学碱性、生理中性肥料，硝酸铵为化学中性、生理碱性肥料，尿素为化学中性、生理中性肥料。

（二）化学肥料存在的问题

化学肥料具有肥效高、见效快、成本较低、使用方便又主要是“三要素”肥料等特点，促使我国化肥生产和使用在中华人民共和国成立后得到了迅速发展。目前我国化肥施用量居世界第一位，化肥使用量在 1978—1994 年，平均每年递增 70%。我国农业对化肥的需求呈阶段性特点：20 世纪 60 年代以前，需求每年为数十万吨（纯量），70 年代每年为数百万吨，80 年代突破千万吨，到 1997 年达到 3.98103 t。1996 年，我国发达省份平均每公顷化肥用量达到 750 kg。毋庸置疑，化肥的大量使用对我国的农业生产尤其是增产粮食起了重要的作用。

但是，由于人们在农业生产中片面地追求高产，过量地施用化学肥料，加上使用方法不当，养分配比不合理，也带来了一些严重问题，具体表现在下述几个方面。

1.化肥的利用效率越来越低，损失率越来越高

由于化肥使用量逐年增加，且无机化现象越来越普遍，致使化肥利用率不断下降。中国科学院地理科学与资源研究所对 1980 年以来全国化肥田间运用结果的研究表明，我国氮素化肥的平均利用率仅为 35%。按目前我国一般施肥方法，氮肥损失率，旱地平均为33.3%～73.6%（碳酸氢铵为 40%～70%，尿素为 30%～55%），水田为 35.7%～62.0%，非石灰性土为 15%～35%，石灰性土为 30%～50%，而且氮肥的用量越高，损失率也越高。由于损失率高，增产效果下降，农民又加大化肥的用量，增加了生产成本，造成了化肥利用率低的恶性循环。

2.过量使用化肥，致使农产品质量下降

如氮肥过量使用，会引起作物体内硝态氮和亚硝态氮的积累，这两种物质可以致癌，严重者可以致死。目前蔬菜中氮肥使用尤其过多，导致亚硝酸盐严重超标。据北京市海淀区 23 块蔬菜地施肥量调查，每季蔬菜平均施用量高达 780 kg/hm^2，超过正常需氮里的数倍。又如磷矿粉中含有大量氟、汞、砷、镉等元素，这些元素随同磷肥加工后，其活性大大提高，很容易被植物吸收利用，然后随农产品通过食物链进入人体，危害健康。据推算，如氟在磷肥中的含量为2%～4%，当每公顷施用1000 g磷肥，就有可能造成植物体内过量氟的积累，这样的农产品对于任何动物的骨骼及牙齿均有很大的危害。同时，过量施用化肥还使产品质量下降、品位降低、口感不适。

3.过量施用化肥对生态环境的影响

施入土壤的氮肥，可以通过多种途径进入地表水环境和地下水环境。含氮量较高的污水进入湖、河、海等水域，为水生植物旺长创造了条件，形成了水体富营养化现象。大量的水生植物在生长及死亡后的腐烂过程中需消耗水中大量的氧气，并产生过量的有毒有害物质，造成水中其他生物缺氧而死亡，尤其是对渔业生产造成很大的威胁。大量施用化肥还可以造成土壤板结、土壤活性降低、土壤有益微生物减少、土壤中有害有毒物质积累，从而污染土壤。过量施用氮肥还会以气体形式向大气排放 NO_2、NH_3 等，污染大气。农田氮素向水体迁移和氮素向大气排放都是面源污染，与工业排放造成的点污染不同，控制面源污染的难度要比控制点污染的难度大得多。由于氮、磷在水体和土壤中的化学行为不同，迁移转化的机制不同，对环境造成的后果也不同，因而控制的对策也应有所不同。

（三）主要化肥种类及其施用技术

1.氮肥及其施用技术

氮肥即以氮素营养元素为主要成分的化肥，包括尿素、硝酸铵、氨水、氯化铵、硫酸铵等。氮肥一般是易溶的速效性肥料，通常需要适当深施。氮肥施用具体方法如下：

（1）基肥及其施用技术。基肥深施在旱地可结合耕地将肥料均匀撒施地面，随即翻耕耙地。水田则可结合耕整田施用，采取排水→施肥→翻耕→灌水方式进行。基肥深施以铵态氮肥和尿素适宜，氯化铵还可适当早施，有利于氯离子的迁移，减少其危害。硝态氮肥一般不宜作基肥，以避免氮的流失，其肥效持久，且有利于作物根系发育和养分吸收。

（2）种肥底施。旱地作物在墒情较好的情况下，播种前开沟施肥、覆土，然后播种，将肥料施入种子下部，或施在种子的侧下方。在氮肥中以硫酸铵作种肥效果最好，碳酸氢铵、氨水、氯化铵、含缩二脲较高的尿素不适宜作种肥，这些肥料由于氨的挥发或铵根离子、缩二脲的存在，不利于种子萌发和根系生长。

（3）追肥埋施。在旱地追肥时，可在作物根旁 6～10 cm 处开沟施肥或挖穴施肥，沟、穴深度 6～10 cm，并立即覆土；在水田追肥时，先排水晒田，再撒施肥料，结合中耕除草使土肥混匀，适量灌水，以水带肥达到深施的目的。各种氮肥都可以作追肥，其中硝态氮肥更适宜，而且以施用在旱地作物较好。

（4）根外施肥。在氮肥中以尿素肥料最适宜作根外施肥。根据不同作物及其生育时期应注意肥液浓度，一般控制在0.2%～1.0%，可以单喷或与其他营养元素制成混合液喷施。

（5）与其他肥料配合施用。作物正常生长发育需要各种营养元素的协调供应。全国各地大量的田间试验证明，氮、磷或氮、磷、钾配合施用高于单施氮肥的效果。近年来，随着施肥量的增加，复种指数和产量的不断提高，一部分地区配合施用微量元素肥料产生明显的增产效果。此外，氮肥和有机肥料配合施用，有利作物高产、稳产和提高经济效益。

2.磷肥及其施用技术

磷肥即以磷素营养元素为主要成分的化肥，包括普通过磷酸钙、钙镁磷肥等。土壤中的磷，一般不能满足农作物生长发育的需要，必须通过施肥来补充。但是，施用磷肥必须讲究方法。

(1)早施。农作物的苗期吸收磷的速度最快,一般要占生育期总需磷量的一半。如果苗期缺磷,即使后期大量补充,也很难挽回苗期缺磷所造成的损失。所以农作物苗期必须保证不缺磷。如果缺乏磷,就要及时弥补,错过时机则无法弥补。

(2)集中施。磷肥还有一个特性,就是容易被铁、铝、钙等所固定而失效。所以宜穴施、条施,使磷肥在农作物种子和根系周围,这样有利于农作物根系的吸收利用。

(3)细施。常用的磷肥过磷酸钙在储存时易吸潮结块,因此在施用时一定要打碎过筛,不可马虎了事,以利于根系的吸收利用。

(4)分层施。磷肥在土壤中移动性很小,施在哪里就在哪里不动。因此,在底层和浅层都要施用磷肥,施用时浅层施用 1/3,深层施用 2/3,以满足农作物根系不同层次对磷肥的需求,充分发挥磷肥对农作物的优质丰产作用。

(5)与氮肥结合施用。农作物吸收各类养分是有一定比例的,如果比例失调,农作物就不能正常生长。这也是当前农业生产上提倡平衡施肥的重要原因。单独施用氮肥,农作物根系发育不好,易倒伏,还容易遭受病虫危害,引起氮、磷比例失调。氮、磷结合,合理配合施用,既可以平衡养分,又可以促进农作物根系下扎,为农作物优质丰产打下坚实的基础。

(6)施予对磷肥敏感的作物。磷肥应使用在对磷肥敏感的豆类、小麦、棉花、薯类、瓜类等作物上,这样可以使磷肥的作用得到充分发挥,最大限度地发挥其优质丰产作用,获取最大的经济效益。

3.钾肥及其施用技术

钾肥即以钾元素为主要营养成分的化肥,主要品种有氯化钾、硫酸钾、硝酸钾等。

钾肥应深施、集中施。钾在土壤中易于被黏土矿物固定,将钾肥深施可减少因表层土壤干湿交替频繁所引起的这种晶格固定,提高钾肥的利用率。钾也是种在土壤中移动性小的元素,因此将钾肥集中施用可缩小钾与土壤的接触面积而减少固定,提高钾的扩散速率,有利于作物对钾的吸收。

4.复混肥料及其施用技术

复混肥料是指肥料中含有两种肥料“三要素”(氮、磷、钾)的二元复混肥料和含有氮、磷、钾 3 种元素的三元复混肥料。其中混肥在全国各地推广很快,复混肥料主要用作基肥,主要是因为:①作基肥可以深施,有利于中后期作物根系对养分的吸收。②复混肥料都是含氮、磷、钾的三元复混肥料,作基肥可以满足中后期作物对磷、钾养分的最大需求。③作基肥施用可以克服中后期追施磷、钾肥的操作困难。

(四)绿色食品生产中化肥的施用原则

在绿色食品生产中,逐步减少化肥的使用量,科学合理地使用化肥,严格控制化肥对环境的影响和对农产品的污染是非常重要的。总的原则是:所使用的肥料必须限制在不对环境和作物生长产生不良后果;不使农产品中有毒物质残留超出对人体健康产生危害的限度;使足够数量的有机质返回到土壤,增加生态体系的生物活性。因此,生产绿色食品需要使用化肥时,应遵从以下使用原则:

(1)选用的肥料品种必须达到产品标准及绿色食品生产对肥料规定的卫生标准,使用技术也应严格按照准则执行。

(2)对生产者进行宣传教育,提供技术培训。我国部分农民文化素质较低,缺乏科学技术和环保意识,只看到化肥能够增产,不了解化肥会产生负面影响,因此盲目增施,造成过量。有必要向农民进行宣传教育，并提供有关化肥性能、使用技术、如何保护农村环境等方面的技术培训，可通过广播、电视、报纸、杂志、培训班等形式，结合宣传、发展绿色食品时一起进行。

(3)推广科学施用化肥。科学施肥方法很多，如有机肥与化肥配合施用、化肥与农家肥混合堆沤、平衡施肥、氮肥深施、测土施肥等。

四、推广使用微生物肥料

微生物肥料又称为生物肥料，与有机肥料、化学肥料性质不同。它是一种利用微生物的生命活动及其代谢产物的作用，使农作物得到特定的肥料效应，从而促其生长茁壮和产量增加的肥料。随着在现代农业中大力提倡绿色农业、生态农业，微生物肥料将会在农业生产中扮演重要的角色。

(一)微生物肥料的种类

微生物肥料的种类很多，按其功效可分为两类：一类是利用其中所含微生物的生命活动，增加植物营养元素的供应量，包括土壤和生产环节中植物营养元素的供应总量，从而改善植物的营养状况，增加产量。这一类微生物肥料的代表品种是根瘤菌肥。另一类是通过其中所含的微生物的生命活动，不仅提高植物的营养元素供应水平，而且还通过它们所产生的植物生长刺激物质对植物产生刺激作用，促进植物对营养元素的吸收作用，或者是拮抗某些病原，改善作物养分供应，向农作物提供营养元素、生长物质，调控其生长，提高土壤肥力。

如果按微生物肥料制品中特定的微生物种类分类，可分为细菌肥料(如根瘤菌肥、固氮菌肥)、放线菌肥料(如抗生菌肥料)、真菌类肥料(如菌根真菌)等；按其作用机理分类，可分为根瘤菌肥料、固氮菌类肥料、解磷菌类肥料、解钾菌类肥料等；按其制品内所含成分分类，则可分为单纯的微生物肥料和复合(或复混)微生物肥。

(二)微生物肥料的主要功效

1.提高土壤肥力，减少化肥用量

提高土壤肥力，减少化肥用量是微生物肥料的主要功效。例如，各种自生固氮、联合固氮或共生固氮微生物肥料，可以增加土壤中的氮素来源。多种分解磷和钾矿物的微生物(如一些芽孢杆菌、假单胞菌)可以将土壤中难溶的磷和钾溶解出来，转变为作物能吸收利用的磷和钾元素。由于微生物肥料可以提高土壤的养分含量，因此在相同地力水平的土壤上，可以减少化肥的用量，并且获得等效的增产效果。

2.固定大气氮素供作物利用

微生物肥料中最重要的品种之一是根瘤菌肥。根瘤菌可侵染豆科植物的根部形成根瘤，并利用豆科寄主植物提供的能量将空气中的氮转化成氨，进而转化成谷氨酰胺、谷氨酸等植物能吸收利用的优质氮素，供给豆科植物。根瘤一生中向豆科植物寄主提供的氮素占其一生需要量的30%～80%。

3.提高农作物吸收营养的能力

VA菌根即泡囊丛枝菌根(vesicular-arbuscular mycorrhizae，VAM)，是一种土壤真菌，它可与20多万种植物根系共生，用VA菌根的孢子或浸染VA菌根的根组织制成的接种剂接种作物后，其分泌的低分子质量有机酸可溶解土壤难溶性养分，通过萌发的菌丝扩大养分吸收面积，供给植物更多的营养。其中以对磷的吸收最明显，对在土壤中活动性差、移动

缓慢的元素(如锌、铜、钙等)也有加强吸收的作用。

4.分泌生长刺激素

微生物肥料中的一些菌种还可以分泌一些生长刺激素、维生素等,如固氮菌等能够产生生长素、肌醇、盐酸、泛酸、吡多醇、硫胺素等多种物质,以刺激和调节作物生长,使植物生长健壮,营养状况改善。

5.增加植物抗病和抗旱能力

有些微生物肥料的菌种接种后,由于在作物根部大量生长繁殖,成为作物根际的优势菌,除了它们自身的作用,还由于它们的生长、繁殖及产生抗生素抑制或减少了病原微生物的繁殖机会,有的还有拮抗病原微生物的作用,起到了减轻作物病害的功效。菌根真菌则由于在作物根部的大量生长,其菌丝除了吸收有益于作物的营养元素,还能增加水分吸收,利于提高作物的抗旱能力。

(三)微生物肥料的施肥技术

1.根瘤菌肥料

根瘤菌肥料是一种推广最早、效果显著的高效菌肥。我国目前生产的根瘤菌肥料使用的菌种有大豆根瘤菌、华癸根瘤菌、苜蓿中华根瘤菌、豌豆根瘤菌、菜豆根瘤菌等。根瘤菌肥料常用的剂型主要有粉剂(草炭、蛭石或其他载体)、液剂和种衣剂 3 种剂型,少数冻干剂根瘤菌剂主要用于拌种。其方法是先将菌剂(用量 1500～3750 g/hm^2)用水 3750～7500 g/hm^2 调成糊状物,然后将供试作物种子拌入、拌匀,并立即播种,随即覆土。在拌种和播种过程中,勿与农药接触,不要在阳光下晒。为了使根瘤菌在土壤中能较快地浸染作物,必须提供足够的磷和中性条件。如果土壤 pH 值小于 4.5,则根瘤菌难以在土壤中存活。因此,对于酸性土壤,在作物种子和根瘤菌剂拌和后,再与泥浆、钙镁磷肥或者石灰等物质拌和,形成丸衣,以利于根瘤菌在土壤中的存活。为了提高根瘤菌剂的固氮效果,可用含 0.1%稀土化合物吸附根瘤菌,它能增强根瘤菌的存活率和对寄主作物的浸染结瘤能力,其增产效果高于一般根瘤菌剂。

2.磷细菌肥料

磷细菌肥料是一类促使土壤中不能被作物利用的有机态或无机态磷化物转化为有效磷,从而改善作物的磷素营养,促使作物增产的菌肥。磷细菌是可将不溶性磷化物转化为有效磷的某些腐生性细菌的总称。按对磷的转化作用,其又分为无机磷细菌和有机磷细菌两类。有机磷细菌(为分解磷酸三钙的细菌)通过自身产生的酸使不溶性磷矿物溶解为可溶性的磷酸盐,如氧化硫硫杆菌。有机磷细菌(如巨大芽孢杆菌、蜡质芽孢杆菌等)可产生一些酸类物质,使土壤中难溶性磷素和磷酸铁、磷酸铝以及有机磷酸化合物(如卵磷脂类)矿化,形成作物能够吸收利用的可溶性磷,供作物吸收利用。磷细菌肥料可用于各种作物,可作种肥、基肥或追肥,一般用量为 7.5～22.5 kg/hm^2。在实际应用中,宜用在缺磷而有机质较丰富的土壤中。若与磷矿粉混合施用,效果更显著。如果能结合堆肥使用,即在堆肥中先加入解磷微生物,发挥其分解作用,然后再将堆肥翻入土壤,效果更好。一般使用磷细菌肥料的增产效果在 10%左右。

3.钾细菌肥料

钾细菌肥料又称为生物钾肥、硅酸盐菌肥,是由人工选育的高效硅酸盐细菌经过工业发酵而成的一种生物肥料。目前已知芽孢杆菌属的一些种,如胶质芽孢杆菌、环状芽孢杆菌等，具有分解正长石和磷灰石，并释放磷和钾矿物中磷和钾元素的作用。生物钾肥的施用，缓解了我国钾肥供应的矛盾，改善了土壤大面积缺钾的状况，促进了农业增产，提高了农产品品质。硅酸盐细菌在其生命活动过程中，产生多种生物活性物质，如 HM8841 硅酸盐细菌培养液中含有大量赤霉素(GA3)和细胞分裂素类物质，这些物质可以刺激植物生长发育，同时还可产生抗生素物质增强植株的抗寒、抗旱、抵御病虫害、防早衰和防倒伏的能力。硅酸盐细菌死亡后的菌类物质及其降解物有营养作用。

钾细菌肥料可作基肥、种肥和追肥，也可用来蘸根，其中以作基肥施用的效果为好。作基肥沟施和条施用量为 45～60 kg/hm^2，施用后覆土。若与有机肥混施，效果更好。

4.抗生菌肥料

抗生菌肥料是根据抗生菌生长的要求，利用有机肥料、农副产品、肥土等配料混合培养而成的，其中包含活的抗生菌及其分泌物质抗生素和刺激素。目前我国作为肥料推广的只有 5406 抗生菌肥料，它是以细黄链霉菌为菌种生产的。5406 抗生菌肥料具有成本低、肥效高、抗病害、促生长、堆制方法简易、用料就地取材、水田旱地均可使用、对作物无害等优点。5406 抗生菌可产生两种抗生素，其中一种能杀灭真菌，另外一种可杀灭细菌。因此，抗生菌肥料能防止水稻烂秧、棉花烂种和小麦烂种，并能减轻水稻纹枯病和白叶枯病及稻瘟病、棉花苗期根腐病和黄萎病、甘薯黑斑病、小麦锈病等的危害。5406 抗生菌也能分泌激素物质，且该物质能促进作物生根、发芽和早熟，还能增加叶肉中叶绿素含量、提高酶活性等。同时，5406 抗生菌在繁殖中产生有机酸，能将土壤中难溶性磷转化为有效磷，促进作物吸收利用。另外，5406 抗生菌肥料还可用来浸种或拌种，作基肥或追肥。

微生物肥料施用的注意事项：

(1)微生物肥料产品应该有生产许可证号和产品质量检验证，符合国家或行业的标准，包装和标签应完整，使用说明要清楚、明确。

(2)微生物肥料的产品种类要与使用的农作物相符。

(3)要在其产品有效期内使用，超过有效期后杂菌数量大大增加，特定微生物数量下降不能保证其有效菌数。

(4)储存温度要合适。通常微生物肥料产品的储存温度以不超过 20 ℃为宜，4～10 ℃最好，开袋后应在短时期内尽快用完。

(5)应严格按照使用说明书的要求使用。尽量避免阳光直射，拌种后也不宜存放较长时间，应随拌随用。微生物肥料的使用一般应注意避免与造成其特定微生物死亡或降低作用的物质合用或混用。例如，一些杀虫剂、杀菌剂要通过试验，证明它们对微生物肥料的微生物无杀灭作用才可合用或混用。不能合用、混用的应分开使用。

(6)微生物肥料在中低肥力水平的地区使用效果较好，在高肥力地区使用效果较差。另外，应考虑土壤的 pH 值和作物的种类，推广使用某一微生物肥料品种前先进行广泛的试验，切不可盲目引进、盲目推广。

第三节　绿色食品生产的农药使用

在绿色食品生产中，并不是绝对不能用农药防治病虫害，而是在病虫害综合防治技术中提倡以农业防治技术为基础，以生物防治为主导，优先施用生物源农药，必要时才合理使用一些高效、低毒、低残留的化学农药。

一、化学农药使用存在的问题及克服途径

利用有毒的化学物质（通常指农药）来预防或杀灭病虫害的方法又称为植物化学保护。使用农药最显著的特点是有效、简易和适应性强。当病虫害发生时，可在短时间内达到有效的防治目的；使用简便，易于操作；能工厂化生产和大面积机械化应用；受环境条件影响小；农药种类多、作用方式广，各种病虫害均有相应的农药品种来防治。因此，现代化学防治虽然时间不长，但发展迅速。而长期大量地使用化学农药会产生一些严重问题，这就是国际上通称的“3R”问题，即残留量（residue）、抗药性（resistance）和再猖獗（resurgence）。

（一）残留量问题

任何农药都是有毒的，尤其是人工合成的有机化学农药。它们本来是自然界不存在的，人工合成后大量施放到自然界，在一定时期内不会完全消解，残留在大气、土壤、水体、植物体内乃至农产品中，通过生物富集作用累积到高等动物体内产生累积中毒现象。

使用化学农药时一般只有20%～30%喷洒在作物上，只有1%真正起到了杀虫防病的作用，其余的都散落到农田、水域、空气中，造成对环境的污染，最后对人类产生毒害。

据调查，我国耕地约有1.67×10^{7} hm^{2}（2.5×10^{8} 亩）受到农药污染，约占全国耕地面积的14%，实际情况可能更为严重。我国532条河流中有82%的河流是被污染的，而4%的地表水污染是农药造成的。农药对环境和农产品安全质量的影响十分严重。近年来，不少地区因食用农药毒害的蔬菜而引起食物中毒事件的报道屡见不鲜，农药的公害已引起社会的广泛关注。

（二）抗药性问题

长期使用某种农药或某些农药会使目标病虫害产生抗药性，从而对这些农药产生强大的抵抗力，如果继续使用这些农药就得成倍地增加使用量、使用次数，甚至完全失效。

目前已知对某些农药产生明显抗药性的害虫、病菌达几百种。产生抗药性的原因主要是病菌、害虫不断受到同一种药剂，特别是高浓度处理，存留下来的少数抗性强的个体，经过若干代的选择淘汰，其后代对这种药剂产生适应性变异，成为抗药性品系。病虫害抗药性还有一个重要特点，对一种药剂产生抗药性后，常常对化学结构相似的其他药剂也具抗性，称为交互抗药性。

克服抗药性的主要途径：适时施药，保证施药质量，提高防治效果，减少残存病虫数量；利用不同毒理机制的农药不易产生交互抗药性的特点，正确、合理、交替使用农药；在农药中添加能抑制解毒酶活性的增效剂；深入研究抗性机制，创制不易产生抗药性的药剂。

（三）再猖獗问题

长期大量使用某种农药一段时间后反而引起防治对象或非防治对象越来越严重的现

象，称为病虫害的再猖獗或种群复起。

最易产生再猖獗的是蚧、螨、叶蝉、粉虱、蚜虫、蓟马等小型刺吸式口器害虫。主要原因是农药杀伤了这些害虫的天敌，破坏了生态平衡，使这些害虫失去天敌控制而越来越严重；有些农药的化学成分可刺激某些害虫的生长发育，如波尔多液、硫酸铜的铜离子可延长螨类成虫的寿命，增加产卵量；农药控制了主要害虫，使次要害虫的营养改善，从而引起次要害虫上升为主要害虫等。防止害虫的再猖獗，关键是使化学防治与生物防治很好地结合，应当注意农药对天敌的选择性和农药的剂型、施用方法、施用次数、施用时期以及与害虫和周围生物群落的关系等。

二、绿色食品生产的农药使用要求

《农药合理使用准则》国家标准对农药的品种（有效成分）、剂型、常用药量、最高药量、施药方法、最多使用次数、最后一次施药与收获的间隔天数（安全间隔期）和最高残留限量都做了具体规定。要针对病虫草害发生的种类和情况，选用合适的农药品种、剂型和有效成分。要根据规定适量用药，不能随意加大用药量。施药次数多少关系到作物产品和对环境的公害影响，不能随意增加施药次数。生产绿色食品应尽可能减少农药使用的次数。遵守农药使用的安全间隔期，是保证产品中农药残留量低于最大允许残留量的重要措施，应严格遵守。作物产品的采收期，一定要严格遵守农药安全间隔期的规定，切记在作物，尤其是瓜果、蔬菜采收前不可任意施药。

国家规定，高毒农药、高残留农药不准用于蔬菜、茶叶、果树、药材等作物。因此，在绿色食品生产中，AA 级绿色食品和有机食品要禁止使用任何有机化学合成农药，A 级绿色食品要严格按照绿色食品农药使用准则的要求使用。

（一）绿色食品生产中农药使用注意事项

1.AA 级绿色食品农药使用注意事项

（1）允许使用植物源杀虫剂、杀菌剂、拒避剂、增效剂，如除虫菊素、鱼藤酮、大蒜素、川楝素、印楝素、芝麻素等。

（2）允许释放寄生性、捕食性天敌昆虫，如赤眼蜂、瓢虫、捕食螨、各类天敌蜘蛛、昆虫病原线虫等。

（3）允许在捕捉害虫设施条件下使用昆虫外激素（如信息素）或其他动物源引诱剂。

（4）允许使用矿物油乳剂、植物油乳剂、矿物源农药中的硫制剂和铜制剂。

（5）允许有限量地使用活体微生物农药，如真菌制剂、细菌制剂、病毒制剂、放线菌、拮抗菌剂、昆虫病原线虫等。

（6）允许有限量地使用农业抗生素（如春雷霉素、多抗霉素、井冈霉素、农抗 120 等）对真菌病害进行防治。

（7）禁止使用有机合成化学杀虫剂、杀菌剂、杀螨剂、除草剂和植物生长调节剂。禁止生物源农药中混配有机合成化学农药的各种制剂。

2.A 级绿色食品农药使用注意事项

（1）允许使用植物源、动物源和微生物源农药。在矿物源农药中，允许使用硫制剂和铜制剂。严格禁止使用剧毒、高毒、高残留和致癌、致畸、致突变的农药。

（2）各类除草剂和有机合成植物生长调节剂，虽未列出禁用原因，但不能用于绿色食品蔬菜生产。若绿色食品蔬菜生产中的确需要，可在生产基地有限度地使用部分有机合成化学农药，但必须严格按照规定的方法使用。若选用新研制生产的化学农药，应报经中国绿色食品发展中心审批。在绿色食品生产中还要严格控制各种遗传工程微生物制剂的使用。

（二）严格遵守农药使用安全间隔期

农药在作物上的残留量是随着时间延长而逐渐降低的，时间愈长，残留量愈低。可以根据农药的降解速率和农药的毒性大小以及农药的最高残留限量来确定该农药的安全间隔期。安全间隔期又称为等待期，指最后一次施药与作物采收之间必须等待的天数。我国已颁布并正在陆续颁布各种作物适用农药的安全间隔期。在绿色食品生产中，必须严格按照安全间隔期采收，才能保证产品农药残留量不超标。

（三）选用高效、低毒、低残留的化学农药

高效、低毒、低残留的化学农药包括菊酯类和人工合成昆虫激素类，以及少数有机磷类杀菌剂、杀虫剂。例如，棚室蔬菜使用的烟熏剂百菌清、速克灵等和规定允许使用的杀菌剂与杀虫剂（如农利灵、卡死克、锐劲特、乐斯本、加瑞农、多菌灵、瑞毒霉、乙膦铝、粉锈宁、托布津、波尔多液等）。

（四）推广病虫草害综合防治技术

除配套的栽培技术外，应重视科学轮作、清洁田园、棚室及土壤消毒、种子消毒，加强病虫害预测预报，推广生物防治技术和物理防治技术，利用捕食性天敌和寄生性天敌（如瓢虫、寄生蜂等）来消灭害虫，利用昆虫激素来治虫（如诱杀、迷向、调节蜕皮变态、利用银灰色膜避蚜、黄板诱蚜、灭虫灯诱蛾），利用细菌、真菌、病毒来消灭病虫害（如青虫菌、白僵菌、芽孢杆菌等）等。推广防虫网栽培技术，还可以利用微生物等来降解土壤中的农药残留。

三、绿色食品生产的农药科学合理使用

合理使用农药是绿色食品生产中病虫草害防治的重要内容。科学、合理、有效、经济地使用农药，就是要达到既有效地防治病虫草害，又符合绿色食品生产的标准。

（一）对症下药

作物病虫草的种类繁多，农药品种也越来越多，有害生物对农药的敏感性也各异，因此必须熟悉防治对象，掌握不同农药的药效、剂型及其使用方法，做到对症下药，才能达到应有的防治效果。例如，杀虫剂中的胃毒剂对咀嚼式口器的害虫有效，对刺吸式口器的害虫则无效；避蚜雾只对桃蚜有效，对瓜蚜效果差；杀菌剂中的甲霜灵对防治霜霉病有效，对白粉病和细菌性角斑病无效。

（二）适时使用农药

任何病虫草害在田间发生发展都有一定的规律性，根据病虫草的消长规律，讲究防治策略，准确把握防治适期，准确选用适宜的农药，可以达到事半功倍的效果。在绿色食品生产基地，农业技术人员和农民都应掌握各种农药品种的作用、性质、施药时期等有关知识，并结合当地农田的实际情况适时进行防治。

（三）适量使用农药

掌握适宜的农药施用量是有效防治作物病虫草害的重要环节，用药量过低，达不到防治目的；用药量过高，不仅增加生产成本，而且产生环境污染，同时生产的食品达不到绿色食品的标准。因此，在绿色食品生产中，应严格按照各种农药的指定用量施用，不能随意增减。

（四）合理复配混用农药

科学合理复配混用农药，可以提高防治效果，扩大防治对象，延缓有害生物的抗性，延长品种使用年限，降低防治成本，充分发挥现有农药制剂的作用。目前农药复配混用有两种方法：一是农药厂把两种以上的农药原药混配加工，制成不同的制剂，实行商品化生产，投放市场；二是防治人员根据当时当地有害生物防治的实际需要，把两种以上的农药在防治现场现混现用。现在农药混合的主要类型有：杀虫剂加增效剂、杀虫剂加杀虫剂、杀菌剂加杀菌剂、除草剂加除草剂、杀虫剂加杀菌剂等。但值得注意的是，农药复配混用虽然可以产生很大的经济效益，但切不可任意组合，应持严肃的科学态度和采取科学的复配混用方法。生产复配制剂应当像研制一种原药品种一样，必须按照增效性研究、复配工艺研究、复配制剂理化性研究、联合毒性研究、药效试验、分析方法研究和成本分析 7 个程序开展研究，获得肯定的结果以后，方可成为商品，投放市场。田间现混现用，也应当坚持先试验后混用的原则；否则不仅起不到增效作用，还可能产生增加毒性、增加有害生物的抗药性等不良作用。

（五）轮换或交替使用农药

实践证明，在一个地区长期连续使用同一品种或同一类型农药，容易使有害生物产生抗药性，特别是一些菊酯类杀虫剂和内吸性杀菌剂，连续使用多年，防治效果会大幅度下降。轮换使用作用机制不同的农药品种，既可延缓有害生物产生抗药性，充分发挥农药的药效，又能相应地减少由于抗性增强而不得不多施农药而造成的危害，有利于绿色食品的生产。对于某种作物来说，有时在同一时期内需要使用几种药剂，合理混用可以起到兼治多种病虫和节省用工、降低成本的作用。

（六）安全高效精准施药技术

为把农药有效地施用到作物及有害生物靶标上防治病虫草害，人们采取了多种手段，发展了多种多样的施药技术。

1.低容量喷雾技术

目前我国在病虫草害防治中普遍采用大容量、大雾滴喷雾技术，雾滴平均粒径在 200 pm以上，每公顷药液量在 600～900 kg，农药流失浪费现象严重。低容量喷雾技术通过喷头技术的改进，使雾滴变细，增加覆盖面积，降低喷药液量，每公顷药液量在 30～300 kg，不但节水省力，而且可提高功效近 10 倍，节省农药用量 20%～30%。

2.静电喷雾技术

静电喷雾技术指通过高压静电发生装置，使雾滴带电喷施的方法。它可使药液雾滴在叶片表面的沉积量显著增加，将农药有效利用率提高到 90%。

3.气流辅助喷雾技术

传统的液流式喷头的一个不足之处是对众多叶片穿透性差。过去认为在没有风的条件下喷雾可以避免雾滴飘移，但现在认为，当作物冠层内的空气流动速度在 1～5 m/s 时，更有利于农药雾滴在生物靶标上的沉积。气流辅助是用气流的运动把农药吹送到作物冠层，可以增加农药雾滴对作物冠层叶片的穿透性，可以增加农药雾滴在植株叶片上的沉积量。采用侧流式风机及在喷雾过程中把果树罩起来的隧道式喷雾机，其农药的有效利用率可高达 90%以上，但机具造价昂贵。大田喷杆式喷雾机具上安装上“袖套”，用气流强迫农药雾滴进入作物冠层，可以增加雾滴在靶标上的沉积分布，避免小雾滴飘移。机动背负气力式喷雾机采用小型柴油机为动力，用气流把农药液雾化并吹送出去，有效喷幅在 8 m 以上，作业效率很高，适合于小型地块田间作业。

第四节 绿色食品生产中病虫草害的绿色防治技术

绿色食品生产中病虫草害的绿色防治技术，是以农作物及其农田生态系统为研究对象，以群落生态学及化学生态学为理论指导，综合考虑作物区划、品种布局、间作、套作、轮作等耕作栽培技术和生物防治、抗性品种的选育和利用等植物保护措施以及水肥管理等农事操作，从生态学角度，探讨农田生态系统中不同生物间相互关系、相互作用和相互制约的内在机制，充分发挥自然控制因素的生态调控作用，创造有利于作物生长和有益生物繁殖，而不利于有害生物发生、发展的农田生态环境，将有害生物持续控制在经济危害水平之下。

一、生物防治技术

生物防治是利用有害生物的天敌和动植物产品或代谢物对有害生物进行调节、控制的一种技术方法。生物防治分为狭义的生物防治和广义的生物防治，狭义的生物防治仅指直接利用天敌来控制病虫草害；广义的生物防治还包括利用生物有机体或其天然（无毒）产物来控制病虫草害。

（一）作物虫害的生物防治

1.以虫治虫

以虫治虫是有害生物防治中最早使用的技术。它主要是根据生态学原理，利用害虫的天敌昆虫通过寄生或捕食的方法进行害虫防治。其防治的主要途径有保护和利用本地自然天敌昆虫、人工繁殖和释放天敌昆虫、引进外来天敌等。

（1）益虫的保护。利用保护和利用本地自然天敌昆虫较易实施，但由于各种因素的干扰，常不能充分发挥其抑制害虫的作用。可通过改善或创造有利的环境条件，促进天敌繁殖发展，以充分发挥其防治的潜力。可采用直接保护天敌的方法，如将农田采得的害虫卵块化发展，以充分发挥其防治的潜力。又如，对捕食蚜虫的七星瓢虫实行室内保护，降低其越冬死亡率，翌年再释放到田间。在果园、茶园行间铺盖稻草，以保护天敌越冬越夏。间接保护天敌的方法是应用农业技术措施保证天敌昆虫有足够的营养，降低死亡率，提高寄生率，增加天敌数量，以及尽量减少化学农药的使用或选择对天敌杀伤力弱的无公害生物制剂，避免对天敌的杀伤作用。

（2）益虫的繁殖和释放。大量繁殖与释放天敌昆虫是利用本地天敌的一种方法。通过大量繁殖与释放可以增加天敌的数量，特别是在害虫发生危害的前期，天敌的数量往往较少，不足以控制害虫的发展趋势，这时补充天敌的数量，常可收到较显著的防治效果。天敌的引进同样要求解决大量繁殖技术问题。天敌引进后要求隔离饲养若干世代，避免引入重寄生及其他有害种类，同时获得足够的数量以供释放。关键技术是选择适宜的转换寄主、合适的释放时间、适宜的释放方法和释放量、释放前的保存方法以及防止生活力退化等。天敌大量繁殖的基本方法包括利用天敌的自然寄主或猎物繁殖天敌、利用替代寄主或猎物繁殖天敌、利用半合成人工饲料培养寄主或培养天敌等。

（3）益虫的引进。引进天敌防治害虫已成为害虫防治的一个重要领域，特别是在害虫原产地引进天敌防治新侵入害虫，被认为是一项非常有效的措施。美国1888年自澳大利亚引进澳洲瓢虫，在加利福尼亚州成功地解决了吹绵蚧的危害问题。我国自1955年引入澳洲瓢虫到广东，也解决了吹绵蚧的危害问题。1979年以来，由中国农业科学院生物防治研究室负责我国害虫天敌的引进工作，到目前为止，我国已与20多个国家开展了天敌交流，引进天敌200多种次，输出天敌150种次。其中已显示良好效果的有丽蚜小蜂、西方盲走螨、智利小植绥螨、黄色花蝽、苏云金芽孢杆菌戈尔斯德亚种HD1等。如1979年自英国、瑞典引入北京的丽蚜小蜂，1983年已在360间温室进行试验，并成功地控制了温室白粉虱的危害，目前已在北京、天津、辽宁等地推广。1983年自美国引入广东、吉林、江苏的欧洲玉米螟赤眼蜂防治玉米螟和蔗螟也已取得显著的成效。

2.以菌治虫

引起昆虫致病的微生物有细菌、真菌、病毒、立克次体、原生动物、线虫等。目前国内外使用最广的是细菌、真菌和病毒，其中有些种类已成功地用于害虫的防治，获得了巨大的经济效益和良好的环境效益。

(1)细菌杀虫剂。从昆虫体内分离出来并能使昆虫发病的细菌有90多个种或变种。利用昆虫病原细菌防治害虫是微生物治虫的重要方面，特别是苏云金芽孢杆菌，其使用量最大，防治面积最广，防治效果好，成为当前开展害虫生物防治的有效措施。

苏云金芽孢杆菌是微生物治虫中应用最为成功的一例，具有杀虫速度快、治虫范围广、杀虫效果较稳定、受环境影响较小等特点。苏云金芽孢杆菌菌体或芽孢被昆虫吞噬后在中肠内繁殖，芽孢在肠道中经16～24 h萌发成营养体，24 h后形成芽孢，并放出毒素。苏云金芽孢杆菌可产生两种毒素：伴孢晶体毒素和苏云金素。昆虫中毒后先停止取食，然后肠道被破坏乃至穿孔，芽孢进入血液繁殖，最后昆虫因饥饿、衰竭和败血症而死亡。哺乳动物和鸟类胃中的酸性胃蛋白酶能迅速分解苏云金芽孢杆菌的两种毒素，因此当人畜和禽鸟误食苏云金芽孢杆菌不会中毒，更不会死亡。

近几十年来，世界各国从鳞翅目幼虫中分离与苏云金芽孢杆菌相类似的各个变种和新种，有的已作为细菌农药的生产菌株，有的则作为新菌株保存。到目前为止，已发现16个血清型，26个变种。我国20世纪50年代末开始生产苏云金芽孢杆菌青虫菌，70—80年代在研究和应用方面均得到迅速发展，至1990年年产量超过1500 t。在无公害蔬菜生产中，苏云金芽孢杆菌已成为主要的生物杀虫剂，主要的生产菌种有HD－1(从美国引进)、青虫菌(从苏联引进)、7216菌(湖北天门生物防治站培养)、8010菌(原福建农学院植物保护系培养)，产品有粉剂、乳剂和悬浮剂。我国在研究、生产、应用苏云金芽孢杆菌方面已居世界先进行列，国内有生产苏云金芽孢杆菌(Bt)乳剂的工厂数十家，除在国内应用外，还出口东南亚等地。

病毒杀虫剂目前已知能用于防治昆虫和螨类的病毒有700多种，分属7科，主要寄主是鳞翅目害虫，有500余种。世界上现生产有30多种昆虫病毒制剂。1993年我国第一个登记的病毒制剂是棉铃虫多角体病毒。昆虫病毒有较强的传播感染力，可以造成昆虫流行病。在生产与应用上已有许多成功实例，主要是核型多角体病毒(nucleopolyhedrosis virus，NPV)、质型多角体病毒(cytoplasmic polyhedrosis virus，CPV)和颗粒体病毒(granulosis virus，GV)。核型多角体病毒寄主范围较广，主要寄生鳞翅目昆虫。经口服或伤口感染进入体内的病毒被胃液消化，游离出杆状病毒粒子，经过中肠上皮细胞进入体腔，侵入体细胞并在细胞核内大量繁殖，而后再侵入健康细胞，直至昆虫死亡。病虫粪便和死虫中的病毒再侵染其他昆虫，使病毒病在害虫种群中流行，从而控制害虫为害。

核型多角体病毒也可通过卵传给昆虫子代，且专化性很强，一种病毒只能寄生一种昆虫或邻近种群。核型多角体病毒只能在活的寄主细胞内增殖，比较稳定，在无阳光直射的自然条件下可保存数年不失活。迄今为止，未见害虫对核型多角体病毒产生抗药性。核型多角体病毒对人、畜、鸟类、鱼类、益虫等安全。核型多角体病毒不耐高温，易被紫外线杀灭，阳光照射会使其失活，也能被消毒剂杀灭。因此，核型多角体病毒对生态环境十分安全。

我国已有10多种昆虫病毒制剂投入生产。在湖北、河南、河北等地建成了5座病毒杀虫剂厂，所生产的6种病毒杀虫剂效果十分明显。据中国科学院武汉病毒研究所报道，应用棉铃虫核型多角体病毒防治第3代棉铃虫的效果可达86.2%。病毒杀虫剂在我国试验、示范、开发应用的面积已达 1.53×10^7 hm^2，用于防治的面积达 6.0×10^7 hm^2。

(2)真菌杀虫剂。昆虫病原真菌简称虫生真菌，目前有700多种，研究应用较多的有白僵菌、绿僵菌、轮枝霉、座壳孢等。它们经表皮感染，在合适的温度条件下，附着在虫体表面的孢子萌发产生芽管而穿入寄主表皮，在血腔中以昆虫体液为营养生长繁殖，随着血淋巴充满整个血腔而使寄主死亡。也有一些寄主未待真菌在血腔中生长旺盛，就已被真菌产生的毒素杀死。此类虫生真菌的特点是容易生产，使用后可在自然界中再次侵染，形成害虫流行病。但在使用时，对环境的温度、湿度要求较严格，感染时间较长，防治见效较慢。

白僵菌用于防治的害虫有30多种，已被世界各国广泛应用。美国多用于防治森林害虫，苏联用于防治马铃薯象甲。我国北方用于大面积防治玉米螟、大豆食心虫，南方用于防治松毛虫，均取得显著防治效果。主要使用方法是常规喷雾、喷粉，或用飞机超低量喷雾防治大面积农林害虫，也有制成颗粒剂用于防治玉米螟等。此外还可用放粉炮、挂菌粉袋等方法放白僵菌。

绿僵菌杀虫谱广，可寄生200余种昆虫、螨类和线虫，现已有一些国家工业化生产。

我国福建应用挂枝法接种座壳孢菌可以有效地防治柑橘粉虱，其平均寄生率为75.46%，流行高峰期寄生率可达96%。挂枝一次，该菌就能定居在柑橘园。北京市用于防治温室白粉虱也取得较好的控制效果。我国北方用蚧生轮枝菌防治温室中的白粉虱和蚜虫取得了明显的效果。中国茶叶研究所用韦伯虫孢菌防治黑刺粉虱，取得了良好的防治效果。

3.生物防治植物治虫

生物防治植物又称为害虫生物防治植物(biocontrol plant，或 biocontrol plant agent)，狭义的生物防治植物是指直接用于农作物生产中害虫生物防治的植物或作物；广义的生物防治植物包括直接和间接用于作物害虫防治的植物和天然植物提取物。

根据植物的主要功能，害虫生物防治植物可以概括为3种类型：①具有特殊化学特征或物理特征的植物，如天然抗虫的抗性作物、杀虫植物，或具有天然诱导或拒避化学物质的植物，如诱集植物和拒避植物等；②具有为天敌提供营养的植物或作物，如载体植物、特定显花植物、养虫植物等；③可以为有益生物提供替代栖息生境或种库的植物(如杂草)。

从植物或作物生态系统角度分析，生物防治植物又可分为作物性植物和非作物性植物两类。前者是一些生产性的作物，可以直接用于农业生产，包括抗虫粮食作物和抗虫经济作物；后者是非作物的植物，如诱集植物、拒避植物、杀虫植物、载体植物、特定显花植物等。

生物防治植物主要通过3种途径起作用：①直接杀灭或抑制、拒避害虫，减少害虫的取食量，如杀虫植物、抗性作物、诱集植物和拒避植物；②通过影响有益生物来提高害虫控制作用，如直接或间接地为有益生物繁殖提供有利条件，从而增加有益生物的种群数量，进而提高生物防治效果，这类植物包括载体植物、特定显花植物或特定杂草，如美国佛罗里达大学开发的木瓜载体植物系统等；③不参与农田中害虫直接控制作用，但间接与害虫防治发生关系，如养虫植物。

在现代农作物生态生产中，各种生物防治植物，包括抗性植物、诱集植物或拒避植物（或者说植物源农药）、载体植物系统等集成，组装成综合应用技术也是未来的重点研究方向。

4.其他动物治虫

鸟类是害虫的一大类天敌，如一只灰椋鸟每天能捕食 180～200 g 蝗虫；大山雀每昼夜吃的害虫量约等于自身的质量；一只燕子一天能消灭上千头毛虫；啄木鸟能啄食树干中的各种蛀心虫；麻雀能有效地控制农田、果园、菜地的各种害虫。常见的鸟类捕虫能手还有灰喜鹊、白头翁、黄鹂、杜鹃等。因此，保护森林，种植防护林、行道树，可以招引鸟类来捕食害虫。

我国稻田蜘蛛资源十分丰富，有 120 多种，它们分布在稻株上、中、下 3 层，有布网的，有不结网过游猎生活的，捕食飞虱、叶蝉、螟虫、纵卷叶螟、稻苞虫等。发生量最大的主要是分布在稻株中下层的环纹狼蛛、拟水狼蛛、草间小黑蛛、八斑球腹蛛等，常占蜘蛛总量的 80% 左右，是控制飞虱、叶蝉的重要天敌。棉田蜘蛛 130 余种，常见的有 25 种以上，常年以草间小黑蛛、T 纹豹蛛和三突花蛛最多，是控制棉田害虫的优势种群。

此外，利用鸭子捕食稻田害虫，利用鸡啄食果园、茶园的害虫，保护青蛙、猫头鹰、蛇等，都能有效地防治各种害虫。

（二）作物病害的生物防治

病毒生物防治技术就是把自然状态下与病原微生物存在拮抗作用或竞争关系的极少量微生物，通过人工筛选培养、繁殖后，再用到作物上，增大拮抗菌的种群数量，或是将拮抗菌中起作用的有效成分分离出来，以工业化大批量生产，作为农药使用，达到防治病害的目的。前者称为微生物农药，后者称为农用抗生素。病害生物防治主要用于防治土传病害，也用于防治叶部病害和收获后病害。

1.植物病害拮抗微生物

防治植物病害的微生物主要有细菌、真菌、放线菌、病毒等。

(1)细菌。已发现有 20 多属细菌具有与病原微生物的拮抗作用。应用细菌防治病害最成功的是澳大利亚用土壤中分离的放射土壤杆菌 K84 菌株防治桃树等果树及林木冠瘿病，其防治效果达 90%以上，先后在澳大利亚、法国、美国等 10 多个国家大面积推广应用成功。我国也引进和分离了该菌种，应用于杨树、葡萄的冠瘿病防治，并取得了很好的效果。取得成功的菌种主要有土壤杆菌、假单胞菌、芽孢杆菌等，该类微生物具有繁殖快、生产时间短、成本低的优点，与病原菌有共同的生态适应性，可以从中提取抗生素。

近年来，利用荧光假单胞菌防治植物病害的例子越来越多，如防治棉花立枯病、棉花猝倒病、小麦根腐病、烟草黑胫病、水稻鞘腐病等，表明利用微生物防治植物病害是完全可行的。

目前研究较多的是枯草芽孢杆菌，其次是蜡质芽孢杆菌。1995 年，江苏省农业科学院植物保护研究所通过筛选大量土壤拮抗微生物而获得一种土壤枯草芽孢杆菌拮抗菌 B916，其生物发酵液能有效地控制水稻纹枯病和稻曲病。1995 年河南省农业科学院植物保护研究所从郑州苹果园中分离得到枯草芽孢杆菌拮抗菌 B-903,其代谢产生的抗菌物质对多种植物病原真菌,尤其对多种镰刀菌引起的土传病害有强抑制作用,显示了良好的潜在应用前景。1993 年,王雅平等自丝瓜根际分离到一种枯草芽孢杆菌 TG26,活菌体及其发酵粗蛋白对包括水稻稻瘟病菌、玉米小斑病菌、小麦赤霉病菌等 13 种病原真菌及烟草青枯病原细菌等有很好的抑制作用。1993 年,西南农业大学(现更名为西南大学)自水稻稻株上分离获得一株蜡质芽孢杆菌 R2,对水稻纹枯病菌的拮抗性和防病效果良好。

(2)真菌。现筛选出的真菌主要有重寄生真菌、低毒力真菌等。

①木霉。木霉是一类较理想的生物防治益菌,分布广泛,易分离和培养,可在许多基质上迅速生长,对多种病原菌有拮抗作用,是目前研究和应用最多的一类生物防治菌。

②哈茨木霉。从水稻叶面分离得到哈茨木霉,经拮抗作用测定,发现对白绢病菌菌丝有很强的溶解作用,对菌核有寄生作用。哈茨木霉菌株对白绢病菌、立枯丝核菌、瓜果腐霉、刺腐霉和尖孢镰刀菌有较强的拮抗作用。

③康氏木霉。康氏木霉对棉花立枯菌的抑制作用很强。木霉与麦麸等原料混合制成菌剂,田间小区试验对棉苗立枯病情指数减轻 63.4%。

④食线虫真菌。食线虫真菌主要包括捕食线虫真菌,内寄生真菌,产毒素杀线虫真菌,以及定殖于固着性线虫、卵、雌虫、胞囊的机会病原真菌 4 大类。目前全世界报道的食线虫真菌类 400 多种,我国报道的种类有 163 个。

(3)放线菌。放线菌用于生物防治有许多成功的实例。我国记载 20 世纪 50 年代从苜蓿根系获得的 5406 放线菌,试验后用于防治棉花病害、水稻烂种、小麦烂种等多种病害取得显著效果。农用链霉素是放线菌的代谢物,杀菌谱广,防治多种细菌性病害效果明显,已广泛应用于农业生产。

(4)病毒。利用病毒防治病害的原理是利用交叉保护防治病毒及用真菌传带病毒防治真菌。比较典型的例子是在巴西用高压枪将弱毒的柑橘速衰病毒接种在柑橘苗上,使其本身产生抗体,从而有效地保护近亿株的柑橘苗免遭柑橘速衰病毒的危害。我国也曾用该方法,用番茄花叶病毒弱毒株 N11、N14 大面积防治花叶病毒。目前应用成功的例子多限于一些经济价值高的作物上,农田应用的较少。

2.农用抗生素

抗生素是微生物、植物、动物在其生命活动过程中所产生的次级代谢物,能在低浓度下有选择地抑制或影响其他生物机能。我国的农用抗生素研究起步于 20 世纪 50 年代,经过几十年的研究,取得了很大的成就,开发和应用了井冈霉素、农抗 120、内疗素、公主岭霉素、多效霉素、春雷霉素、多抗霉素、中生菌素等抗生素。

(1)井冈霉素。井冈霉素是我国从井冈山分离的吸水链霉菌的一个变种,于 20 世纪 70 年代开发成功,经久不衰,至今仍是防治水稻纹枯病的当家品种,使用面积达 2.0×10^5 hm^2,并在原有水剂基础上,开发出高含量的可溶性粉剂。井冈霉素具有以下特点:药效高,施药量为 45～75 g/hm^2 时可达到 90%以上的防治效果;持效长,一次用药能保持 14～28 d 的防治效果;有治疗作用,水稻发病后治疗效果尤为明显;增产效果显著,平均每公顷增产550.5 kg。

(2)农抗 120。农抗 120 是刺孢吸水链霉菌北京变种,是从北京土壤中分离获得的。农抗 120 对瓜菜枯萎病、小麦白粉病、小麦锈病、水稻纹枯病、番茄早疫病、番茄晚疫病等均有很好的疗效，防治效果均在70%～90%。

(3)内疗素。内疗素是从海南岛土壤中的刺孢吸水链霉菌中分离获得的。1～10 mg/kg浓度的内疗素即能抑制多种致病真菌的生长。内疗素防治谷子黑穗病的平均防治效果达95%以上。此外，内疗素也能有效地防治红麻炭疽病、甘薯黑斑病、橡胶白粉病、白菜霜霉病等。

(4)多效霉素。多效霉素是从我国广西土壤中的不吸水链霉菌白灰变种分离得到的。它含有B、C、D、ES等4种以上抗生素，对多种植物病原真菌、细菌、线虫等均有抑制和杀伤作用。因其有效成分多、防治范围广，故称为多效霉素。多效霉素对橡胶溃疡病有很好的防治效果，防治效果为80%～90%；对红麻炭疽病、苹果树腐烂病、柑橘树流胶病、水稻纹枯病、黄瓜霜霉病、甘薯线虫病等均有良好的防治效果。

(5)公主岭霉素。公主岭霉素是从我国吉林公主岭土壤中的不吸水链霉菌公主岭变种分离到的。公主岭霉素的主要成分为脱水放线酮、异放线酮、奈良霉素B、制霉菌素和苯甲酸5种。其中以放线酮类活性较高，其次是制霉菌素，苯甲酸活性最低。公主岭霉素对种子表面带菌的小麦光腥黑穗病、高粱散黑穗病和坚黑穗病、谷子和糜子黑穗病等的防病效果一般在95%以上，同时对土壤传染的高粱和玉米丝黑穗病也有一定的防治效果。

(6)春雷霉素。春雷霉素是中国科学院微生物研究所1964年从江西太和县的土壤中分离得到的一株金色放线菌产生的抗生素。春雷霉素对稻瘟病菌、绿脓杆菌和少数枯草芽孢杆菌有很强的抑制作用。防治稻瘟病的使用浓度为40 mg/L。

(7)多抗霉素。多抗霉素是中国科学院微生物研究所1967年从安徽合肥市郊区菜园土壤中分离得到的一株放线菌产生的抗生素。多抗霉素具有广泛的抗真菌谱，能用来防治烟草赤星病、番茄灰霉病、黄瓜霜霉病等多种病害。

(8)中生菌素。中生菌素是中国农业科学院生物防治研究所从海南的土壤中分离得到的。中生菌素各组分均为左旋化合物，属于N-糖苷类抗生素，是一种多组分碱性水溶性物质。中生菌素对水稻白叶枯病、大白菜软腐病、十字花科黑腐病、十字花科角斑病有良好的防治效果，喷药两次防治效果达80%以上。

此外，在我国农业上推广应用的抗生素还有阿司米星、浏阳霉素、庆丰霉素、科生霉素、农抗101、农抗1874、农抗86-1等。

(三)作物草害的生物防治

1.以虫治草

国外在大面积应用昆虫防除杂草方面已取得了成功的经验，如澳大利亚从阿根廷引进鳞翅目昆虫防治仙人掌，美国从墨西哥引进马樱丹网蝽防治马缨丹均取得了成功。其原理是在该种杂草的原产地，筛选以该种杂草为食的一些昆虫，而这些昆虫食性单一，昆虫本身的特性与该种杂草的生长环境相适应，易于人工培养。引入后通过隔离试验，认为确实有效，且对生态环境及对作物和人类无副作用的才在生产上使用。我国已成功地利用广聚萤叶甲防治豚草，对重要的有害入侵植物水浮莲、喜旱莲子草等也正在研究应用昆虫防治。

2.微生物治草

利用寄生在杂草上的病原微生物，选择高度专一寄生的种类进行分离培养，再应用到该种杂草的防治上。目前已知的杂草病原微生物主要有真菌、病毒等40多种。我国在这方面已取得了一些成功的例子，如山东省农业科学院植物保护研究所从大豆菟丝子上分离得到一种无毛炭疽病菌,能专一寄生大豆菟丝子,致使菟丝子发病死亡,而对大豆、花生、高粱、玉米、烟草等作物不产生致病性。这种病菌曾工厂化生产,商品名为鲁保1号,在山东、安徽、陕西、宁夏等地推广,防治效果稳定在85%以上,挽回大豆损失30%～50%。但因后期该病菌孢子发生变异,生产工艺难以解决,致使防治效果下降而逐渐停止使用。又如,我国在哈密瓜田恶性杂草列当病株上分离得到一种镰刀菌,培养生产出F798生物防治剂,该菌的专一性强,可使列当发病变色、萎蔫枯死,防治效果在95%以上。

二、农业防治技术

农业防治是指综合运用栽培、耕作、施肥、品种等农业手段,对农田生态环境进行管理来控制病虫草害的危害。

(一)合理利用土地

合理利用土地就是因地制宜,选择对作物生长有利,而对病虫草害不利的田块,如抑病土壤。选择地块要考虑病虫草害的潜在危险。合理密植、控制植被覆盖率可以防治病虫害,如东亚飞蝗大多在覆盖率为50%以下地面繁殖。因此,宜垦蝗区植树种草,可以达到良好的效果。许多病害在高密度种植田,因田间湿度大、不通风透气而发生严重。松树合理密植以迅速形成林冠可有效地降低欧洲松鞘蛾的危害。水稻过度密植时,稻飞虱、叶蝉发生量加大,稻纹枯病发生加重;小麦过密种植时,对黏虫、麦蚜发育有利;棉铃虫也喜在过密的棉田产卵危害。

(二)深翻改土

深翻改土防治害虫主要是改变土壤的生态条件,抑制其生存和繁殖。将原来土壤深层的害虫翻至地表,破坏其潜伏场所,通过日光暴晒或冷冻致死;有些原来在土壤表层的害虫被翻入深层不能出土而致死。地下害虫在冬、夏潜伏深层,通过深耕将这些害虫翻至土表晒死或冻死。土壤翻耕将杂草深埋入土,是防除杂草的有效手段。

(三)改进耕作制度

1.合理的农作物布局

农作物的合理布局不仅有利于作物增产,也有利于抑制病虫害的发生。例如,南方稻区若连片种植同一成熟期的水稻,螟害一般较轻;早熟、中熟和晚熟混合种植,则螟害较重。

2.合理轮作

轮作对单食性或寡食性害虫可起恶化营养条件的作用。例如,东北实行禾本科作物与大豆轮作,可抑制大豆食心虫的发生。不少地区实行稻麦轮作,可抑制地下害虫、小麦吸浆虫的发生危害。轮作对于土传病害及传播能力有限的土栖害虫防治尤为有效,其基本原理是切断食物链,使病虫饥饿死亡。轮作的作物不能有共同的主要病虫害。轮作时间长短取决于病虫在无食状况下的耐久力,一般需2～3年。水旱轮作是最好、最常用的方法。

3.间作套种

有些地区实行棉麦间作套种、棉蒜间作套种,可大大减轻棉蚜危害。但间作不当会加剧害虫危害,如棉花与大豆类作物间作套种、棉花与芝麻间作套种易造成叶蝉的大发生,应予以避免。

(四)抗性育种的利用

同种作物的不同品种对病虫的受害程度差异不同,表现出作物的抗病虫性。利用丰产抗性品种防治病虫害是最经济、最有效的措施。

目前作物抗性育种的特点是对各种主要病虫害的单项抗性研究向综合抗性发展，单项抗性研究所育成的品种，只能抵抗某一种病虫害的少数生理型，这种抗性易受地域或环境变化影响，不太稳定。而综合抗性研究所育成的品种，能抵抗多种病虫或某一病害的多种生理型，受地域或环境的变化影响小。世界各国在抗病虫育种方面已取得一定的成效。例如，在水稻方面，国际水稻研究所每年都能育出新的丰产抗性品种，如抗黑尾叶蝉的"IR1524""IR1480"等，抗稻飞虱、螟虫、黑尾叶蝉的"IR133"等。我国在抗性育种方面也取得了一些成绩，如已选育出多个抗螟玉米自交系品种，经田间试验验证，抗螟效果显著。许多重要病害（如多种作物的白粉病和锈病、棉花枯萎病、水稻白叶枯病、稻瘟病等）都能利用抗病品种防治。

（五）水肥管理

灌溉可影响土壤湿度及农田小气候，从而影响病虫害发生。如采用滴灌可减少土壤湿润面积以至减少作物疾病发生，而灌水过勤可使作物贪青生长，使病虫发生较重。旱田改水田可抑制地下害虫的生存。有的病虫害在排水不良、土壤渍水时发生严重，因此在田间用水方面一定要积累经验，把握好灌溉的时间、用水量与次数，尽量减少病虫害的发生。

施肥种类与水平对病虫害有很大影响。过量施用氮肥往往导致植株疯长，作物抗性下降，病虫发生加剧，尤其有利于蚜虫、叶蝉、飞虱、蚧壳虫等刺吸式口器害虫的发生。绿色食品生产强调施用有机肥，但必须在施用前充分腐熟。豆科绿肥富含营养物质，翻埋后可使土壤生物变得相当活跃，可抑制病原物并可溶解病菌细胞。例如，在马铃薯地里施用绿肥，可大大减轻疮痂病的发生。大量事实证明，豆科覆盖物对小麦全蚀病具有抑制作用。重施基肥，早施追肥，可促使作物生长健壮，从而加强作物的抗病虫能力。

（六）田园卫生

及时清除田园枯枝落叶、残株残茬等，并予以销毁，可以破坏病虫害越冬场所和压低种群密度。例如，及时收捡田间落蕾、落花、落铃，收花后摘除枯铃，可大大压低棉花红铃虫的基数；在病害发生时及时摘去发病中心的病叶病果、清除残枝败叶，都可大大减少病原物。茶白星病、茶饼病发生严重的茶园，通过摘除病叶、清除落叶，可减轻发病程度。在秋冬季剪除病虫枝叶，清蔸亮脚，促进茶园、果园通风透气，有利于天敌生存，减少病虫越冬基数。

消灭病虫的交替寄主和农田杂草，也就消灭了病虫越冬场所，如小麦秆锈病和梨锈病的交替寄主是桧柏，在麦田和梨园附近清除桧柏，可显著减轻这两种病害的发生。很多害虫的越冬寄主是农田及其周围的其他植物（包括杂草），在秋冬季清除这些寄主植物，有利于减少来年的害虫发生基数。

三、物理及机械防治技术

利用各种物理因子、机械设备以及多种现代化工具防治病虫杂草，称为物理及机械防治技术。物理及机械防治的领域和内容相当广，包括光学、电学、声学、力学、放射性、航空、人造卫星的利用等，主要有以下几个方面。

（一）隔离法

在掌握病虫发生规律的基础上，在作物与病虫之间设置适当的障碍物，阻止病虫危害或直接杀死病虫，也可阻止气传病菌的侵入。利用银光薄膜覆盖可减少蚜虫发生。用防虫网可阻止小菜蛾、菜青虫对大棚蔬菜的危害。在树干上涂胶、刷白，可防止害虫下树越冬和上树产卵及危害。果实套袋可有效防止梨、桃、葡萄等病虫害的危害。

（二）消除法

消除法主要是去除作物种子中夹带的杂草种子、病种及种子表面的病菌。常用的方法为机械法，如小麦粒线虫病虫瘿汰除机，利用虫瘿和健康小麦种子相对密度不同的原理进行清除。此外，可利用不同浓度的盐水或泥水将病种、杂草种子、瘪籽除掉，如大豆菟丝子种子就可用盐水漂洗，从大豆中消除。

（三）热处理

利用蒸汽、热水、太阳能、烟火等对土壤、种子、植物材料进行处理，可以防治病虫，如用一定温度的热水进行种子及苗木浸泡，可以杀灭病菌；阳光暴晒可以杀死粮食中的害虫；利用低温可以冻死仓库中的害虫；利用太阳能和地膜覆盖自然加温，夏日地温可升至 50 ℃，可以有选择地杀死土壤中的病菌和害虫。

（四）捕杀

根据害虫的栖息地、活动习性等，利用人工器械进行捕杀。例如，根据金龟子的取食习性或假死性进行打落或振动加以捕杀。利用器械捕杀害虫，如防治麦蚜的拉席和麦蚜车、防治稻苞虫的竹梳和拍板、捕杀黏虫的黏虫兜和黏虫船、捕杀小麦吸浆虫的拉网、捕杀黄条跳甲的胶箱等。在稻田和一些茶园中可用扫虫网或机动吸虫机捕杀叶蝉、飞虱等。在水稻螟虫、玉米螟虫产卵盛期进行人工除卵也有一定的防治作用。

（五）诱杀

可利用害虫某种趋性（如趋光性、趋化性）进行诱杀。利用潜藏、产卵选择性、环境的特定要求等有关特性，可以采用适当方法或器械加以诱杀。

1.灯光诱杀

大部分夜间活动的昆虫都有趋光性，如多数蛾类、部分金龟子、蝼蛄、叶蝉、飞虱等。不同害虫对光色和光度有一定的要求。黑光灯能诱集 700 多种昆虫，包括重要农业害虫近 50 多种。用黄色灯光可减少橘园吸果夜蛾的危害。因此，灯光诱杀已成为害虫测报和防治中普遍采用的一项措施。

2.潜所诱杀

有些害虫有趋化性，如蝼蛄趋马粪，小地老虎和黏虫趋糖醋酒，在这些害虫活动的田间设置诱捕器或诱捕场所，可以集中消灭害虫。又如梨小食心虫、苹果小食心虫等有潜藏在裂缝中越冬的习性，因此若越冬前束草或围麻布诱集害虫进入越冬，可以聚集歼灭。

3.植物诱杀

利用有些害虫取食、产卵等对植物的趋性可以诱杀害虫。例如，马铃薯瓢虫危害茄子，但特别喜欢取食马铃薯，在茄子地附近种少量马铃薯可以诱集这些害虫。棉田种少量玉米诱集棉铃虫、玉米螟，可有效减轻棉花受害程度等。

（六）利用放射能

放射能防治害虫，主要有两种作用：一是直接杀死害虫，二是利用放射能对害虫造成雄性不育。例如，应用 Co 照射仓库害虫黑皮蠹、烟草甲虫、米象、杂拟谷盗等，使用 83.076 C/kg（32.2×10^4 R）的剂量，几乎所有的害虫都立即死亡；应用（^{1}82Ta）21.672 C/kg（8.4×10^4 R）剂量可以杀死 90%的果蝇成虫；应用 28.38 C/kg（1.1×10^3 R）可以杀死 80%

的杂拟谷盗成虫；用X射线1.29 C/kg(5000 R)剂量照射米象，接近于绝对消毒。

用较低剂量的射线照射机体，引起生殖细胞变化，导致机体不育，称为射线不育。

雄虫的照射是在精子成熟时进行，照射后使其与未交配过的雌虫交配，使虫卵不能正常受精，雌虫产出的卵不能孵化，达到灭绝后代的目的。

四、种植业绿色食品生产实例

双孢蘑菇绿色食品标准化栽培生产

地址选择：对于蘑菇培养大棚地点的选择，应坐北朝南，有符合标准的水电供应和相应的堆料场，上风向不应有工业污染源，厂址应离医院、畜牧场等污染单位300 m以外，最好是530 m以外，距离垃圾场、居民区60 m以外，符合NY/T 391《绿色食品产地　环境技术条件》要求。

用水标准：用水上必须符合《生活饮用水卫生标准》(GB 5794—1985)或《农田灌溉水质标准》(GB 5084—1992)。

覆土：对于覆土，应选取具有土质疏松、团粒结构、一定保水能力、透气性好、一定腐殖质的土壤，而且覆土需经阳光暴晒1～3 d进行适当杀菌杀虫处理的耕作层土壤。

菇房：菇房需要较好的通风，最好在种植双孢蘑菇前没有种植过其他食用菌，假若种植过其他菌，则需要彻底消毒，而后方能胜任。菇房内的床架之间的通道两端上下设30 cm×40 cm纱窗各1对，下窗高出地面15～20 cm，上窗低于上屋檐25～30 cm。纱窗外再用黑色塑料薄膜覆盖，以便随时可以密闭菇房。菇房门设在走道位置，每条走道中间房顶上应设拔风筒1只，筒径30 cm、高1.0～1.2 m，筒顶需安装防雨帽。

菌床：菌床的宽度不宜过宽，1.2～1.5 m即可，通道宽度60～80 cm。菇床层数以5～6层为宜，底层离地面20 cm，层间高60～70 cm，顶层距房顶1.2 m左右。以干稻草、干牛粪为主要原料，辅料有过磷酸钙、尿素、复合肥、石膏、石灰、菜籽饼等，辅料用量应根据实际需要进行调整。稻草、干牛粪在处理前必须经3～5 d太阳暴晒，播种时培养料的C/N为17∶1。原辅料原始记录须归档管理。原辅料配方以种植100 m^2为例(具体栽培面积按此配方比例计算)，需牛粪1300 kg、稻草2000 kg、尿素20 kg、石膏50 kg、玉米粉20 kg、复合肥20 kg、石灰粉50 kg、过磷酸钙60 kg。菌种选用抗逆性强、菌丝旺盛、生命力强、无杂菌的优质菌种。对备料、建堆、二次发酵、菌丝培养、出菇管理、采收及用药情况等生产过程均须建立记录，进行归档管理。

建堆：堆料时间为9月上旬。料堆最好呈南北向，用石灰粉消毒地面。建堆前用架料架成发酵堆底层。料堆宽1.8 m，底部30 cm厚的稻草，在草料上铺上5 cm厚的碎粪肥(粪肥铺盖要求下层少，以上逐层加厚)，交替堆积起来，一直堆至1.5 m以上。建堆中第1层可以不浇水，以后每层都要浇清水，下层少浇、上层多浇。

翻堆：翻堆时把下层的料翻到上层，四周的料翻到中间，中间的料翻到外面，轮换位置翻堆，粪草均匀混翻，翻堆中加入各种辅料，做好水分调节。堆期11～13 d，一般翻堆2～3次，第3次翻堆后2～3 d便可拆堆进房。

发酵：将堆制好的培养料搬上菌床中间3层，料厚40～50 cm，菇床门窗关闭，自然升温，5 h后可加温，1～2 d内尽快使料温上升至60～62 ℃，维持6～10 h。升温阶段之后，菇房要适当进行通风，并减少热源，使料温逐步降至50～52 ℃，保持4～6 d控温发酵，每日需小通风 1～2 次，每次 10 min。结束后，停止加温，待料温降至 45 ℃以下可打开门窗，料温降至常温，发酵结束。发酵要求培养料由浅褐色变成深褐色，产生大量白色的有益真菌和放线菌的菌丝，手握培养料柔软而有弹性，有韧性而不黏手，有香味而无氨味，含水量达到 62%，含氨量 0.04%以下，pH 值 7.8～8.0。

播种及管理：二次发酵结束后，开窗通风，等料温降至 30 ℃以下，将原辅料平均铺于床面，料厚 19 cm 左右。每平方米菌床播麦粒种 1 瓶，净重 0.4 kg 左右。掌握在料温 26～27 ℃时播种，把菌种挑松，将 2/3 瓶菌种均匀撒于料面，提起原辅料让菌种颗粒渗入原辅料内，把余下菌种撒于原辅料表面，拍平料面，促进菌丝扩散生长。播种后 3 d 内，关闭门窗，保持一定温度，促使菌种萌发定植，若料温超过 28 ℃时应通风降温。3 d 后菌丝已萌发，开始吃料，此时通风量可逐渐加大。菇房空气相对湿度控制在 75%左右，菌床上保持干燥，无须浇水。播种后 7 d 内，料温控制在 25 ℃以下，空气相对湿度控制在 70%左右。播种后约 10 d，当菌丝长入料层厚度一半左右时，用直径 1 cm 的竹棍自料面打扦撬至料底，间距 11～13 cm，根据菌丝生长情况，从料底往上再反打扦戳洞 1 次。播种后 20 d 左右菌丝可发到料底。

取土、覆土：从当年未施用过蘑菇菌渣的田地挖取土质疏松富含腐殖质的表层以下的菜地土或稻田土约 9000 kg(按每 230 m^2 菇床用土量 10 m^3 计)，将土粉碎暴晒，再均匀拌入碎稻草 60 kg，以增加透气性，然后喷洒石灰 10 kg，盖上塑料膜处理 2 d，杀死土壤中病虫。打开通风后，喷水保湿，土壤含水量为 58%～60%。分 2 次覆土，当菌丝长满料层 2/3 以上，大部分菌丝的生长部位已接近料层时可进行第 1 次覆土，土粒直径 1.0～1.5 cm，菌丝爬满粗土时，再进行第 2 次覆细土，细土直径 0.5～0.6 cm。要求厚度均匀、菌床平整。

出菇期管理：待土缝中初见菌丝长到土粒 2/3 时喷结菇水，喷水量为平时用水量的 3～5 倍，以土层吸足水不漏料为宜。在喷结菇水的同时，通风量必须比平时大 3～4 倍。遇气温高于 22 ℃时，应适当减少喷水量、增加通风量，并推迟喷结菇水的时间。当土缝中出现黄豆大小的菇蕾后，及时喷结菇水，促进籽实体形成。出菇水打水方法应结合气温变化，灵活掌握。当气温 25 ℃左右时不打水，22 ℃时早、晚打水，18 ℃时中午打水。蘑菇从播种到采收，需要 35～40 d，可收 5 潮菇，前 3 潮菇比较集中，两潮间隔 7 d 左右。出菇期间空气相对湿度要控制在 90%～95%。气候干燥时，还可在走道、墙壁和地面喷水。

采菇：当菇盖长到直径 2 cm 时即可采收，每天采 2～3 次，当菌膜拉大变薄时，必须及时采收。因采后菇朵还在生长，所以可比所需标准小一些采收。采菇前菌床不要喷水，以免造成污泥污染，产生指痕，影响美观。要求采菇切口一致，按等级分装鲜菇，保持卫生清洁。采菇后菌床要及时整理，清理菌床上的菇根。捡除死菇、伤残菇、病虫菇等。采后用湿细土填平。

病虫害防治：采取预防为主、综合防治的方法，在菇房、原辅料选用和播种、二次发酵时均要做好消毒防范，发生病虫害时尽量不用农药，死菇、伤残菇、病菇、虫菇要随见随摘，污染的土粒要及时铲除。严格按照 NY/T 393《绿色食品　农药使用准则》操作，常规灭菌材料使用石灰、漂白粉等。菌床发生霉菌时，喷 1 次波尔多液。1 个生产周期符合施用要求的每种农药只能用 1 次。菇蝇、菇蚊控制措施：做好环境卫生，防止害虫滋生。菇房门窗、通风筒用防虫网封牢，隔绝害虫进入。

包装：用于菇品包装的容器如箱、筐等应按产品的大小规格设计，同一规格应大小一致，整洁、干燥、牢固、透气、无污染、无异味，内壁无尖突物，无虫蛀、腐烂、霉变等。塑料箱应符合 NY/T 658《绿色食品　包装通用准则》。

贮运：蘑菇采收后，短暂贮存最好采用冷藏方法。鲜品应在 4～10 ℃条件下运输，严禁与非绿色食品或易潮、易腐败、有毒、有害物品混存或混运。运输工具必须易清洗、消毒，保持清洁干燥。每批蘑菇须进行质量和卫生项目检验，各理化及卫生指标应符合NY/T 749《绿色食品　食用菌》标准规定，对符合标准的产品出具检验合格证。产品检验原始记录、检验报告必须归档管理。

思考题

1.在绿色食品生产中，为什么要提倡使用有机肥？

2.如何合理使用化学肥料？

3.长期大量使用化学农药会产生什么样的后果？

4.绿色食品生产中，使用肥料、农药时应注意哪些事项？

5.绿色防控主要有哪些技术措施？

6.绿色食品生产中，对病虫草害如何进行绿色防治？

第四章

畜禽养殖业绿色食品生产

本章提要:畜禽产品是绿色食品的重要组成部分,畜禽养殖业绿色食品生产有着严格的规定和要求。本章主要讲述绿色食品畜禽养殖业饲养场的选择与建设要求,绿色食品畜禽养殖业饲料的选择与生产,绿色食品畜禽养殖业饲料添加剂和兽药的使用,绿色食品畜禽养殖技术。学生在学习过程中要重点掌握绿色食品畜禽养殖业饲养场建设、饲料配合、饲料添加剂使用和兽药使用的技术要求,在从事养殖业绿色食品生产时,要根据不同养殖对象,采用科学的养殖技术和方法,以期获得良好的成效。

畜禽产品是绿色食品的重要组成部分,是人类脂肪、蛋白质等营养物质优质的动物性食源,是人们的生活必需品。其产品不仅直接供应市场,同时也是许多加工业的重要原料。因此,大力发展绿色食品畜禽养殖业,将是我国未来农业的主要发展方向之一。

随着饲料工业和养殖业的快速发展,畜禽产品在满足消费者需要的同时,也带来了一些无法回避的现实问题。人们发现,人类常见的癌症、畸形、抗药性和某些中毒现象与肉奶蛋中的抗生素、激素及其他合成药物的残留有关。近年来,随着生活水平的提高和消费条件的不断改善,肉食品的安全已成为人们关注的热点。因此,养殖业生产的重点也必须从数量温饱型生产向质量效益型生产转变。许多国家都在积极致力绿色养殖,带动畜牧业向高层次发展。为了保证畜禽产品有较高的质量,在国际市场上具有竞争优势,要严格按照畜禽生理学要求和绿色食品生产操作的有关规定开展生产。

发展绿色食品畜禽产品不但可以满足城乡广大人民群众的需要,而且是养殖业生产可持续发展的需要,同时也是参与市场竞争的需要。目前,部分地区的畜禽产品总量已基本处于饱和状态,由于产品质量不高,市场竞争能力较弱。只有生产优质的绿色产品,才能在国内外市场竞争中立于不败之地。

第一节 绿色食品畜禽养殖业饲养场选择与建设

一、绿色食品畜禽饲养场场址选择

畜禽饲养环境质量是决定绿色食品养殖业能否发展的关键环节之一。饲养环境包括养殖场的外部环境(如放牧地等),还包括养殖场的内部环境(如圈舍等)。按照国家绿色食品畜禽养殖业要求,评价和衡量绿色食品饲养场的环境质量有空气、土壤、水质。生产绿色食品畜禽产品的产地应符合《绿色食品　产地环境技术标准》(NY/T 391—2013)，符合国家畜牧行政主管部门制定的良种繁育体系规划的布局要求，符合当地土地利用发展规划和村镇建设发展规划，符合当地农业产业化发展和结构调整要求。

(一)绿色食品畜禽饲养场场址选择

拟建的绿色食品畜禽饲养场(舍)要根据饲养畜禽的生理特点以及当地环境、地形、地势等选择适宜的位置，合理规划饲养场(舍)，要求能为畜禽创造一个舒适的生活环境，以便饲养管理和卫生防疫，保证整个畜禽群体健康生长发育，提高其生产能力。畜禽舍的环境卫生不仅直接影响畜禽的健康生长，而且还间接地影响到畜禽产品的品质。因此，绿色食品畜禽饲养场(舍)地应满足以下要求。

1.地势

地势要求干燥、平坦、背风、向阳，牧场场地应高出当地历史上最高的洪水线，地下水位则要在 2 m 以下。

2.水源

水质必须符合国家标准《生活饮用水卫生标准》(GB 5749—2006)，水量充足，最好用深层地下水。

3.地形

畜禽场(舍)要求地形开阔整齐，通风透气，交通便利。

4.位置

饲养场(舍)应距交通主干线 1000 m 以上；距居民居住区或其他畜牧场不小于 200 m；应位于村镇的上风处，以利于有效地防止疫病的传播。水源保护区、旅游区自然保护区、环境污染严重的地区、畜禽疫病常发区等不得建立绿色食品畜禽饲养场。

(二)绿色食品畜禽饲养场场内布局

在设计建造绿色食品畜禽饲养场(舍)时，应考虑既能避免外界不良环境对畜禽健康品质及生长发育的影响，又能使饲养效率充分发挥，取得最大的经济效益。场(舍)内的布局合理与否对生产管理影响很大，要坚持有利于生产、管理、防疫和方便生活的原则，统一规划，合理布局。要求行政区、生活区距场(舍)250 m 以上，场(舍)要单独隔离。在场(舍)下风 50 m 左右的地势低洼处建粪便、垃圾处理场，畜禽饲养场的粪便应进行无害化处理，如进入沼气池发酵、高温堆肥、除臭膨化等。废水的排放应达到国家标准《污水综合排放标准》(GB8 978—2002)。为有效防止疫病传播，应建立消毒设施，进入场(舍)前必须进行消毒。各场(舍)下风处 150 m 远的地方还应建立病畜禽隔离间等。场区布局与畜禽舍建筑要充分考虑畜禽生长发育和繁殖生产的环境要求，给予其舒适的外部环境，让其享受充足的阳光和空气，尽可能为畜禽提供它们固有的生活习性所需条件。

(三)绿色食品畜禽饲养场舍内环境要求

畜禽的适宜生长环境因素主要包括温度、湿度、气流速度、光照、新鲜清洁的空气等。

1.温度

畜禽为恒温动物，在生产中要求舍温保持在畜禽适宜生长发育的温度范围内，冬暖夏凉。

2.湿度

畜舍空气中的湿度不仅直接影响家畜健康和生产性能，而且严重影响畜舍保温效果，是失热增多的重要原因。舍内相对湿度以50%～70%为宜，最高不超过75%。

3.气流速度

舍内应保持一定的气流速度，夏季可排除舍内的热量，帮助畜体散热，增强畜禽舒适感。而在冬季低温、畜舍密闭的条件下，引进新鲜空气，可使舍内温度、湿度等空气环境状况保持均匀一致，并可使水汽及污浊气体排出舍外。因此，夏季要求畜体周围气流速度保持在0.2～0.5 m/s；冬季则以0.1～0.2 m/s为宜，最高不超过0.25 m/s。

4.光照

不同品种的畜禽在不同的生长阶段所要求的光照时间、光照度不同。禽类对光敏感，光直接影响其生长发育、生产性能和生理活动。光照在环境因素中对畜禽生理活动起很大作用，应根据品种特性、生长发育阶段等确定合理的光照时间和光照度。

5.舍内空气

舍饲畜禽由于呼吸、有机物分解等，经常产生大量有害气体，必须及时排出。畜禽排出的有害气体主要有氨气、硫化氢和二氧化碳。氨及硫化氢的浓度过高时，不仅影响畜禽健康及生产性能，而且直接影响畜禽产品的品质。畜舍中氨浓度不应超过20 mg/kg，鸡舍不超过15 mg/kg，硫化氢毒性较大，舍内浓度不得超过5 mg/kg，二氧化碳虽不引起家畜中毒，但它表明空气的污浊程度，舍内浓度以0.1%为限。

6.饲养密度

饲养密度与畜禽的健康和生长发育密切相关，要充分保证畜禽的有效活动空间，保持合理的饲养密度。

7.干扰

要防止有害动物（包括昆虫）的侵扰，防止啮齿类动物、鸟类和其他动物的干扰。

二、绿色食品畜禽饲养场建设要求

绿色食品畜禽饲养场建设应本着合理布局、利于生产、促进流通、便于检疫和管理、防止污染环境为原则。加强饲养场周围环境的管理，控制外来污染物，养殖场内和周围应禁止使用滞留性强的农药、灭鼠药、驱蚊药等，防止通过空气或地面的污染，以免影响畜禽的健康。地面养殖畜禽以及规划的畜禽运动场，还应对土壤样品进行检测，土壤中农药、化肥兽药、重金属盐等有害物质含量不可超标。绿色食品畜禽饲养场建设前要通过环境保护部门的环境监测，无“三废”污染，大气质量应符合《环境空气质量标准》（GB 3095—2012）的要求，建筑应符合兽医卫生要求，养殖场环境卫生应符合《畜禽场环境质量标准》（NY/T 388—1999）以及《畜禽养殖产地环境评价规范》（HJ 568—2010）的要求。除严格按设计图施工外，还要求必须精心细致。建筑材料（如木材、涂料、油漆等）以及生产设备应对畜禽和人类的健康无害，也不能存在潜在的危害；内墙表面应光滑平整，墙面不易脱落；具有良好的防鼠、防虫和防鸟设施；动物饲养场和畜产品加工厂的污水、污物处理应符合国家《畜禽养殖污染防治管理办法》的要求，排污沟应进行硬化处理，绝对禁止在场内或场外随意堆放和排放畜禽粪便和污水，防止对周围环境造成污染。除此之外，还要做好场区绿化，改善局部小气候，采取切实有效的生态环境净化措施，从源头上把好质量安全关。

第二节　绿色食品畜禽养殖业饲料选择与生产

饲料是指能提供饲养动物所需养分，保证健康，促进生产和生长，且在合理使用下不发生有害作用的可饲物质，包括单一饲料、配合饲料、浓缩饲料、添加剂预混合饲料、反刍动物精料补充料等。

一、绿色食品畜禽养殖营养需求

（一）蛋白质和氨基酸

蛋白质是动物体的主要构成成分，动物的生长主要是蛋白质在体内积累的结果，饲料中的蛋白质含量是决定动物生长速度的主要因素。饲料中的蛋白质除供给生长、修补组织和构成生物活性物质外，还要作为主要的能源。因此，动物养殖饲料蛋白质含量要丰富，以满足各相应生长阶段的需求。

蛋白质由氨基酸组成，依据氨基酸能否在人体内合成，分为必需氨基酸和非必需氨基酸两类。饲料中蛋白质的质量决定于必需氨基酸的含量和组成，但非必需氨基酸也有节约或替代部分必需氨基酸的功能，这种节约作用在饲料配合时应加以利用。

（二）脂肪

脂肪为动物提供能源和必需脂肪酸，并作为脂溶性维生素的媒介物。脂肪的数量和质量对养殖对象的健康和生长起很大的作用，因此动物饲料中应含有一定量的脂肪。

（三）糖类

糖类是形成动物体组织，为组织器官所不可缺少的成分。糖类在动物体内是热能的主要来源，除供应活动所需要的热能外，多余部分动物可将其转变为肝糖原、肌糖原、体脂肪等。饲料营养素的平衡状况会影响糖类的利用率。

（四）矿物质

矿物质也称为无机盐类，是动物的组成成分，对于维持动物正常的内在环境，保持物质代谢的正常进行，以及保证各种组织和器官的正常活动是必不可少的。动物所需的矿物元素按其在饲料中的浓度分为常量元素和微量元素，主要有钙、磷、镁、钠、钾、氯、铁、铜、碘、锰、锌、硒、钴、铬、氟、钼、硅等。

（五）维生素

维生素是动物生长发育必不可少的一类营养物质，其缺乏会影响生长发育，产生疾病，严重的甚至死亡。维生素根据其溶解性质可分为脂溶性和水溶性两大类，脂溶性维生素包括维生素 A、维生素 D、维生素 E 和维生素 K；水溶性维生素包括维生素 B 族和维生素 C，B 族维生素中包括硫胺素、核黄素、烟酸、吡哆醇、泛酸、叶酸、维生素 B_{12} 等。

绿色食品畜禽营养供应要与畜禽的生理需要相一致。在畜禽饲养过程中，首先是维持畜禽本身的健康和必要的生命活动需要，其次是生产各种畜产品的营养需要。只有满足了维持需要，才可能生产出一定数量和质量的畜产品。满足畜禽的营养需要，不仅要考虑营养物质的种类和数量，还要注意各种营养物质的比例。配合日粮时，首先应满足畜禽对能量、蛋白质、钙、磷、钠、氯和维生素 A、维生素 B、维生素 C、维生素 D、维生素 E 的需要，其余各项营养指标可根据条件加以考虑。绿色食品畜禽饲料必须来自绿色食品产地或经检测符合绿色食品饲料标准的产区。在饲料生产过程中,饲料添加剂的使用必须符合《绿色食品　畜禽饲料及饲料添加剂使用准则》(NY/T 471—2010)和《绿色食品　渔业饲料及饲料添加剂使用准则》(NY/T 2112—2011)。

绿色食品畜禽养殖要根据不同饲养对象及同一饲养对象不同生长阶段的营养需要,科学合理地搭配饲料,严格控制各种激素、抗生素、化学防腐剂等有害人体健康的物质进入畜禽产品,以保证产品质量。

二、绿色食品畜禽养殖业饲料的选择和生产

(一)影响绿色畜禽养殖业饲料安全的因素

饲料质量不仅直接关系到畜禽的生长发育、养殖的经济效益,而且还关系到人类的食品安全。近年来,食品安全卫生事故频繁发生,为人类敲响了警钟。就饲料安全来说,影响饲料安全的因素主要有以下几类。

1.虫害、螨害与鼠害

饲料在储藏过程中常受到虫害的侵蚀,造成营养成分的损失或毒素的产生。在温度适宜、湿度较大的地区,螨类对饲料的危害较大。鼠的危害不仅在于它们吃掉大量的饲料,而且还会造成饲料污染,传播疾病。

2.饲料中的微生物污染

能导致人畜中毒的霉菌主要有黄曲霉菌、青霉菌、镰刀霉菌等。较常见的霉菌毒素有黄曲霉毒素、玉米赤毒素、玉米赤霉烯酮和单端孢霉菌毒素,其中黄曲霉毒素的毒性最强。

3.饲料中的抗营养因子

饲料中的抗营养因子主要有蛋白酶抑制因子、糖类抑制因子、矿物元素生物有效性抑制因子、拮抗维生素作用因子、刺激动物免疫系统作用因子等,它们的存在干扰了动物对饲料中养分的消化、吸收和利用。

4.饲料中的有毒有害化学物质

饲料中的有毒有害化学物质主要由以下 3 类污染所造成:农药污染、工业“三废”污染和营养性矿物质添加剂带来的污染。

5.饲料中非营养性添加剂带来的污染

抗生素、激素、抗氧化剂、防霉剂和镇静剂的使用对预防疾病、提高饲料利用率和畜禽生长速度起着一定的作用,但若不严格遵守使用原则和控制使用对象、安全用量及停药时间,就会使药物及其代谢产物在肉蛋奶中残留,还会通过畜禽的排泄物污染环境。

6.饲料加工过程中产生的毒物及交叉污染

若饲料加工工艺条件控制不当,饲料中成分复杂的物质在粉碎、输送、混合、制粒、膨化等特殊的加工过程中就会发生降解反应。这一方面降低了饲料中有效成分的效价,另一方面又会产生新的有害物质。

此外,饲料生产过程中的混杂污染也是影响饲料卫生质量的一个重要因素,故在饲料加工过程中应避免污染。饲料储藏中要按照饲料特性选择适宜的储存方式,且储存时间不宜过久。

（二）绿色食品畜禽养殖业饲料选择

（1）要使生产的饲料达到消化率高、增重快、排泄少、污染少、无公害的营养目的，优质的原料是前提，因此应选择消化率高、符合绿色食品标准的饲料原料。特别是牧草和天然植物可提供维生素、矿物质、多糖或其他提高动物免疫力的活性组分（大蒜、马齿苋、山楂等）。另外，要注意选择无毒、无害，安全性高，未受农药、重金属、放射性物质污染的原料。

（2）禁止使用转基因生产的饲料和饲料添加剂，不用动物粪便作饲料，反刍动物禁止使用动物蛋白质饲料。

（3）选用合格的饲料添加剂，其品种符合《允许使用的饲料添加剂品种目录》，禁用调味剂类、人工合成的着色剂、人工合成的抗氧化剂、化学合成的防腐剂、非蛋白氮类和部分黏结剂。所选用饲料添加剂和添加剂预混合饲料必须来自有生产许可证的企业，并且具有企业标准、行业标准或国家标准，具有产品批准文号。进口饲料和饲料添加剂应具备相关的产品登记证及与之有关的质量检验证明。

（4）粗饲料和精饲料要合理搭配。饲料搭配除满足动物生长和生产需要外，还应考虑动物适应环境能力的需要；考虑饲料配方中更多的营养组分的需要量，除蛋白质、维生素和矿物质外，还有脂肪酸、糖类等。

（5）在生产和储存过程中没有被污染或变质。

饲料生产的原料主要为单一大宗原料和饲料添加剂。生产绿色食品畜禽产品使用的饲料原料和饲料添加剂等生产资料必须符合国家标准《饲料卫生标准》（GB 13078—2001）、《饲料标签标准》（GB 10648—2013）、各种饲料原料标准、饲料产品标准和饲料添加剂标准的有关规定。

（三）日粮配合

1.配合饲料种类

（1）添加剂预混料。它是由营养物质添加剂（如维生素、微量元素、氨基酸）和非营养物质添加剂组成，并以玉米粉或小麦麸为载体，按配方要求进行预混合而成。它是饲料加工厂的半成品，可以直接加在基础日粮中使用。

使用添加剂预混料要注意以下几点：①要选择获得绿色食品标志的添加剂预混料；②预混料是根据不同畜禽种类及不同的营养需要量配制的，故使用时一定要“对号入座”，不可随意投喂；③预混料的用量一定要按照使用说明的要求添加，过多或过少都会产生不良后果，用量过大会引起中毒，一般用量占配合饲料用量的0.25%～1.00%；④添加剂预混料必须与饲料搅拌均匀后才能使用，且不宜久存。

（2）浓缩饲料。浓缩饲料又称为平衡用混合料，是在预混料中加入蛋白质饲料（如豆饼、棉籽饼、花生饼等）和矿物质（如食盐、贝壳粉等）混合而成的。用浓缩饲料再加上一定比例的能量饲料（如玉米、麸皮、大麦、稻谷粉）就可直接使用。浓缩饲料的生产不仅可避免运输方面的浪费，同时还解决了饲养单位因蛋白质饲料缺乏而造成的畜禽营养不良。

（3）全价配合饲料。全价配合饲料由浓缩饲料加精饲料配制而成，也称为全日粮配合饲料。这种饲料营养全面，饲料报酬高，大多用于集约化养殖场，使用时不需另加添加剂。

（4）初级配合饲料。初级配合饲料也称为混合饲料，由能量饲料和蛋白质、矿物质饲料按照一定配方组成，能够满足畜禽对能量和蛋白质、钙、磷、食盐等营养物质的需要，如再搭配一定的青粗饲料或添加剂，即可满足畜禽对维生素、微量矿物质元素的需要。

2.配合饲料生产工业

饲料生产的一般工艺:原料采购→原料的清理→原料粉碎→称量、配料→混合→制粒或膨化→质检→包装→入库。

(1)配合饲料生产的要求。不同的配方、不同的生产工艺和不同的工艺参数都会影响饲料的营养价值和质量,绿色食品饲料生产在配方设计上要充分考虑各营养物质之间的平衡性,同时应采用合理的加工工艺和方法。

①利用饲料和营养的最新研究成果,准确估测各种饲料原料中养分的可利用性和各种动物对这些营养物质的准确需要量。要有效地减少养分的过量供给和最大限度地减少营养物质排泄量,关键是设计配制出营养水平与动物生理需要基本一致的日粮。而准确估测动物在不同生理阶段、环境、日粮原料类型等条件下对氨基酸、矿物元素等的需要量是配制日粮时参考的标准,也是配制日粮的决定因素,其准确与否会直接影响动物的生产性能和粪尿中氮、磷等物质的排泄量。不同饲料原料中,养分的利用率有很大的差异,因此不仅要测定出饲料原料中各种养分的含量,还要测定其消化利用率,这样才能以可利用养分为基础较准确地反映饲料的营养价值。

②按理想蛋白模式以可消化氨基酸含量为基础配制符合畜禽养殖需要的平衡日粮。营养平衡是科学设计饲料配方的基础。所谓营养平衡的日粮,是指日粮中各种营养物质的量及其之间的比例关系与动物的需要相吻合。大量的研究证明,用营养平衡的日粮饲养动物,其营养物质的利用率最高。根据不同养殖对象品种和年龄合理设计氨基酸平衡的日粮,是提高产品数量和质量的主要途径。

③选用绿色饲料添加剂,确保饲料安全。随着饲料工业的发展,新型饲料添加剂不断涌现,选用高效、安全、无公害的“绿色”饲料添加剂是生产高质量绿色养殖产品的重要措施。近年来,随着生物工程和化学合成技术的发展,生长激素类物质被广泛应用于肉畜生产,它对于增加肉类产品供应,保障社会需求,起到了积极的作用。但某些厂家为了让畜禽生长快、不生病,在饲料中加入防病治病的药物和生长激素,甚至包括被禁止使用的性激素等。畜禽吃了药物残留量高的饲料后,通过富集、聚集后传递到人,在肌肉组织和内脏中残留富集,出现药物毒性反应或使人体产生抗药性,造成人易感染疾病或生病时用药无效。有些生产预混料、浓缩料的厂家,受利益驱使,滥加药物,这些都应是禁止的。

④改进饲料加工工艺。饲料的加工工艺诸如粉碎、混合、制粒以及膨化,可影响动物对饲料养分的利用率,其中粒度和混合均匀度最为重要。

⑤充分利用青饲料。青饲料是发展养畜生产的主要饲料资源,它的特点是营养价值较全面,养分比例较为合适,但水分多,干物质少,体积大,能量低。通常青饲料和配合饲料合理搭配使用,可满足家畜对维生素、微量元素、矿物质的需要。青饲料的种类很多,如苕子、紫云英、红浮萍、牛皮菜、莲花白、甘薯藤、青玉米、三叶草、黄花苜蓿、水浮莲、细绿萍、水花生、各种农作物秸秆等。绿色配合饲料生产的关键在于:必须建立绿色饲料原料生产基地,才能够长期稳定地保证原料的质量;筛选优化饲料配方,保证营养需要;应用理想蛋白模式,添加必需的限制性氨基酸;原料膨化,提高消化利用率;精确加工,生产优质的颗粒饲料;广泛筛选有促生长和提高成活又无毒副作用的生物活性物质,生产核心料添加剂;应用多种酶制剂,提高饲料的利用率,同时也减少排泄污染。

(2)配合饲料生产的其他因素。在实际的饲料生产中,如何能够生产出营养、安全的饲料，如何能保证酶制剂、益生素、中草药提取物、维生素等活性物质的有效性，除按上述要求外，则还需要在工艺、设备等方面予以综合考虑。

①要采用先进的加工工艺，如膨化调质工艺以及热敏物质和油脂的后置添加工艺。

A.膨化调质工艺：膨化调质工艺是采用膨化调度机对饲料进行瞬时高温（通常为 130～135 ℃）、高压（压力可达 3.5 MPa），使物料能充分地调质，并且可以部分热化。由于提高了淀粉的糊化度和蛋白质的熟化度，可以减少或取消黏合剂、品质改良剂的添加量。该工艺可杀灭沙门氏杆菌和一些流行病的病原微生物，从而大大减少杀菌剂、抗生素的添加量。由于作用时间短，因此对氨基酸、维生素的稳定性和效价不会产生较大的负面影响。另外，生产出的产品适口性好，减少诱食剂的添加。

B.热敏物质和油脂的后置添加工艺：由于在制粒、膨化时受温度压力的作用，会破坏维生素、酶制剂等的大部分功效，因此采用后置添加工艺。具体添加的方法有两种：一是将这些含有生物活性的物质预先与一种惰性载体混合成泥状，这时是不可溶的，然后形成均匀的悬浮液，悬浮液再通过一种设备转化为一种可作用于粒料的形态，形成均匀的一层薄膜，覆盖在粒料的表面；二是用喷雾添加法，它主要有一个高精度的剂量泵，将精确量的液体制剂经气压喷头喷出，这种喷涂系统在添加液体制剂时，可以保证添加量的精确和安全。

②要防止饲料中添加剂的残留。在绿色饲料的生产中，设备中的残留会使饲料中实际添加剂的量变小，影响饲料吸收效果，又会引起不同批次物料的交叉污染。某些微量活性成分易产生静电效应面，使之被吸附在机壁，在操作时将受到影响的设备妥善接地，选择非静电型的预混料，同时用振动装置消除吸附的物料。清理设备残留，调整混合机的螺带和桨叶，安装空气清扫喷嘴，采用大开门的卸料机构。在操作时注意加料顺序，先加入 80%的物料后，加入预混料添加剂，然后加入 20%的物料。尽量采用自清式的斗提机、刮板输送机和螺旋输送机，用空气清扫喷嘴，定期进行清理。注意冲洗调质器和环模，调节冷却器，使排料更彻底。

③防止饲料的霉变。原料水分含量过高会引起饲料成品的霉变，一般要求原料中水分含量不超过 13.5%。如果水分偏高，则可以采用干燥机对原料进行处理。在制粒时，根据加工物料的不同，采用一定压力蒸汽。如果蒸汽质量不好，其中含有部分冷凝水，则导致调质温度达到要求时含水量过高，这样生产出的颗粒饲料的含水量过高，易发生霉变。

④提高包装质量。饲料的霉变与包装方式有很大的关系，它通过影响饲料水分活度和氧气浓度间接影响饲料的霉变。包装密封性好，饲料水分活度可保持稳定。包装袋内氧气由于饲料和微生物等有机体的呼吸作用的消耗而逐渐减少，二氧化碳的含量增加，从而抑制微生物生长。如果包装的密封性不好，饲料很容易受外界空气湿度的影响，水分活度高，氧气充足，为微生物生长提供良好的条件，饲料很容易发霉。因此，饲料厂应该提高饲料袋的包装质量，减少袋的破损，从而减少饲料发霉。

（四）反刍家畜饲料利用技术

近年来，随着人们膳食结构的改善和对安全性绿色畜产品的追求，以及国家产业结构的调整和对草食家畜饲养业的大力扶持，我国反刍家畜饲养业呈现出了前所未有的发展势头和局面。肉牛、肉羊育肥业的兴起及规模化、产业化发展，城郊奶牛业的不断壮大及乳制品加工业的不断完善，为丰富城乡居民菜篮子，满足社会日益增长的肉奶需求奠定了基础。然而随着反刍动物规模化、商品化生产的发展及兽药、饲料添加剂的广泛应用，在促进反刍动物生产发展的同时,也带来了许多负面影响。尤其因大量使用动物性饲料(如肉骨粉等)引发欧洲疯牛病的蔓延,直接影响人类健康和生态环境的改善,也制约着我国牛羊肉、奶制品优势的发挥和市场竞争力的提高。按2001年农业部《禁止在反刍动物饲料中添加和使用动物性饲料的通知》要求,在反刍动物饲料中严禁使用肉骨粉、骨粉、血粉、血浆粉、动物下脚料、动物脂肪、血浆及其他血液制品、羽毛粉、鱼粉、鸡杂碎粉、蹄粉等存在安全隐患的动物性饲料,防止疯牛病的发生和传播。由于反刍动物与单胃动物相比,在消化系统存在着很大的差异,因此应根据其瘤胃特点,采用瘤胃保护氨基酸、膨化、加热等技术和方法,提高植物性蛋白质饲料的利用率,增加反刍家畜生产的饲料安全性和经济效益。

1.利用瘤胃保护氨基酸

反刍家畜,尤其是高产反刍家畜(如高产牛、强度育肥肉牛和肉羊)对由过瘤胃蛋白提供小肠氨基酸的需要量较大,而动物性饲料尤其是骨粉、鱼粉、血粉等不但营养丰富、全面,且瘤胃降解率低,是反刍动物饲料中最常用的过瘤胃蛋白料来源。为防止疯牛病的传入,2001年农业部发布《禁止在反刍动物饲料中添加和使用动物性饲料的通知》,禁止在反刍家畜饲养中使用肉骨粉、骨、血粉、动物下脚料和蹄角粉等动物性饲料,这无疑给反刍家畜,尤其是高产奶牛和育肥牛羊的生产带来了难度。近年来的研究表明,瘤胃保护氨基酸在满足反刍动物限制性氨基酸需要的同时,可提高蛋白质饲料的利用率,改善畜产品质量,在一定程度上减轻了排泄物对环境的污染。与过瘤胃蛋白相比,过瘤胃氨基酸能够更精细地反映整个机体的代谢蛋白,可作为反刍动物蛋白质和氨基酸营养整体优化的更为理想的指标,是平衡小肠氨基酸的最简便而又直接的方法。使用少量的瘤胃保护氨基酸(rumen protected amino acid,RPAA)可以代替数量可观的瘤胃非降解蛋白。例如,用50 g瘤保护氨基酸可以替代500 g血粉和肉骨粉,在饲料中合理添加瘤胃保护氨基酸完全可以补充必需氨基酸的过瘤胃的蛋白(肉骨粉、鱼粉、羽毛粉等),还能提高奶牛产奶量和乳率,降低日粮蛋白质水平和饲料成本。美国宾夕法尼亚大学在50%玉米青贮料和50%标准精料组成的奶牛日粮中,补加15 g/d过瘤胃蛋氨酸和40 g/d过瘤胃赖氨酸,牛奶蛋白质的含量提高7.5%,而奶牛干物质摄入量、产奶量和乳脂率没有影响。一般认为,奶牛日粮中添加过瘤胃氨基酸最适宜时间为分娩前2～3周至泌乳期150 d。

2.膨化技术

在饲料膨化过程中,由于高温高压的作用,可以使饲料中淀粉糊化并与蛋白质结合,降低蛋白质在瘤胃内的降解率,提高蛋白质和能量的利用率。Aldrich和Mechen研究证明,随着膨化温度升高,大豆蛋白的瘤胃降解率显著减少,160 ℃加工的膨化大豆的过瘤胃蛋白为69.6%,而生大豆仅为15.9%,且膨化大豆有非常好的氨基酸消化率。使用膨化技术,在130 ℃的温度下,可使菜粕的小肠可利用氮由未加工前的208 g/kg提高到288 g/kg,瘤胃的蛋白质降解率由65%下降至35%。同时,挤压膨化还可以破坏植物蛋白中的抗营养因子和有毒物质,提高饲料利用率,提高动物的生产水平。杨丽杰等研究表明,在121 ℃温度条件下,膨化常规商品大豆,可使70%以上的胰蛋白酶抑制因子和全部凝集素失活。Buchs研究表明,膨化棉籽可以使其中中游离棉酚含量从0.91%下降到0.021%,用膨化棉籽饲喂奶牛可显著提高产奶量和饲料利用率。

3.加热处理

通过加热可以使饲料中的蛋白质变性,使疏水基团更多地暴露于蛋白质分子表面,从而使蛋白质溶解度降低，降低蛋白质在瘤胃中的降解率，提高其利用率。周明等研究表明，未处理的豆粕的蛋白质瘤胃降解率为49.53%，经过时间为45 min，温度分别为75 ℃、100 ℃、125 ℃和150 ℃热处理后，豆粕的蛋白质瘤胃降解率分别为45.06%、41.01%、37.56%和23.95%，说明加热能明显降低豆粕蛋白质的瘤胃降解率。

4.利用非蛋白氮饲料添加剂

瘤胃中的微生物能利用尿素等非蛋白氮合成菌体蛋白，到肠道为牛羊所用。1 kg尿素的营养价值相当于5 kg大豆饼或7 kg亚麻籽饼的蛋白质营养价值。选用合适的非蛋白氮材料(如包衣尿素、缩二脲等)，采用合理的方式进行利用，不仅可以提高非蛋白氮饲料的适口性和饲用安全性，而且可明显提高牛羊的生产性能，尤其是在低蛋白质日粮水平下效果更为明显，肉牛羊增重可提10%～20%。同时，可以利用各种脲酶抑制剂，提高非蛋白氮饲料的利用率。但对于绿色畜产品生产，应严格按照绿色食品生产规范和要求进行。

5.秸秆补料及三级饲料化利用

(1)在反刍家畜日粮中要添补一定量的精料。研究表明，以50%的秸秆加50%精料组成的秸秆日粮饲养羔羊，可取得最佳的经济效益。但依据我国国情，宜采用低精料添补的方式，即精料占秸秆日粮的10%左右；有条件的则可用20%～30%的精料，甚至更高。

(2)要进行调制。对秸秆粗饲料进行调制，如采用揉草机，添加“饲料调制剂”制成直接饲喂的秸秆发酵饲料。

(3)秸秆日粮中添补一些易于消化的纤维性饲料和青绿多汁饲料、无机盐、维生素等。添补一些易于消化的纤维性饲料和青绿多汁饲料可避免因补充可消化糖类引起的秸秆消化率降低的负效应，提高日粮各成分的组合作用。例如，在秸秆日粮中，添补大豆皮、饼粕、糟渣、柑橘渣、甘蔗渣、甜菜渣等，能提高秸秆的消化利用率。在高秸秆日粮中添补黑麦草、三叶草、苜蓿、紫云英等，能提高饲料转化率和有机物质消化率。研究结果和生产实践都表明，上述两类物质的添补原则有三：一是日粮中可发酵氮素最低量为30 g/kg(可消化有机物)，二是绿色饲草的最低量为0.7%(占活畜体质量)或占日粮的25%，三是饼粕类或动物副产物最高补添量不超过日粮干物质的20%。近年来，国内不少研究单位已研制出了牛羊用的舔砖和矿维添加剂，并已在生产中应用秸秆的三级饲料化利用，即在秸秆进行青贮和调制的基础上，根据草食家畜的营养标准，利用当地饲料资源，通过电脑模拟，计算出最佳精饲料添补配方比，继而采用当地特有的矿产资源，按上述同样的程序算出矿维饲料的添加剂量，最后用经青贮或调制后的秸秆加精料添补剂加矿维添加剂饲养草食家畜。

第三节　绿色食品畜禽养殖业饲料添加剂和兽药使用

饲料添加剂指在饲料加工、制作、使用过程中添加的少量或者微量物质，包括营养性饲料添加剂和非营养性饲料添加剂。用于补充饲料营养不足的饲料添加剂称为营养性饲料添加剂，如氨基酸、维生素、矿物微量元素等。非营养性饲料添加剂有一般性饲料添加剂和药物饲料添加剂两大类。一般性饲料添加剂是指为了保证和改善饲料品质，促进饲养动物生产，保障饲养动物健康，提高饲料利用率而掺入饲料中少量或微量物质，如酸化剂、调味剂、酶制剂等。药物饲料添加剂则是指为了预防动物疾病或影响动物某种生理、生化功能而添加到饲料中的一种或几种药物与载体或稀释剂按规定比例配制而成的均匀混合物，如抗球虫剂、驱虫剂、抗菌促生长剂等。

一、畜禽常用绿色饲料添加剂的种类及其应用

（一）饲用酶制剂

1.饲用酶制剂的作用

饲料中尤其是植物性饲料中含有许多抗营养因子，如植酸、鞣质、抗胰蛋白因子、非淀粉多糖（non-starch polysaccharides，NSP）等。饲料中添加酶制剂的作用在于消除相应的抗营养因子，补充动物内源酶。同时，饲用酶制剂还能全面促进日粮养分的分解和吸收，提高畜禽的生长速度和饲料转化率，增进畜禽健康，减少环境污染。应用酶制剂可大大减少畜禽排泄物中的氮、磷含量，从而大幅度减少对土壤的污染。

2.饲用酶制剂的种类

饲用酶制剂主要有植酸酶、淀粉酶、脂肪酶、纤维素酶、葡聚糖酶等，而商品性酶制剂大多是复合酶制剂，如华芬酶、益多酶等。植酸酶是一种能把正磷酸根基团从植酸盐中裂解出来的水解酶。大量的研究表明，饲料中添加植酸酶不仅可减少日粮中无机磷的添加量，还可减少磷的排泄量25%～59%。

3.饲用酶制剂的应用

据报道，植酸酶在蛋鸡中应用时，具有分解蛋鸡植物性饲料的植酸盐，能减少无机磷的用量，提高饲料转化率，提高蛋鸡的产蛋率和产蛋量，从中提高经济效益。复合酶制剂主要由蛋白酶、淀粉酶、糖化酶、纤维素酶、葡聚糖酶等组成，在饲料中使用后能在畜禽消化道内将饲料中不易消化吸收的蛋白质、淀粉、纤维素水解为胨、肽和游离氨基酸以及葡萄糖、麦芽糖和小分子糊精，从而提高饲料转化率，降低饲料成本，促进畜禽生长发育。刘然等报道，在蛋鸡中使用复合酶可提高产蛋率2.23%，提高饲料转化率11%，单个蛋质量提高0.89 g。

（二）微生物制剂

微生物制剂也称为益生素、促生素、生菌剂、活菌剂，是一种可通过改善肠道菌系平衡而对动物施加有益影响的活微生物饲料添加剂。微生物制剂将是未来很好的饲用抗生素的替代品。

1.微生物制剂的作用

微生物制剂是通过调整动物微生态区系，使其达到平衡，从而维持动物健康，促进生长。其具体作用体现在以下几方面：

（1）微生物制剂中的有益微生物在体内能抑制病原微生物的生长繁殖，从而对病原微生物起到生物拮抗作用。

（2）动物微生物制剂中的有益微生物具有免疫调节因子，它能刺激肠道的免疫反应，提高机体的抗体水平和巨噬细胞的活性，从而增强机体的免疫功能。

（3）微生物制剂可预防疾病、提高饲料转化效率、改善畜禽产品的商品质量等。

2.微生物制剂的种类

微生物制剂主要有益生素、益生元（化学益生素）和合生元3大类，其中常用的是合生元。合生元是益生素和益生元的复合物，它具有益生素和益生元两方面的功能。对比试验证明，在幼龄动物中应用益生元时，两周后才能表现出明显的效果，而使用合生元能取得比

益生素和益生元更快速和稳定的效果。

3.微生物制剂的应用

马西芝等报道，在35日龄断奶仔猪饲粮中添加0.15%活菌制剂（含乳酸菌、蜡质芽孢杆菌10亿个/克以上），其效果比在饲料中添加25 mg/kg土霉素组提高日增重9.7%，提高饲料利用率9.1%。郎仲武等报道，在28日龄雏鸡料中添加冻干活菌制剂，可提高雏鸡成活率4%～8%，饲料利用率提高8%～11%，日增重增加2%。金岭梅报道，用以芽孢杆菌为主的微生物制剂在哺乳仔猪中试验，可使哺乳仔猪黄白痢下降15%，断奶后1周腹泻下降5.4%。高峰等报道，在21日龄雏鸡饲料中加入0.05%寡果糖（合生元），可提高雏鸡日增重12%，饲料报酬增加7%。李焕友报道，在30日龄断奶仔猪饲料中添加600 mg/kg微生物肠道调节剂（内含芽孢杆菌10亿个/克），其生产性能与添加抗生素的对照组相同，并可用于取代抗生素预防仔猪腹泻。

4.微生物制剂使用注意事项

目前微生物制剂存在着优良菌种的选择和由于菌种失活而导致微生物制剂活性降低等问题，从而在使用微生物制剂的过程中，其使用效果的不稳定性时有发生。因此，在使用微生物制剂过程中必须注意以下几个方面：①微生物制剂的菌种类型，其针对性特点以及有效活菌的数量；②考虑饲料中所含有的矿物盐以及不饱和脂肪酸对活菌的抗性强弱；③动物的年龄、生理状态，因为幼龄动物通常使用微生物制剂的效果要比成年动物好；④饲养条件和应激反应；⑤微生物制剂一般不应与抗生素同时使用，如使用微生物制剂的动物一旦发病而且有必要服用抗生素时，则务必停止使用微生物制剂，只有待病畜恢复健康，停用抗生素后再恢复使用微生物制剂。

（三）饲用酸化剂

1.饲用酸化剂的作用

饲用酸化剂能降低饲料在消化道中的pH值，从而为动物提供最适宜的消化道环境，以满足动物对营养及防病的需要，尤其是对早期断奶的乳仔猪具有实用价值。据国外报道，在乳仔猪饲料中添加6%的复合酸化剂可以完全代替抗生素。这是因为早期断奶仔猪，其消化系统发育尚未完善，消化酶和胃酸不足，常使胃肠pH值高于酶活性和有益菌群适宜生长的环境，因此必须依赖外源酸化剂来改善消化道中的酸碱度环境。

2.饲用酸化剂的种类

饲用酸化剂主要有天然的柠檬酸、延胡索酸、乳酸、苹果酸等，不同的酸化剂各有其特点，但使用最广泛且效果较好的是柠檬酸、延胡索酸和复合酸制剂。延胡索酸具有广谱杀菌和抑菌作用，如在饲料中加入0.2%～0.4%浓度的延胡索酸，可杀死葡萄球菌和链球菌；0.4%浓度的延胡索酸可杀死大肠杆菌；2%以上浓度的延胡索酸对产毒真菌具有杀灭和抑制作用。复合酸化剂是利用几种有机酸和无机酸混合而成，它能迅速降低pH值，具有良好的缓冲性和生物学性能。

3.饲用酸化剂的应用

刘作华报道，从肠道微生物区系观察，添加柠檬酸的仔猪比不添加者肠道中的大肠杆菌减少6.9%～10.0%，乳酸菌和酵母菌分别增加5%和3%。李德发等报道，在仔猪日粮中添加1%～2%柠檬酸可增加采食量，并使蛋白质消化率提高2%～6%，氮利用率提高2%。

（四）饲用防霉剂

1.防霉剂的作用

饲料在运输、储存以及加工过程的各个环节都可能引起霉变，霉菌毒素会导致动物生长不良，严重危害动物机体健康，使动物生产性能下降，甚至死亡。避免霉菌在饲料中的繁衍，抑制霉菌的代谢和生长，在饲料的生产中常采用防霉剂。

2.防霉剂的种类

防霉剂主要有丙酸和丙酸盐类、富马酸及其酯类、山梨酸及其盐类、柠檬酸和枸橼酸钠、双乙酸钠等。其中丙酸盐类是常用的防霉剂，尤其以丙酸钙为多用。丙酸钙为白色结晶体颗粒或粉末，防霉能力为丙酸的40%，它是由丙酸与碳酸氢钙反应制得。丙酸钙在饲料中的添加量为0.2%～0.3%。丙酸钙能避免丙酸的腐蚀性、刺激性及对加工设备和操作人员的伤害。

3.防霉剂的应用

周永红报道，在7—9月间，在饲料中加入不同类型的防霉剂，其中有丙酸钙、丙酸类气化型防霉剂和复合型防霉剂（其组成有醋酸、丙酸、山梨酸、延胡索酸），添加量都为0.15%。试验结果表明：在同等条件下保存40 d，单一防霉剂所保存饲料的口袋边缘已严重霉变；而用复合型防霉剂所保存的饲料一直保存到80 d时，检查仍无霉变。说明用复合型防霉剂保存饲料比用单一防霉剂保存饲料的防霉、抑菌效果好。

（五）畜用防臭剂

使用防臭剂是配制生态营养饲料必需的添加剂之一。在饲料和垫草中添加各种除臭剂可减轻畜禽排泄物及其气味的污染，如应用丝兰属植物（生长在沙漠）的提取物、活性炭、沙皂素、以天然沸石为主的偏硅酸盐矿石（海泡石、膨润土、凸凹棒石、蛭石、硅藻石等）、微胶囊化微生物、酶制剂等能吸附、抑制、分解、转化排泄物中的有毒有害成分，将氨变成硝酸盐、将硫变成硫酸，从而减轻或消除污染。

（六）中草药饲料添加剂

中草药饲料添加剂也是目前研究较多、应用广泛的一类绿色饲料添加剂。它具有效果良好、毒副作用小、药物残留量低、来源广泛、价格低廉等优点。其作用机理主要有：①理气消食，健脾开胃，提高食欲，提高营养物质的消化吸收，促进动物的生长发育；②清热解毒，杀菌抗菌，消灭进入体内的病原体，防止疾病的发生；③补气壮阳，养血滋阴，增强机体特异性免疫力和非特异性免疫力，防止各种疾病的发生；④某些中草药（如淫羊藿等）具有双向调节作用。目前研究应用较多的中草药饲料添加剂有党参、黄芪、当归、黄连、黄芩、金银花、柴胡、板蓝根、陈皮、神曲、山楂等及其各种复合制剂（如泻痢停、肥猪散等）。中草药饲料添加剂的开发和应用可解决长期困扰畜牧业发展的抗生素残留问题，提高生产率，减少畜牧业对环境的污染。近年来，大蒜素作为一种极具潜力的饲用抗生素替代品，已开发作为畜禽饲料添加剂应用，具有助消化、抗菌、促生长、提高免疫力的功用。

（七）糖萜素

糖萜素是从油茶饼粕和茶籽饼粕中提取的，由糖类（30%）、三萜皂苷（30%）和有机酸组成的天然生物活性物质。糖萜素饲料添加剂所含的生物活性物质能增强机体非特异性免疫反应，起到防御病原微生物感染的作用，从而提高畜禽的健康状况。同时，协同增强特异性免疫效果，加强细胞免疫和体液免疫，提高疫苗免疫效果，延长免疫时间，起到免疫增强剂的作用;提高治疗效果,缩短治疗和康复的时间;减少物质和能量消耗,有利于提高畜禽生产性能。糖萜素饲料添加剂所含的生物活性物质还具有镇静、止痛、解热、镇咳和消炎的作用,能调节体内环境平衡,降低机体对应激的敏感性,同时具有免疫调节作用。此外,糖萜素还可以促进动物生长,提高日增重及饲料转化率。

(八)生物活性肽

研究发现,肽是动物所必需的一种营养素,特别是在蛋白质肽中,许多具有特殊的生物活性。如今人们对生物活性肽及其营养生物学意义有了进一步的认识。肽的营养生物学功能有以下几个方面。

1.小肽可提高蛋白质合成

试验证明,循环中的小肽能直接参与组织蛋白质的合成。大鼠细胞、牛乳腺表皮细胞以及羊肌源性卫星细胞均能有效利用含蛋氨酸的小肽作为氨基酸的来源,用于合成蛋白质和细胞增殖。Boza 研究表明,以寡肽形式为氮源时,整体蛋白质沉积高于相应氨基酸日粮或完整蛋白质日粮。

2.小肽可促进氨基酸的吸收

小肽本身对氨基酸或肽的转运有促进作用。Bamba 等报道,小肽作为肠腔的吸收底物,不仅增加刷状缘膜的氨基肽酶活性,而且提高二肽酶和氨基酸载体的活性和载体数量。游离氨基酸的吸收存在相互竞争的现象,如精氨酸和赖氨酸在吸收时相互竞争载体上的结合位点而发生拮抗。施用晖等在研究不同比例小肽与游离氨基酸对鸡氨基酸吸收的影响时发现,当完全以小肽的形式供给动物时,赖氨酸的吸收速度不再受精氨酸的影响。

3.小肽可提高动物的生产性能

Carnie 等试验发现,饲粮中添加少量肽,可显著提高动物生产性能和饲料利用率。其提高生产性能的作用,不能仅仅从提供微量的氨基酸或增加蛋白质合成原料来解释。施用晖等报道,在蛋鸡基础日粮中添加肽制品后,蛋鸡的产蛋率、日产蛋量和饲料转化率显著提高,蛋壳强度有提高的倾向。王恬等报道,在仔猪日粮中添加小肽营养素,明显提高仔猪消化道食糜乳糖酶、淀粉酶、脂肪酶和胰蛋白酶的活性与生长性能。在奶牛日粮中添加小肽营养素后,奶牛头日平均产奶量可提高 6.5%以上,乳蛋白和乳脂率均有所提高。

4.小肽可提高矿物元素的吸收利用率

小肽可与钙、铁、锌、铜等矿物离子形成整合物保证其可溶性,有利于机体的吸收。

5.小肽可提高动物机体的免疫力

Jolle 研究表明,酪蛋白水解产生的三肽和六肽可促进体外腹膜内巨噬细胞的吞噬作用。Pau—eugene 等发现,乳铁蛋白及其肽影响新生仔畜的肠道免疫活性。

6.小肽的其他生理作用

小肽作为生理调节物可在动物的消化代谢中起着非常重要的作用,可能通过参与神经、体液调节,发挥与内源活性肽相同的功能。

(九)复合绿色饲料添加剂

复合绿色饲料添加剂是将上述饲料添加剂中的 2 种或多种按一定比例,经特殊工艺加工而成的具有较强抗病、促生长作用的一类绿色饲料添加剂,如由多种酶和多种有益微生物制成的加酶益生素、寡糖益生素等。

由于绿色饲料添加剂具有显著的抗病、促生长作用,而且具有毒副作用小、药物残留量低、无耐药性等优点，随着绿色饲料添加剂研究的进一步深入，尤其是新一代广谱、高效复合绿色饲料添加剂的研制，绿色饲料添加剂必将替代抗生素、激素等饲料添加剂而更加广泛地应用于养殖业生产中。因此，开发绿色饲料添加剂具有广阔的发展前景。

二、绿色食品饲料和饲料添加剂使用准则

《绿色食品　畜禽饲料及饲料添加剂使用准则》(NY/T 471—2010)的全文如下。

1　范围

本标准规定了生产绿色食品　畜禽产品允许使用的饲料和饲料添加剂的基本要求、使用原则的基本准则。

本标准适用于生产A级和AA级绿色食品　畜禽产品生产过程中饲料和饲料添加剂的使用。

2　规范性引用文件

下列文件对于本文件的应用是必不可少的。凡是注日期的引用文件，仅注日期的版本适用于本文件。凡是不注日期的引用文件，其最新版本(包括所有的修改单文件)适用于本文件。

GB/T 10647　饲料工业术语

GB/T 13078　饲料卫生标准

GB/T 16764　配合饲料企业卫生规范

GB/T 19424　天然植物饲料添加剂通则

NY/T 393　绿色食品　农药使用准则

NY/T 915　饲料用水解羽毛粉

中华人民共和国国务院2001第327号令　《饲料和饲料添加剂管理条例》

中华人民共和国农业部公告第977号(2008)　《单一饲料产品目录》

中华人民共和国农业部公告第1126号(2008)　《饲料添加剂品种目录》

中华人民共和国农业部公告第1224号(2009)　《饲料添加剂安全使用规范》

3　术语和定义

GB/T 10647确立的以及下列术语和定义适用于本标准。

3.1　天然植物饲料添加剂　natural plant feed additive

以一种或多种天然植物全株或其部分为原料，经物理提取或生物发酵法加工，具有营养、促生长、提高饲料利用率和改善动物产品品质等功效的饲料添加剂。

4　基本要求

4.1　质量要求

4.1.1　饲料和饲料添加剂应符合单一饲料、饲料添加剂、配合饲料、浓缩饲料和添加剂预混合产品质量标准的规定。其中，单一饲料应符合《单一饲料产品目录》的要求，

4.1.2　饲料添加剂和添加剂预混合饲料应来源于有生产许可证的企业，并且具有产品标准及其文号。

进口饲料和饲料添加剂应具有进口产品许可证及配套的质量检验手段，并应为经进出检验检疫部门鉴定合格的产品。

4.1.3　感官要求。具有该饲料应有的色泽、气味及组织形态特征，质地均匀，无发

霉、变质、结块、虫蛀及异味、异物。

4.1.4　配合饲料应营养全面，各营养素间相互平衡。

4.2　卫生要求

4.2.1　饲料和饲料添加剂的卫生指标应符合 GB 13078 的规定，且使用中符合 NY/T 393 的要求。

4.2.2　饲料用水解羽毛粉应符合 NY/T 915 的要求。

5　使用原则

5.1　饲料原料

5.1.1　饲料原料可以是已经通过认定的绿色食品；也可以是来源于绿色食品标准化生产基地的产品；或经绿色食品工作机构认定、按照绿色食品生产方式生产、达到绿色食品标准的自建基地生产的产品。

5.1.2　不应使用转基因方法生产的饲料原料。

5.1.3　不应使用以哺乳类动物为原料的动物性饲料产品（不包括乳及乳制品）饲喂反刍动物。

5.1.4　遵循不使用同源动物源性饲料的原则。

5.1.5　不应使用工业合成的油脂。

5.1.6　不应使用畜禽粪便。

5.1.7　生产 AA 级绿色食品　畜禽产品的饲料原料，除须满足上述要求外，还应满足：

5.1.7.1　不应使用化学合成的生产资料作为饲料原料。

5.1.7.2　原料生产过程应使用有机肥、种植绿肥、作物轮作、生物或物理方法等技术培肥土壤、控制病虫草害、保护或提高产品品质。

5.2　饲料添加剂

5.2.1　饲料添加剂品种应是《饲料添加剂品种目录》中所列的饲料添加剂和允许进口的饲料添加剂品种，或是农业部公布批准使用的饲料添加剂品种，但附录 A 中所列的饲料添加剂品种除外。

5.2.2　饲料添加剂的性质、成分和使用量应符合产品标签说明。

5.2.3　矿物质饲料添加剂的使用按照营养需要量添加，尽量减少对环境的污染。

5.2.4　不应使用任何药物饲料添加剂。

5.2.5　天然植物饲料添加剂应符合 GB/T 19424 的要求。

5.2.6　化学合成维生素、常量元素、微量元素和氨基酸在饲料中的推荐量以及限量参考《饲料添加剂安全使用规范》的规定。

5.2.7　生产 AA 级绿色食品　畜禽产品的饲料添加剂，除须满足上述要求外，还不应使用化学合成的饲料添加剂。

5.3　加工、贮存和运输

5.3.1　饲料企业的工厂设计与设施卫生、工厂卫生管理和生产过程的卫生应符合 GB/T 16764 的要求。

5.3.2　在配料和混合生产过程中，严格控制其他物质的污染。

5.3.3　生产绿色食品的饲料和饲料添加剂的加工、贮存、运输全过程都应与非绿色食品饲料严格区分管理。

5.3.4 贮存中不应使用任何化学合成的药物毒害虫鼠。

附录 A

(规范性附录)

生产绿色食品 畜禽产品禁止使用的饲料添加剂品种

种类	品种[a]	备注
矿物元素及络(螯)合物	稀土(铈和镧)壳糖胺螯合盐	
非蛋白氮	尿素、碳酸氢铵、硫酸铵、液氨、磷酸二氢铵、磷酸氢二铵、缩二脲、异丁叉二脲、磷酸脲	反刍动物也不应使用
抗氧化剂	乙氧基喹啉、二丁基羟基甲苯(BHT)、丁基羟基茴香醚(BHA)	
防腐剂	苯甲酸、苯甲酸钠	
着色剂	各种人工合成的着色剂	
调味剂和香料	各种人工合成的调味剂和香料	
黏结剂、抗结块剂和稳定剂	羟甲基纤维素钠、聚氧乙烯 20 山梨醇酐单油酸酯、聚丙烯酸钠	

[a] 本表所列饲料添加剂品种,以及不在《饲料添加剂品种目录》中的饲料添加剂品种均不允许在绿色食品畜禽产品生产中使用。

三、绿色食品畜禽养殖中药物残留与控制

(一)药物残留的原因

1.预防动物阶段性疾病

对鸡等陆生禽类的雏白痢(0～20 日龄)、球虫病(7～60 日龄)、蛔虫病(60 日龄后)的雏鸡 3 大疾病的预防所使用的针对性药物(如氨丙啉、氯羟吡啶、球痢灵、盐霉素等)以及抗生素(如四环素族、呋喃唑酮等),可造成药物残留。

2.促生长和提高饲料效益

属于此类的药物多为抗生素,大部分来自微生物生产的抗生素,也有化学合成的,如磺胺类、有机酮类。抗生素除可治疗许多病原微生物引起的感染性疾病外,有些还能刺激动物和农作物的生长。这些药物可能导致药物残留。

3.增加动物性食品的色泽

例如,为增加鸡蛋黄、壳色等而使用促进色素沉积的阿散酸、洛克沙胂、土霉素等制剂,可导致药物残留。

4.缓解应激

对某些动物选用金霉素或土霉素等来缓解应激,可导致药物残留。

5.环境污染源

环境污染可导致药物残留。

6.观念问题

饲养者缺乏控制药残的观念,或对其认识不足,造成用药不当,导致药物残留。

兽药使用不合理,动物饲料中长期添加各种药物添加剂,动物性产品遭受兽药和各种添加剂的污染等原因,使动物产品中的药物残留问题日趋突出。针对这些情况,绿色畜产品生产要在严格执行兽医综合性防治措施和生物安全措施的基础上,通过监测和控制兽药、农药、饲料添加剂等有害物质的残留,全面改善饲养管理与环境控制措施,生产出无公害、无污染的绿色安全动物性产品。

(二)药物残留的危害

药物残留不仅可直接对人体产生急性毒性作用或慢性毒性作用,而且促使细菌产生耐药性,造成严重的公共卫生安全问题。同时,残留的药物还可以通过污染环境和食物链的作用间接对人体健康造成潜在危害。

1.过敏反应

长时间应用某些抗生素(如青霉素、磺胺类等)会在动物体内残留,人食用后就会出现过敏反应。国内外都有饮用含抗生素乳而引起过敏性皮炎的报道。引起人过敏反应发生的残留药物主要有青霉素类、四环素类、磺胺类和某些氨基糖苷类药物,其中以青霉素类引起的过敏反应最为常见。过敏反应的症状多种多样,轻者引起皮肤瘙痒和荨麻疹,重者引起急性水肿和休克,最严重的过敏患者甚至会死亡。

2.产生抗药性

由于动物和人类普遍应用抗生素,动物在反复接触某种抗菌药物情况下,动物体内的耐药菌株可通过人的食入而传播给人,给人在感染性疾病的治疗上造成困难。

3.急性毒性作用和慢性毒性作用

如果一次摄入动物性食品中残留药物的量过大,就会出现急性中毒反应,如瘦肉精(盐酸克伦特罗)中毒。一般药物残留浓度很低,人们的食用数量有限,大多数药物并不会由于残留而引起急性中毒作用,但许多添加剂都有一定的毒性,如果长期食用含有这些药物的动物性食品就有可能产生慢性中毒。

4.对人类胃肠道微生物的影响

人体肠道内寄生着大量的有益菌群,如果长期与动物性食品中低剂量的抗菌药物残留接触,就会抑制或杀灭敏感菌,而耐药菌或条件性致病菌大量繁殖,菌群平衡遭到破坏,使机体易发感染性疾病。

5.“三致”作用

现已证明,许多兽药或抗生素都有一定的毒性,有的还具有致畸、致癌、致突变(称为“三致”)的作用。例如,砷制剂、硝基呋喃类、雌激素等都具有致癌作用,氯霉素引起再生障碍性贫血,氨基糖苷类有较强的肾毒,盐酸克伦特罗引起人心慌、心悸,磺胺类破坏人的造血系统,苯丙咪唑类药引起人体细胞染色体突变和致畸,大量的磺胺二甲嘧啶引起大鼠甲状腺癌和肝F癌,已烯雌酚类引起女性早熟和男性女性化等。

6.破坏生态环境

随着养殖业发展，由于大量使用抗菌剂、杀虫剂、消毒剂和各种促生长剂、微量元素等，这些药物及其代谢产物在环境中能维持长时间的活性，对土壤微生物、水生生物和部分动植物产生不同程度影响，从而破坏生态环境平衡。按美国食品药品监督管理局(Food and Drug Administration，FDA)使用砷制剂标准，1 个万头猪场使用砷添加剂，经 5～8 年，可向周边排放 1 t 砷。

(三)控制药物残留的措施

针对目前国内外动物及动物性产品中的药物残留问题，应采取如下控制对策。

1.加强畜禽饲养管理

根据不同畜禽的不同生长阶段，加强饲养管理，提高畜禽的机体抵抗能力，防止畜禽发生疾病，减少用药机会。

2.加强兽医卫生管理

要加强饲养畜禽的兽医卫生管理工作，搞好圈舍卫生，改善畜禽的生存环境。要及时清除和处理粪便，更换垫草，清洁圈舍，定期消毒，保持畜体卫生。畜禽饲养场要符合动物防疫要求，其选址、设计应选择无工业污染、环境安静之处，防止工业废水、废气、废渣和噪声对畜禽的侵害；其建设要标准化设计和施工，做到地面硬化、粪便易除、光线充足、通风良好、能防暑防寒。

3.预防畜禽发生疾病

要坚持预防为主的原则，使用科学的免疫程序、用药程序、消毒程序、病畜禽处理程序，搞好消毒、驱虫等工作。有的畜禽传染病只能早期预防，不能治疗，要做到有计划、有目的适时使用疫(菌)苗进行预防，及时搞好疫(菌)苗的免疫注射，搞好疫情监测。防止畜禽发生疫病，避免动物发病用药，确保畜禽及其产品健康安全无残留。

4.及时淘汰患病畜禽

一旦畜禽发病，就要及早淘汰病畜禽。必要时可添加作用强、代谢快、毒副作用小、残留量低的非人用药品和添加剂，或以生物学制剂作为治病的药品，控制畜禽疾病的发生发展。发生传染病时要根据实际情况及时采取隔离、扑杀等措施，以防疫情扩散。

5.使用安全无毒药物

要坚持治疗为辅的原则，需要治疗时，在治疗过程中，要做到合理用药、科学用药、对症下药、适度用药，只能使用通过认证的兽药和饲料厂生产的产品，避免产生药物残留、中毒等不良反应。尽量使用高效、低毒、无公害、无残留的绿色兽药，不得滥用。

6.兽医指导规范用药

确有疾病发生时，治疗用药要在兽医人员指导下规范使用，不得私自用药。用药必须有兽医的处方，处方上的每种药都必须标明休药期，饲养过程的用药必须有详细的记录。要了解兽药的常识，要选择成本低、效果好、副作用小的兽药，如生物制剂的疫(菌)苗等。选择正规和信誉度较好的兽药生产单位的产品，了解兽药的有效成分、作用、用途和注意事项，针对畜禽病情、病因，准确用药。

7.要有用药情况记录

要对免疫情况、用药情况及饲养管理情况进行详细登记，必须按照兽药的使用对象、使用期限、使用剂量、休药期等规定严格使用兽药。遵守用药规定，及时停药。必须填写“用药登记”,其内容至少包括用药名称、用药方式、剂量、停药日期,并将处方保留 5 年作证。

8.切忌使用禁用药物

饲养绿色食品畜禽产品生产过程中要严格用药管理,严格执行国家有关饲料和兽药管理的规定,严禁在饲养过程中使用国家明令禁止、世界卫生组织禁止使用的所有药物(如己烯雌酚、盐酸克伦特罗、氯霉素等),不得将人畜共用的抗菌药物作饲料添加剂使用,宰前按规定停药。对允许使用的药物要按要求使用,并严格遵守休药期的规定。

9.正确使用畜禽饲料

要按照不同畜禽、不同的生长阶段,正确使用畜禽饲料。要饲喂绿色饲料,保证原料安全,要保证所选作饲料的作物无残毒。要应用微生态制剂、低聚糖、酶制剂、酸制剂、防腐剂、中草药等绿色添加剂。不应将含药的前中期饲料错用于动物饲养后期,不得将成药或原药膏作拌料使用。不得在饲料中自行再添加药物或含药饲料添加物。

10.定期进行药物残留监测

在畜禽饲养的整个过程中,要定期对水样、饲料、畜禽粪便、血样及有关样品进行药物残留监测,及时掌握用药情况,以便正确采取措施,控制药物残留。

11.按时停止使用药物

要遵守药物的停药期。要按照有关规定要求,根据药物及其药期的不同,在畜禽出栏或屠宰前,或其产品上市前及时停药,以避免残留药物污染畜禽及其产品,进而影响人体健康。

12.适时出栏安全上市

饲养畜禽,要做到适时出栏安全上市。必须在规定停药期后,有条件的要取得当地兽药管理部门发放的《畜禽产品兽药残留检验合格证》方可出栏。在休药期未到时,不得出售畜禽供人食用。

在实际生产中要做到:畜禽免疫注射死苗 7 d 后无并发症才能屠宰食用,免疫注射活苗 21 d 后无并发症才能屠宰食用;应用抗生素、磺胺药治疗疾病的畜禽,其肉、奶在停药 3 d 以上才能食用,如喂含砷饲料,其肉、奶要停喂 5 d 以上才可食用。

总之,只有采取适合我国国情,严格遵照《绿色食品　兽药使用准则》(NY/T 472—2013),禁止使用滞留性强且有毒的药物。对限制使用的药物,严格执行科学规定的畜禽出栏前的休药期,特别注意防止抗生素、激素类药物和合成类驱虫剂的滥用,才能从根本上解决药物的残留及对人体的危害问题。

四、绿色食品兽药使用准则

《绿色食品　兽药使用准则》(NY/T 472—2013)全文如下。

1　范围

本标准规定了绿色食品生产中兽药使用的术语和定义、基本原则、生产 AA 级和 A 级绿色食品的兽药使用原则。

本标准适用于绿色食品畜禽及其产品的生产与管理。

2　规范性引用文件

下列文件对于本文件的应用是必不可少的。凡是注日期的引用文件,仅注日期的版本适用于本文件。凡是不注日期的引用文件,其最新版本(包括所有的修改单)适用于本文件。

GB/T 19630.1　有机产品　第1部分:生产

NY/T 391　绿色食品　产地环境质量

兽药管理条例

畜禽标识和养殖档案管理办法

中华人民共和国农业部　中华人民共和国兽药典

中华人民共和国农业部　兽药质量标准

中华人民共和国农业部　兽用生物制品质量标准

中华人民共和国农业部　进口兽药质量标准

中华人民共和国农业部公告　第235号　动物性食品中兽药最高残留限量

中华人民共和国农业部公告　第278号　兽药停药期规定

3　术语和定义

下列术语和定义适用于本文件。

3.1　AA级绿色食品　AA grade green food

产地环境质量符合NY/T 391的要求,遵照绿色食品生产标准生产,生产过程中遵循自然规律和生态学原理,协调种植业和养殖业的平衡,不使用化学合成的肥料、农药、兽药、渔药、添加剂等物质,产品质量符合绿色食品产品标准,经专门机构许可使用绿色食品标志的产品。

3.2　A级绿色食品　A grade green food

产地环境质量符合NY/T 391的要求,遵照绿色食品生产标准生产,生产过程中遵循自然规律和生态学原理,协调种植业和养殖业的平衡,限量使用限定的化学合成生产资料,产品质量符合绿色食品产品标准,经专门机构许可使用绿色食品标志的产品。

3.3　兽药　veterinary drug

用于预防、治疗、诊断动物疾病,或者有目的地调节动物生理机能的物质。包括化学药品、抗生素、中药材、中成药、生化药品、血清制品、疫苗、诊断制品、微生态制剂、放射性药品、外用杀虫剂和消毒剂等。

3.4　微生态制剂　probiotics

运用微生态学原理,利用对宿主有益的微生物及其代谢产物,经特殊工艺将一种或多种微生物制成的制剂。包括植物乳杆菌、枯草芽孢杆菌、乳酸菌、双歧杆菌、肠球菌和酵母菌等。

3.5　消毒剂　disinfectant

用于杀灭传播媒介上病原微生物的制剂。

3.6　产蛋期　egg producing period

禽从产第一枚蛋至产蛋周期结束的持续时间。

3.7　泌乳期 duration of lactation

乳畜每一胎次开始泌乳到停止泌乳的持续时间。

3.8　休药期　withdrawal time;withholding time

停药期从畜禽停止用药到允许屠宰或其产品(乳、蛋)许可上市的间隔时间。

3.9　执业兽医　licensed veterinarian

具备兽医相关技能,取得国家执业兽医统一考试或授权具有兽医执业资格,依法从事动物诊疗和动物保健等经营活动的人员。包括执业兽医师、执业助理兽医师和乡村兽医。

4　基本原则

4.1　生产者应供给动物充足的营养，应按照 NY/T 391 提供良好的饲养环境，加强饲养管理，采取各种措施以减少应激，增强动物自身的抗病力。

4.2　应按《中华人民共和国动物防疫法》的规定进行动物疾病的防治，在养殖过程中尽量不用或少用药物；确需使用兽药时，应在执业兽医指导下进行。

4.3　所用兽药应来自取得生产许可证和产品批准文号的生产企业，或者取得进口兽药登记许可证的供应商。

4.4　兽药的质量应符合《中华人民共和国兽药典》、《兽药质量标准》、《兽用生物制品质量标准》、《进口兽药质量标准》的规定。

4.5　兽药的使用应符合《兽药管理条例》和《兽药停药期规定》等有关规定，建立用药记录。

5　生产 AA 级绿色食品的兽药使用原则

按 GB/T 19630.1 的规定执行。

6　生产 A 级绿色食品的兽药使用原则

6.1　可使用的兽药种类

6.1.1　优先使用第 5 章中生产 AA 级绿色食品所规定的兽药。

6.1.2　优先使用《动物性食品中兽药最高残留限量》中无最高残留限量(MRLs)要求或《兽药停药期规定》中无休药期要求的兽药。

6.1.3　可使用国务院兽医行政管理部门批准的微生态制剂、中药制剂和生物制品。

6.1.4　可使用高效、低毒和对环境污染低的消毒剂。

6.1.5　可使用附录 A 以外且国家许可的抗菌药、抗寄生虫药及其他兽药。

6.2　不应使用药物种类

6.2.1　不应使用附录 A 中的药物以及国家规定的其他禁止在畜禽养殖过程中使用的药物；产蛋期和泌乳期还不应使用附录 B 中的兽药。

6.2.2　不应使用药物饲料添加剂。

6.2.3　不应使用酚类消毒剂，产蛋期不应使用酚类和醛类消毒剂。

6.2.4　不应为了促进畜禽生长而使用抗菌药物、抗寄生虫药、激素或其他生长促进剂。

6.2.5　不应使用基因工程方法生产的兽药。

6.3　兽药使用记录

6.3.1　应符合《畜禽标识和养殖档案管理办法》规定的记录要求。

6.3.2　应建立兽药入库、出库记录，记录内容包括药物的商品名称、通用名称、主要成分、生产单位、批号、有效期、贮存条件等。

6.3.3　应建立兽药使用记录，包括消毒记录、动物免疫记录和患病动物诊疗记录等。其中，消毒记录内容包括消毒剂名称、剂量、消毒方式、消毒时间等；动物免疫记录内容包括疫苗名称、剂量、使用方法、使用时间等；患病动物诊疗记录内容包括发病时间、症状、诊断结论以及所用的药物名称、剂量、使用方法、使用时间等。

6.3.4 所有记录资料应在畜禽及其产品上市后保存2年以上。

附录A

（规范性附录）

生产A级绿色食品不应使用的药物

生产A级绿色食品不应使用表A.1所列的药物。

表A.1 生产A级绿色食品不应使用的药物目录

序	种类		药物名称	用途
1	β-受体激动剂类		克仑特罗(clenbuterol)、沙丁胺醇(salbutamol)、莱克多巴胺(ractopamine)、西马特罗(cimaterol)、特布他林(terbutaline)、多巴胺(dopamine)、班布特罗(bambuterol)、齐帕特罗(zilpaterol)、氯丙那林(clorprenaline)、马布特罗(mabuterol)、西布特罗(cimbuterol)、溴布特罗(brombuterol)、阿福特罗(arformoterol)、福莫特罗(formoterol)、苯乙醇胺A(phenylethanolamine A)及其盐、酯及制剂	所有用途
2	激素类	性激素类	己烯雌酚(diethylstilbestrol)、己烷雌酚(hexestrol)及其盐、酯及制剂	所有用途
			甲基睾丸酮(methyltestosterone)、丙酸睾酮(testosterone propionate)、苯丙酸诺龙(nandrolone phenylpropionate)、雌二醇(estradiol)、戊酸雌二醇(estradiol valcrate)、苯甲酸雌二醇(estradiol benzoate)及其盐、酯及制剂	促生长
		具雌激素样作用的物质	玉米赤霉醇类药物(zeranol)、去甲雄三烯醇酮(trenbolone)、醋酸甲孕酮(mengestrol acetate)及制剂	所有用途
3	催眠、镇静类		安眠酮(methaqualone)及制剂	所有用途
			氯丙嗪(chlorpromazine)、地西泮(安定，diazepam)及其盐、酯及制剂	促生长
4	抗菌药类	氨苯砜	氨苯砜(dapsone)及制剂	所有用途
		酰胺醇类	氯霉素(chloramphenicol)及其盐、酯[包括琥珀氯霉素(chloramphenicol)]及制剂	所有用途
		硝基呋喃类	呋喃唑酮(furazolidone)、呋喃西林(furacillin)、呋喃妥因(nitrofurantoin)、呋喃它酮(furaltadone)、呋喃苯烯酸钠(nifurstyrenate sodium)及制剂	所有用途

续表

序	种　类		药物名称	用　途
4	抗菌药类	硝基化合物	硝基酚钠(sodium nitrophenolate)、硝呋烯腙(nitrovin)及制剂	所有用途
		磺胺类及其增效剂	磺胺噻唑(sulfathiazole)、磺胺嘧啶(sulfadiazine)、磺胺二甲嘧啶(sulfadimidine)、磺胺甲恶唑(sulfamethoxazole)、磺胺对甲氧嘧啶(sulfamethoxydiazine)、磺胺间甲氧嘧啶(sulfamonomethoxine)、磺胺地索辛(sulfadimethoxine)、磺胺喹恶啉(sulfaquinoxaline)、三甲氧苄氨嘧啶(trimethoprim)及其盐和制剂	所有用途
		喹诺酮类	诺氟沙星(norfloxacin)、氧氟沙星(ofloxacin)、培氟沙星(pefloxacin)、洛美沙星(lomefloxacin)及其盐和制剂	所有用途
		喹恶啉类	卡巴氧(carbadox)、喹乙醇(olaquindox)、喹烯酮(quinocetone)、乙酰甲喹(mequindox)及其盐、酯及制剂	所有用途
		抗生素滤渣	抗生素滤渣	所有用途
5	抗寄生虫类	苯并咪唑类	噻苯咪唑(thiabendazole)、阿苯咪唑(albendazole)、甲苯咪唑(mebendazole)、硫苯咪唑(fenbendazole)、磺苯咪唑(oxfendazole)、丁苯咪唑(parbendazole)、丙氧苯咪唑(oxibendazole)、丙噻苯咪唑(CBZ)及制剂	所有用途
		抗球虫类	二氯二甲吡啶酚(clopidol)、氨丙啉(amprolini)、氯苯胍(robenidine)及其盐和制剂	所有用途
		硝基咪唑类	甲硝唑(metronidazole)、地美硝唑(dimetronidazole)、替硝唑(tinidazole)及其盐、酯及制剂等	促生长
		氨基甲酸酯类	甲奈威(carbaryl)、呋喃丹(克百威,carbofuran)及制剂	杀虫剂
		有机氯杀虫剂	六六六(BHC)、滴滴涕(DDT)、林丹(丙体六六六,lindane)、毒杀芬(氯化烯,camahechlor)及制剂	杀虫剂
		有机磷杀虫剂	敌百虫(trichlorfon)、敌敌畏(dichlorvos)、皮蝇磷(fenchlorphos)、氧硫磷(oxinothiophos)、二嗪农(diazinon)、倍硫磷(fenthion)、毒死蜱(chlorpyrifos)、蝇毒磷(coumaphos)、马拉硫磷(malathion)及制剂	杀虫剂
		其他杀虫剂	杀虫脒(克死螨,chlordimeform)、双甲脒(amitraz)、酒石酸锑钾(antimony potassium tartrate)、锥虫胂胺(tryparsamide)、孔雀石绿(malachite green)、五氯酚酸钠(pentachlorophenol sodium)、氯化亚汞(甘汞,calomel)、硝酸亚汞(mercurous nitrate)、醋酸汞(mercurous acetate)、吡啶基醋酸汞(pyridyl mercurous acetate)	杀虫剂

续表

序	种 类	药物名称	用 途
6	抗病毒类药物	金刚烷胺(amantadine)、金刚乙胺(rimantadine)、阿昔洛韦(aciclovir)、吗啉(双)胍(病毒灵)(moroxydine)、利巴韦林(ribavirin)等及其盐、酯及单、复方制剂	抗病毒
7	有机胂制剂	洛克沙胂(roxarsone)、氨苯胂酸(阿散酸,arsanilic acid)	所有用途

附录B

(规范性附录)

产蛋期和泌乳期不应使用的兽药

产蛋期和泌乳期不应使用表B.1所列的兽药。

表B.1 产蛋期和泌乳期不应使用的兽药目录

生长阶段	种 类		兽药名称
产蛋期	抗菌药类	四环素类	四环素(tetracycline)、多西环素(doxycycline)
		青霉素类	阿莫西林(amoxycillin)、氨苄西林(ampicillin)
		氨基糖苷类	新霉素(neomycin)、安普霉素(apramycin)、越霉素A(destomycin a)、大观霉素(spectinomycin)
		磺胺类	磺胺氯哒嗪(sulfachlorpyridazine)、磺胺氯吡嗪钠(sulfachlorpyridazine sodium)
		酰胺醇类	氟苯尼考(florfenicol)
		林可胺类	林可霉素(lincomycin)
		大环内酯类	红霉素(erythromycin)、泰乐菌素(tylosin)、吉他霉素(kitasamycin)、替米考星(tilmicosin)、泰万菌素(tylvalosin)
		喹诺酮类	达氟沙星(danofloxacin)、恩诺沙星(enrofloxacin)、沙拉沙星(sarafloxacin)、环丙沙星(ciprofloxacin)、二氟沙星(difloxacin)、氟甲喹(flumequine)
		多肽类	那西肽(nosiheptide)、黏霉素(colimycin)、恩拉霉素(enramycin)、维吉尼霉素(virginiamycin)
		聚醚类	海南霉素钠(hainan fosfomycin sodium)
	抗寄生虫类		二硝托胺(dinitolmide)、马杜霉素(madubamycin)、地克珠利(diclazuril)、氯羟吡啶(clopidol)、氯苯胍(robenidine)、盐霉素钠(salinomycin sodiun)

续表

生长阶段	种类		兽药名称
泌乳期	抗菌药类	四环素类	四环素(tetracycline)、多西环素(doxycycline)
		青霉素类	苄星邻氯青霉素(benzathine cloxacillin)
		大环内酯类	替米考星(tilmicosin)、泰拉霉素(tulathromycin)
	抗寄生虫类		双甲脒(amitraz)、伊维菌素(ivermectin)、阿维菌素(avermectin)、左旋咪唑(levamisole)、奥芬达唑(oxfendazole)、碘醚柳胺(rafoxanide)

第四节　绿色食品畜禽养殖技术

一、绿色食品畜禽品种选择

绿色食品畜禽品种除了有较快的生长速度,还应考虑对疾病的抗御能力,因此尽量选择适应当地自然环境、抗逆性强的优良畜禽品种。畜禽品种要从无病害的种畜(禽)场选择健壮的动物购入,经过检疫,使用清洁的运输工具和合理的方式运到饲养场。另外,畜禽品种的选择还应充分考虑饲养地的饲料供应、气候、饲养管理水平等因素,不使用转基因动物品种。

二、影响绿色食品畜禽产品质量的因素

(一)饲料和饲料添加剂

饲料因素中影响绿色食品畜禽产地质量的因素最主要的有以下几方面:①饲料原料中使用转基因植物;②使用霉变发芽的原料,导致细菌严重超标;③饲料添加剂使用不当或控制不准,造成有毒有害物超量或蓄积;④天然放射性或人为放射性污染物通过污染饲料进入动物体引起肿瘤或恶变;⑤污染的水源被畜禽饮用造成的影响。为了确保绿色食品畜禽产品的质量,所用饲料添加剂和添加剂预混料必须来自有生产许可证的企业,并且具有企业标准、行业标准或国家标准、产品批准文号;进口饲料和饲料添加剂必须经过登记或与之有关的配套检验证明。在使用饲料原料时,要做到使用绿色食品及其副产品,禁止使用以哺乳类动物为原料的动物性饲料产品饲喂反刍动物,禁止使用工业合成油脂和畜禽粪便,禁止使用药物性饲料添加剂。

(二)兽药和疫苗

兽药主要有抗生素、磺胺类药物、生长促进剂及各种激素类制品,这些药品残留于动物体内已成为人类健康的隐患,也成为动物性食品绿色认证、出口创汇的主要障碍。因此,开发绿色畜禽产品必须严格执行《绿色食品　兽药使用准则》(NY/T 472—2013)所规定的绿色动物性食品允许使用的兽药种类、剂型、使用对象、停药期及禁止使用的兽药种类。严格遵守《中华人民共和国动物防疫法》《中华人民共和国兽药典》《兽药生物制品质量标准》等有

关规定。

(三)环境因素

环境因素主要表现在两方面:一是饲草、饲料和饲料添加剂原料,如化肥、农药在植物中残留,工业“三废”对水质的污染等;二是养殖场本身所产生的粪尿废弃物对周围空气、水质、土壤等造成污染,进而对人和动物健康造成危害。

(四)加工、储藏、包装和运输

动物性产品具有易氧化、易酸败、保质期较短等特点,容易发生腐败现象。如果储藏或加工、运输不当,容易使产品遭受诸如细菌、微生物等污染,发生化学变化,从而使绿色动物性食品的质量受到影响,进而危及人类健康。

三、绿色食品畜禽产品生产技术

(一)自然放养

必须在无任何污染的自然条件下饲养畜禽。选择无工业废物和农药污染的地区,或空气、土壤、水源等环境指数均达标的地区,以自然放养方式饲养畜禽。

(二)休药期饲养

在自然条件下,通过添加对人体无害的生物制剂饲养畜禽。可采用休药期生产法,生产周期可分为两个阶段,第一阶段按常法饲养,第二阶段为休药期,在休药期内完全使用无污染、无残留、无公害的来自“绿色食品产地的饲料”。

(三)生态原理饲养

对畜禽生产中产生的有污染的易造成公害的粪尿和有机废水进行生态无害化处理,使畜禽的生存环境始终保持在无污染、无公害的生态平衡的环境中。可采取“中心畜牧场+粪便处理生态系统+废水净化处理生态系统”的人工生态畜牧场模式,利用粪便处理生态系统产生沼气,并对产生沼气过程中的产物直接或间接再利用。

(四)绿色饲料饲养

在整个饲养畜禽过程中,使用无污染、无残留、无公害的符合要求的绿色饲料,不使用有农药等物质污染的饲料,不使用有残留添加剂的饲料。

(五)生物安全措施

采用生物安全措施饲养畜禽,即采用全进全出的方法来切断病原在饲养场(户)内的传播。通过严格的制度,将病原隔离,每个养畜禽户(场)只养1个品种的畜禽。因为畜禽对疫病的抵抗力有种间差异,采用全进全出的饲养方法,可以有效地切断病原在养畜禽场(户)内的传播。

(六)加强环境管理

加强畜禽饲养户(场)的兽医卫生管理工作,创造适宜的生态环境,减少疾病的感染机会,切断疫病的传播途径,严格控制各种疾病的发生,保证畜禽健康成长。

(七)生态原理防病

在环境指数达标的地区或畜禽场,选择适宜的畜禽品种,在整个饲养过程中,采用无污染、无残留、无毒副作用的生物制剂作为促长添加剂和防病的药品,按规定不随意添加药物,并且严格遵守停药期,把药物残留量控制在安全残留量以下。

（八）控制畜禽疾病

在畜禽发病时，及早淘汰病畜禽；需要治疗时，要尽量使用高效、无毒、低残留的药物；在生产过程中，必要时可添加作用强、代谢快、毒副作用小、残留量低的药品和添加剂，或以生物制剂作为治病的药品，控制畜禽疾病的发生发展。

四、农村养殖户绿色食品畜禽产品生产技术要点

我国现在的养殖模式最显著的特点是面广、量大，分散的专业户占据较大的比重。由于养殖业范围广，环节多，控制产品质量的难度较大，因此要生产高质量、安全、无公害的绿色食品畜禽产品主要应从以下几个方面着手。

（一）选择好畜禽养殖场地

要在远离各类工厂、企业和人员流动频繁的地方，选择交通发达，与居民区有隔离带且处上风口的地方建造养殖场。要通过检测，确保养殖场所处位置大气质量、畜禽饮用水质、土壤都不含有毒有害物质，且不会受到来自其他方面污染源的侵害，从而为畜禽生长提供较好的环境。养殖场建设应按动物防疫等有关规定进行，场内生产区和生活区分开，畜禽饮水、消毒等配套设施符合标准，同时加强圈舍的温度和湿度调控设施的改善。

（二）购进符合绿色要求的优良幼畜、雏禽

农村广大养殖户在购进幼畜、雏禽时，不但要考察幼畜、雏禽的品种特性和品种质量，还要对种畜禽场的技术条件、生产环境、疫病流行等方面的情况做深入细致的考察，不可到近期发生过疫病的畜禽场引种，特别要注重考察是否具有畜牧主管部门颁发的《种畜禽生产经营许可证》，是否被主管部门认定为绿色产品生产基地。此外，引种前要向当地畜禽防疫部门报检，从而保证能购进无潜在带病毒和有害物质，并且生长发育好的畜禽。

（三）慎重购进畜禽饲料

畜禽生长所需要的浓缩料、全价料以及蛋白料，要从具有良好信誉的饲料生产厂家购进，要通过权威部门的绿色安全检测，确保无激素和其他有毒有害物质，确保畜禽生长期不受其侵害。各类谷物类原料（如玉米、大豆、豆粕等）要从具有良好种植习惯、用药残留小的绿色农产品生产基地购进。

（四）合理使用药物

要严格按照国家规定的药物使用范围和剂量标准使用抗生素、添加剂和其他兽药，不能超量使用抗生素。要根据畜禽生长发育各阶段的要求，严格执行停药期规定，确保畜禽体内药物残留能及时得到降解，不对人类健康和安全造成危害。当畜禽发病用药治疗时，养殖户应按规定合理用药。具体要做好以下4点：

（1）绝不使用农业农村部明令禁止的药物（如氯霉素、呋喃类等药物）。

（2）尽量少用化学合成药物，推广应用中草药制剂。

（3）应用化学合成药物时，应根据药物的半衰期间隔用药，以减少药物的残留和浪费。

（4）遵守畜禽休药期的有关规定。养殖户应按照畜禽的出栏、屠宰时间，在休药期应停止用药，以保证生产的畜禽产品达到无公害、绿色畜产品的标准。

（五）科学饲养管理

要根据不同时期、不同阶段，提供适合畜禽生产发育所需的温度、湿度、采光、通风以及空气质量，保证最佳的生长发育环境。要按照疫病免疫程序和操作规程，按时对各主要畜禽

疫病预防注射，及时测定抗体效价，加强免疫，确保无重大疫情的发生。要加强对畜禽的日常管理，减少畜禽疫病的发生率，减少抗生素等各类药物的使用数量。

（六）转变畜禽疫病治疗观念

要树立预防为主，防重于治的观念。畜禽疫病治疗要注意选用高效价、低残留的抗生素，严格控制使用时间和剂量，特别要注意配合应用寡聚糖、益生素、糖萜素、中草药饲料添加剂等新型安全的疾病综合防治药物和饲料添加剂，采用全方位的疾病防治措施，取代用抗生素治疗为主的疫病治疗方式。做好畜禽防疫工作是保障养殖业发展的关键，养殖户要加强科学饲养管理，定期消毒，严格防疫工作责任制；要根据当地疫情发生和流行的趋势，制定科学合理的免疫程序，并严格按照防疫技术规程操作，控制动物疫情的发生，确保畜禽的健康。

（七）发展生态畜牧业，实现畜牧业生产良性循环

畜禽粪便中含有大量氮、磷、有机悬浮物及致病菌，如果不妥善处理和利用，会对水质、空气、土壤造成严重的污染，甚至会引起疫病的蔓延和传播，给畜牧生产和人类健康带来威胁。要做好畜禽排泄物的高温发酵和其他无害化处理，避免其对环境的污染。有条件的养殖户，要利用畜禽粪便有机肥做好优质牧草的种植，以草促牧，减少畜禽排泄物对环境的危害，实现畜牧业生产的良性循环。

五、专业化、规模化养殖场绿色食品畜禽产品生产技术要点

专业化、规模化畜禽养殖场在养殖、饲料加工、疫病防治等方面除要严格遵守绿色食品畜禽产品生产要求外，在具体饲养管理中还应该注意以下几个方面。

（一）建立繁殖核心群，提高繁殖效率

从畜群中挑选优良的个体组成繁殖核心群，编号登记，健全档案制度，做好生产记录。每年进行群体的鉴定工作，选优汰劣，严格淘汰不符合的种用个体，及时进行核心群的更新。

（二）抓好幼年畜禽的培育

幼年畜禽对环境适应能力较弱，容易遭受外界环境不良因素影响而死亡。此外，畜禽幼年期生长迅速，增长很快，是生长发育的关键时期。对于哺乳家畜，要早喂初乳，以获得抗体，增强体质和抗病力；为锻炼消化机能，要及早补饲。对于雏禽，要创造理想的育雏条件，即合适的温度和湿度、全价的营养、良好的通风、适宜的光照、合理的密度。

（三）做好全年饲料供应计划

饲料是养殖场的物质基础，必须制订供应计划，做到全年均衡供应。生产绿色食品畜禽产品，使用饲料必须遵守《绿色食品　畜禽饲料及饲料添加剂使用准则》（NY/T 471—2010）。饲料供应计划制订的步骤和方法如下：①根据畜禽生产计划，确定各月畜禽饲养量；②结合当地实际，选择合适的饲料种类，要求来源广泛，价格便宜；③根据饲养标准，给畜禽配合最佳的日粮，由此计算出各月和全年的饲料需要量，并在标准量上加 20%；④根据全年各类饲料的需要量编制饲料供应计划。

（四）采用合理的饲养管理方式

在动物饲养过程中，实行全程质量控制。选用抗病力强的品种，尽最大可能为动物提供适宜的生活条件，使动物按照自身生活习性生活。提高动物自身福利待遇，尽最大可能减少因为饲养管理等因素给动物带来的应激，提高产品品质。对饲养管理人员，要进行系统的培

训，提高员工素质，保证按照要求严格执行各种规章制度。在饲养过程中实行分阶段饲养，科学投料。通过日粮营养调控，改善畜产品品质，延长货架期。使用清洁卫生的水源，确保饮水安全。根据疫情动态，制定切实可行的免疫防治措施，有计划、有步骤地控制动物疫病的发生，科学合理地使用国家规定的兽医药品，最大限度地降低动物用药量。定期进行舍内外环境和用具的消毒，做好动物排放物的无害化处理，采用一系列先进的粪便处理技术，保证动物生活的环境质量。

(五)商品畜禽适时出栏，加快畜群周转和资金流动

根据商品化畜禽的市场要求及畜禽生长发育规律和特点，选择适宜的出栏时间，以保证最佳的经济效益。

(六)重视屠宰加工环节，避免不必要的污染

在把好饲养关和饲料关后，屠宰加工环节同样十分重要。在屠宰前一定要进行严格的检疫，屠宰中、屠宰后要严格按照绿色食品生产规程要求进行。目前许多企业进行的危害分析的临界控制点(hazard analysis and critical control point，HACCP)质量认证，是保证屠宰环节安全的重要措施。为提高经济效益，许多企业对畜禽产品进行分割，按照分割部位定量进行包装，这个过程最容易造成污染。所以要严把质量关，制定合理的规章制度，严格按要求执行，切实提高质量。畜禽产品由于其特殊性，在加工过程中，同样要注意质量要求，尽量减少添加剂的应用，保证制品符合绿色食品要求。

(七)抓好流通关，确保安全到达消费者手中

流通环节是绿色食品生产的最后一个环节，因此运输、储存、销售等物流环节同样十分重要。要严格按照产品本身的质量要求，采取相应的保护措施，保证绿色食品畜禽产品安全到达消费者手中。

(八)实施标准化管理

企业标准化体系包括绿色食品标准化生产体系和企业标准化质量管理体系。前者包括制定各种产品的企业标准、质量管理手册、生产技术操作规程等，其核心是企业标准。后者包括企业应通过ISO9000、ISO14000族国际标准化质量体系认证及所建立的HACCP等管理体系。企业标准化体系的建设及应用是生产绿色食品畜禽产品的保证。

六、绿色食品动物卫生准则

《绿色食品　动物卫生准则》(NY/T 473—2001)全文如下。

1　范围

本标准规定了动物源绿色食品的动物卫生准则。

本标准适用于A级绿色食品动物的饲养、屠宰及其产品的加工、贮藏和运输。

2　规范性引用文件

下列文件中的条款通过本标准的引用而成为本标准的条文。凡是注日期的引用文件，其随后所有的修改单(不包括勘误的内容)或修订版均不适用于本部分，然而，鼓励根据本标准达成协议的各方研究是否可使用这些文件的最新版本。凡是不注明日期的引用文件，其最新版本适用于本标准。

GB 5749　生活饮用水卫生标准

GB 9691　食品包装用聚乙烯树脂卫生标准

GB 12694　肉类加工厂卫生规范

GB 13106　食品中锌限量卫生标准

GB 13457　肉类加工工业水污染物排放标准

GB 15199　食品中铜限量卫生标准

GB 15200　食品中铁限量卫生标准

GB 15201　食品中镉限量卫生标准

GB 2762　食品中汞限量卫生标准

GB 4810　食品中砷限量卫生标准

GB 14935　食品中铅限量卫生标准

GB 2707　猪肉卫生标准

GB 2708　牛肉、羊肉、兔肉卫生标准

GB 2710　鲜(冻)禽肉卫生标准

GB 16548　畜禽病害肉尸及其产品无害化处理规程

GB 16549　畜禽产地检疫规范

GB/T 5033　出口产品包装用瓦楞纸箱

GB/T 654　瓦楞纸箱

GB/T 16569　畜禽产品消毒规范

NY/T 388　畜禽场环境质量标准

NY/T 391　绿色食品　产地环境技术条件

NY/T 393　绿色食品　农药使用准则

NY/T 471　绿色食品　饲料及饲料添加剂使用准则

NY/T 472　绿色食品　兽药使用准则

中华人民共和国动物防疫法

动物性食品中兽药最高残留限量标准

3　定义

下列术语适用于本标准。

3.1　绿色食品　green food

同 NY/T 391 中 3.1。

3.2　A 级绿色食品　class A green food

同 NY/T 391 中 3.3。

3.3　动物　animal

人工饲养、合法捕获的活的哺乳动物和禽类，在有特别规定时也包括蚕、蜂和水产类等其他动物。

3.4　动物产品　animal product

来源于动物可供人食用的肉类、肉制品、胴体分割体、脏器、油脂、奶、奶制品、蛋、蛋制品、血、血制品、头、蹄、骨、皮、动物水产品等。

3.5　动物疫病　animal disease

动物的传染病和寄生虫病。

3.6　病原体　pathogen

能引起疾病的生物体，包括寄生虫和致病性微生物。

3.7　动物卫生　animal health

为确保人或动物对产品消费的安全、健康和卫生，在生产、加工、贮存、运输和销售过程中这些产品中应遵守的条件和措施。

3.8　动物防疫　animal epidemic prevention

指动物疫病的预防、控制和扑灭，以及动物、动物产品的检疫。

3.9　畜群　herd

同一饲养场的动物；或者虽不在同一个场，但可以在不采取卫生措施的条件下相互流动的动物群体。

3.10　禽群　flock

饲养在同一饲养场或由固体物分隔并具有单独通风系统的一组禽类。对于散养的禽类，则指共同出入一个或多个禽舍的一个群体，即同一建筑物中所有的禽只。

3.11　官方兽医　official veterinarian

由国家畜牧兽医行政管理部门授权的兽医，行使动物防疫监督或公共卫生监督，并在适当条件下签发动物卫生证书。

4　动物卫生准则

4.1　动物产地的卫生条件

4.1.1　产地环境质量必须符合 NY/T 391 的要求。

4.1.2　猪、禽饲养场所必须符合附录 A 和附录 B 的卫生要求，牛、羊、兔等动物的饲养场所的选址、设施设备和饲养管理条件可参照养猪卫生条件的有关规定执行，疫病监测和控制方案遵照《中华人民共和国动物防疫法》及其配套法规执行。

4.1.3　应按规定实施动物计划免疫和消毒，并使用法定的疫苗等生物制品及消毒剂。

4.1.4　使用饲料、饲料添加剂应符合 NY/T 471 的要求。

4.1.5　使用兽药应符合 NY/T 472 的要求。

4.1.6　畜群、禽群不得有附录 C 所列疫病。

4.1.7　动物离开饲养地前，应按 GB 16549 的规定实施产地检疫。

4.2　屠宰、加工过程中的动物卫生条件

4.2.1　屠宰、加工企业应符合附录 D、附录 E 规定的卫生要求。

4.2.2　动物屠宰的兽医卫生管理应按照附录 D 和附录 E 的要求实施。

4.2.3　动物产品应符合 GB 2707，或 GB 2708，或 GB 2710 标准，不得检出以下病原体：大肠杆菌 O157、李氏杆菌、布氏杆菌、肉毒梭菌、炭疽杆菌、囊虫、结核分枝杆菌、旋毛虫。

4.2.4　动物产品农药、兽药残留量应符合 NY/T 393 和 NY/T 472 的要求。

的要求。

4.2.5　动物产品重金属残留量应执行 GB 15199、GB l5200、GB 15201、GB 2762、GB 4810、GB 14935 和 GB 13106 的规定要求。

4.2.6　经检疫检验不合格的动物及动物产品应按照 GB 16548 的要求进行处理。

4.3 贮藏卫生条件

4.3.1 动物屠宰后的预冷、冷冻、冷藏应符合附录D和附录E的要求。

4.3.2 动物产品贮藏场所应符合附录D和附录E的要求。

4.4 运输卫生条件

4.4.1 运输动物及动物产品的工具在运输前和运输后必须实施消毒。

4.4.2 运输动物及动物产品应具有检疫证明，运输工具应具有消毒证明。

4.4.3 动物鲜肉的运输应符合附录D.12和附录E.13的规定。

附录A 养猪场卫生条件(略)

附录B 养禽场卫生条件(略)

附录C 畜、禽群不得患有的疾病名录(略)

附录D 家畜屠宰加工企业兽医卫生规范(略)

附录E 鲜家禽肉生产企业卫生规范(略)

第五节 绿色食品畜禽养殖的动物福利

一、动物福利的产生及发展

动物福利萌生于20世纪60年代初，是在集约化生产模式在世界各地刚刚开始流行的时代。我国是从20世纪80—90年代开始流行，各地出现了不少千头牛场、万头猪场和百万鸡场。高密度集约化生产规模大、产量高，短时间内解决了人们对畜禽产品的需求，同时也出现了许多新问题，如动物行为异常、疫病大规模暴发、产品质量低劣、环境恶化等。动物福利就是针对这些问题提出的。自1822年英国国会通过马丁提出的《禁止虐待家畜法案》以来，西欧各国保护动物理念的提出已有近200年的历史。到了20世纪80年代，欧洲联盟、美国、加拿大、澳大利亚等发达国家和组织及亚洲的一些国家和地区，先后进行了动物福利方面的立法，各种动物保护协会也纷纷建立起来。目前，世界上已有100多个国家建立了完善的动物福利法规，世界贸易组织中的规则也写入了动物福利的条款。

欧洲联盟是动物福利的积极倡导者，制定了保护动物福利的相对完善的法律法规，并有专门的机构负责监督执行。英国是最早制定《动物福利法》的国家，欧洲联盟成员国大都是以该法为基础，结合本国的实际情况制定符合自身的《动物福利法》。此后，欧洲联盟各国还制定了许多专门的法律，对保护动物福利的各个方面进行了详细、明确的规定。迄今为止，欧洲联盟关于动物福利的具体法规和标准已有几十项，涉及动物的饲养、运输、屠宰、实验等多个方面。德国还将保障动物作为生命存在的权利写入宪法，这是世界上第一个将动物权利写入宪法的国家。在各国政府加强立法的同时，一些民间动物保护组织也在为保护动物发挥重要的作用。国际爱护动物基金会(International Fun for Animal Welfare，IFAW)、英国防止虐待动物协会(Royal Society for the Prevention of Cruelty to Animals，RSPCA)、世界动物保护协会(World Society for the Protection of Animals，WSPA)、美国防止虐待动物协会(American Society for the Prevention of Cruelty to Animals，ASPCA)等众多民间组织都在为提高动物福利进行不懈的努力。据报道，很多国家对于动物福利都已有专门的立法，比如韩国就规定,养鸡场禁止 24 h 开灯助产,要保障鸡有 6 h 以上睡眠。美国的一位动物经销商就曾因为在卡车上运载动物过分拥挤而被逮捕。早在 1849 年,英国就通过了《防止虐待动物法》,禁止对动物进行殴打、虐待。我国未有正式官方文件进行动物福利立法。

二、动物福利的概念

动物福利是一个比较宽泛的概念,目前尚无统一的定义。1976 年,英国科学家 Hughs 将动物福利定义为动物与其生活环境协调一致,精神和生理完全健康的状态。2007 年,Shigeru 认为动物福利是一个社会学概念,它随着人们对动物观念的变化而变化,而且动物福利不能只追求动物身体的福利,也要关注其心理的福利。目前,国际公认的动物福利一般指动物(尤其是受人类控制的)不应受到不必要的痛苦,即使是供人用作食物、工作工具、友伴或研究需要。动物福利概念由 5 个基本要素组成:生理福利(即无饥渴之忧虑)、环境福利(也就是要让动物有适当的居所)、卫生福利(主要是减少动物的伤病)、行为福利(应保证动物表达天性的自由)和心理福利(即减少动物恐惧和焦虑的心情)。

按照国际公认标准,动物被分为农场动物、实验动物、伴侣动物、工作动物、娱乐动物和野生动物 6 类。世界动物卫生组织尤其强调农场动物的福利,指出农场动物是供人吃的,但在成为食品之前,它们在饲养和运输过程中,或者因卫生原因遭到宰杀时,其福利都不容忽视。

按照现在国际上公认的说法,动物福利被普遍理解为下面 5 大自由:

(1)享受不受饥渴的自由,给动物提供保持良好健康和精力所需要的食物和饮水。

(2)享有生活舒适的自由,提供适当的栖息场所,有新鲜的空气,让动物能够得到舒适的睡眠和休息。

(3)享有不受损伤和疾病的自由,保证动物不受额外的疼痛,预防疾病,并对患病动物进行及时的治疗。

(4)享有生活无恐惧和无悲伤的自由,保证避免动物遭受精神痛苦的各种条件和处置。

(5)享有表达天性的自由,给动物提供足够的空间、适当的设施以及同类伙伴,使动物能自由进行各种正常活动。

有人将动物福利等同于动物权益,实际上是两个概念。动物权益主张动物同人类一样,反对任何形式的屠杀、虐待和利用动物,包括反对猎杀、生产、试验、观赏及以动物为原料生产化妆品和药品等。而动物福利则是通过合理开发生产和利用动物来提高人类的福利,为人类健康服务,并不只是人道的考虑。

三、动物福利与健康绿色畜禽养殖的关系

在人工养殖条件下,人、舍饲环境和畜禽是养殖生产系统中相互作用的 3 个要素。人不但通过提供舍饲环境间接影响畜禽,也通过日常生产管理直接影响畜禽。因此,人在畜禽生产中起着决定性的作用;但畜禽生产系统中真正的、唯一的生产者是畜禽本身。畜禽生产系统运转的好坏、生产成绩或效益的高低、产出的畜禽及其加工产品的优劣由畜禽健康状态的好坏和畜禽福利水平的高低决定。

健康养殖是一种确保整个养殖系统健康、可持续发展的养殖模式,着眼于整个养殖系统及其所有的组成部分,强调的是运用各种先进的养殖技术组合,促进养殖业的健康发展,更

侧重生产实践和技术上的运用。

尽管动物福利和健康养殖的内涵不同,但它们有一个共同点,即都强调动物的健康。

养殖生产上存在着许多应激因素,对这些应激因素进行适当调控,减少畜禽的应激反应,使畜禽从应激状态过渡到健康状态,不但可以提高畜禽的福利水平,还能让畜禽将更多的营养物质和能量用于增重和繁殖,获得更好的生产效益。因此,强调动物福利是健康养殖的核心内容。

健康的动物是养出来的,只有在饲养的过程中,全面贯彻善待动物、"养"重于"防"、"防"重于"治"的经营理念,从舍饲环境和应激管理上下功夫,才能提高畜禽自身的健康水平和免疫功能,从源头上消除畜禽疫病频发的诱因。因此,健康养殖涵盖了饲养环节中动物福利的基本要求,同时兼顾了科学性和经济上的考量。实行畜禽福利养殖是绿色有机畜牧业的基本要求,有机畜牧业生产非常重视遵循自然规律和生态学原理,采取系统可持续发展的养殖技术,维护畜禽与环境的协调,以平衡养分,消除生存环境中的应激因素和选育抗逆品种来促进和维持畜禽的健康和良好状态。在有机畜禽生产中,良好的健康状况不仅指家畜没有疾病,还指家畜很有活力,有能力抵抗感染、寄生虫袭击、代谢紊乱和受伤后的恢复。有机动物福利应该指在自然的环境(或具有相应关键特征的环境)下提升畜禽的健康和生理功能,允许畜禽充分表达其物种特异性行为,并按照物种特异性需求来饲养它们。动物福利关系食品安全。当前,在畜禽产品数量上逐步满足人们消费需求之后,质量安全将是推动畜禽产品生产的潜在动力,是关系到人体健康和生命安全的大事。健康养殖、发展动物福利是保障畜禽食品安全的基础、前提和关键。因此,引导广大养殖场户为畜禽生产发育和生存提供良好的生态环境养殖条件、安全的饲料来源、合理的营养水平、严格的疫病防治措施;改变养殖模式,提升养殖技术,推进标准化、科学化发展,实现环境、资源、经济、社会发展的良性循环生产模式,为人类提供安全、优质、营养的畜禽产品将是未来发展的方向。

四、绿色食品畜禽养殖业改善动物福利措施

(一)种养结合,适度规模

从农田到餐桌的畜产品生产联合体是实现畜禽健康养殖、提高动物福利的有效组织形式。餐桌上消费的肉奶蛋及其加工产品涉及的生产环节非常多,产业链很长,包含种植业(玉米、大豆、牧草等饲料原料的种植)、饲料加工业(矿物元素及维生素等预混料生产、配合饲料加工)、养殖业(种用畜禽的繁育、商品代畜禽的饲养)、兽医服务业(兽药和疫苗的生产、疾病的预防和诊治)、运输业(饲料原料、种用畜禽、出栏商品动物等的运输)、屠宰加工业(畜禽的屠宰、畜禽粗产品的深加工)等,直至进入食品流通环节(畜产品批发、零售)。几千年来,种植业为养殖业提供饲料,养殖业产生的粪尿、污水作为有机肥返回到农田,增强土壤肥力,从而确保农牧系统之间正常的能量流动与物质循环。如果在有限的土地上集中饲养的畜禽数量太多,其产生的大量粪污不能及时地返回农田,则会截断种养之间的生态平衡,一旦这种人为因素的干扰超过该区域生态系统的自我调节能力,生态平衡就会遭到破坏,从而对该区域的大气、土壤、水以及动植物、人产生严重的影响。要修复因养殖规模过大、养殖场布局不合理造成的生态环境污染是非常困难的,要花费少则几倍,多则几十倍的代价。因此,按照农牧结合、适度规模(土地的适宜载畜量)的原则,是确保整个产业链健康发展的关键。在此基础上,充分运用全进全出、低蛋白加氨基酸平衡日粮、阶段饲养、隔离饲养、多点

生产、小群饲养、干清粪工艺、低污染排污或粪污处理技术(发酵床养殖模式、沼气发酵工程)等动物友好型、环境友好型的先进饲养技术和清洁生产工艺,并将“善待动物、欲取之必先予之”的理念贯穿整个生产过程,实现规模化、标准化的高效管理和动物福利水平的提升,从而从根本上促进整个产业的健康和可持续发展。

(二)改善饲养方式

改变封闭式高密度饲养方式。畜舍密闭会导致舍内空气恶化,氨气(NH_3)、二氧化碳(CO_2)、硫化氢(H_2S)等有害气体浓度增加,引发呼吸道疾病。密度高,个体间争斗加剧,咬尾、咬耳、啄肛、啄羽现象严重。现在提倡由无窗舍变成有窗舍,在养殖场内专门设立繁殖场的家族栏、犊牛群饲栏,设置能够自由运动的放牧地和运动场。笼养对家畜健康危害较大,脱毛、骨头变形、啄癖现象严重。有些欧洲联盟成员国已经通过法律限制使用笼养方式。欧洲正逐步抛弃用铁笼饲养蛋鸡的方式,并要求所有的蛋鸡场保证每只鸡拥有至少 750 cm^2 的面积。

1991 年,瑞士认定多层笼养鸡产蛋系统为非法。2004 年,欧洲联盟规定在欧洲联盟市场上出售的鸡蛋必须在标签上注明是“自由放养的母鸡所生”还是“笼养的母鸡所生”。在比利时,6 家最大的超市商场都禁止销售笼养鸡蛋。英国和瑞典的大型零售商店出售的 50%以上新鲜鸡蛋产自散养或者标准鸡舍。庭院饲养或户外散养生产模式又重新受到人们的青睐。

(三)改善畜舍条件

畜舍地面、墙壁、畜栏、布局、饲槽、给水、光照设施等的设计应考虑到动物福利。为减少动物损伤,地面应有弹性,能防滑、耐磨损。可把地面做成塑胶地面,在新生仔猪的床面上加铺橡胶垫,在水泥地面的牛床上铺大约 15 cm 厚的稻草或锯末。如果采用的是缝隙地板,最好变水泥为金属材料,使用塑料被覆的金属网。

提供栖木和玩具可以保障动物的游戏行为,如吊起旧轮胎,床面上放置硬球。提供可动的横棒,供牛、猪咬或舔;可提供布条、软管、绳子等玩具供小猪玩耍。这种方式可减少动物混群时的进攻行为,对单调环境的厌倦及咬尾、啄肛、异嗜等恶习。

(四)改进动物运输和屠宰的方法

动物在被装卸和长途运输中,被殴打、长时间地高度密集、日光暴晒、食物和饮水缺乏等会增加传染病的易感性和交叉感染。屠宰前的运输应激也是影响肉品质的因素之一,可以采取些措施来减少这种不良影响,如改进击昏方式及运输屠宰设备。屠宰前让动物休息 23 h,播放一段美妙的音乐,使动物从运输应激中恢复。屠宰时用(500～600 V)的高压电将动物快速击昏。电击致昏时电流不低于 1.3 A,通电时间不超过 3 s,可减少动物因痛苦挣扎引起皮下瘀血而造成的胴体品质下降。也可以用气体击昏,如使用以 Ar 为主要成分的混合气体(如含 30%CO_2、60%Ar 和 10%空气,或含 90%Ar 和 10%空气)是更人道的击昏方法,能大幅度降低白肌肉的产生,减少肌肉出现瘀血和血斑现象,提高宰后肉的品质。

只有在饲养、运输和屠宰过程中,尽最大努力创造一切条件满足动物的基本需要,并兼顾生产环境的良好控制、生态系统的良性循环和产业链各环节的健康高效运转,实现福利养殖和科学管理,才能获得优质、安全的畜产品,满足广大消费者的需要,也才能确保养殖业健康、可持续发展。

五、畜禽养殖业绿色食品生产实例

鸡蛋绿色食品的规范化生产场址选择:按照 DB 610125/T 01 要求,符合政府土地利用规划和城乡发展规划。周围生态环境良好，没有工业“三废”，远离村庄和城镇的生活区。地势平坦，水源充足，排污方便，交通便利，供电稳定，背风向阳。远离城镇、工业开发区、铁路、公路交通主干线及公共建筑群直线距离大于 1000 m，距离其他动物饲养场、屠宰场、牲畜交易市场、皮革厂、肉品加工厂、垃圾和污水处理场所大于 1000 m。位于村庄、学校的下风处或侧风处，距离大于 300 m。生产绿色鸡蛋的养殖场环境空气质量、饮用水水质和土壤质量应符合 NY/T 391 要求。禁止在主要河道周围及生活饮用水的水源保护区建立养殖场。

功能布局：鸡养殖场应有管理区、生产区、隔离区和废弃物无害化处理区 4 大功能区，实行分区管理。各功能区按照统一规划，合理分区布局，区间隔离。管理区(包括办公区和生活区)位于生产区的上风向或侧风向，隔离区、废弃物处理区应处于生产区的下风向或侧风向。生产区鸡舍布局从上风向到下风向依次为种鸡舍、雏鸡舍、青年鸡舍、蛋鸡舍、隔离舍，鸡舍与鸡舍之间的间隔相对合理。场区大门口地面设长、宽、深为 4 m×3 m×0.15 m 的车辆消毒池，配置车辆消毒设备。进入生产区的人行通道设更衣室、标准消毒间，配备消毒设施和工作服装。养殖场内实行净道、污道严格分开，互不交叉。养殖场四周应有围墙或绿篱与外界隔离。

建筑设施：鸡舍建筑分为种鸡舍、育雏鸡舍、青年鸡舍和产蛋鸡舍，舍与舍之间应有 8～10 m距离。鸡舍建筑选用砖式开窗建筑，鸡舍跨度小于 12 m。鸡舍地面水泥粉刷，便于清洗消毒。鸡舍屋面有隔热保温层。鸡舍窗户设置防护网，防止飞禽进入。鸡舍内小气候环境按 NY/T 391 执行。鸡舍防火等级执行民用建筑防火规范等级三级，电力负荷等级为民用建筑供电等级三级。有配套准备的自备发电机及设备。配套建筑及设施上，办公室、生活用房、门卫值班室、更衣室、消毒室、兽医室、配电室、水泵房、水塔、锅炉房、饲料加工车间、仓库、水汽电路、场区厕所、围墙、大门、排水排污系统、道路、污物粪便处理设施及焚烧炉等，按有关标准要求建筑。应选用机械化程度较高的饲喂、集蛋、清粪设备。鸡舍内必须有通风换气设备，可配备水帘装置，实现舍内增湿降温。鸡场应有专门清运粪便车，严禁混用。育雏舍应有供暖设施，集中供热采暖。选配已定型生产的电热保温板、红外线电热器和保温箱。养鸡场自来水管网供水压力为 1.5～2.0 kg・cm^{-2}。水质达到 NY/T 391 的要求。场区内污水应采用暗沟排放，雨雪等自然降水采用明沟排放。粪便经过沼气或生物发酵等无害化处理。污水、污染物及生产废弃物排放达到 GB 18596 的要求。办公场所干净整洁。道路硬化，场区绿化。

饲养管理：在饲喂设备上，食槽：采用塑料通槽或者全自动输送式料槽。饮水设备：青年、成年鸡采用管道输送滴管饮用方式；雏鸡采用真空密闭塑料饮水器。应采用机械集蛋设备，减少人为二次污染。采用电热断喙器快速对适当日龄的青年鸡进行断喙。

饲养密度：见表 5-1 和表 5-2。

表 5-1　不同日龄、不同品种育雏期(0～6 周龄)饲养密度(只/平方米)

品　种	地面平养(厚垫草)	网上或板条平养	四层笼养
小型蛋鸡	15.8	18	36
中型蛋鸡	12.7	15	34
大型蛋鸡	10. 8	12	32

表 5-2 不同周龄、不同饲养方式饲养密度(只/平方米)

饲养方式	0～3 周龄	4～20 周龄	21～66 周龄
平养	10	5.4	3.6～4.3
2/3 漏粪地板	12	5.6	4. 8
2/3 漏粪地板及水帘降温	14	6.7	5.8

温度湿度:进雏前两天必须提高舍温,维持恒定温度 30 ℃左右。第一周育雏的温度为 33～35 ℃,以后每周下降 2 ℃。第一周湿度保持在 60%～70%,第二周以后湿度为 55%～60%。蛋鸡适宜湿度应控制在 40%～72%;适宜温度控制在 13～23 ℃。

光照时间:鸡舍采用自然光和人工辅助光源法。人工辅助光源提倡使用节能型灯具照明。不同类型鸡舍需要补充光照的时间见表 5-3。

表 5-3 不同类型鸡舍需要光照时间

鸡舍形式	补充光照时数
开放式	1～3 日龄为 23 h,4 日龄～3 周龄逐渐减少到 15 h.4～18 周龄采用自然光照,19 周龄时增光 1 h,20 周龄后每周增加 15～30 min,直至产蛋高峰,但最长光照时间不宜超过 16 h。
密闭式	1～3 日龄为 23 h,4～7 日龄为 18 h,2～20 周龄为 8 h,20～24 周龄每周增加 I h,25～30 周龄每周增加 0.5 h,30 周龄时要达 16 h,直至产蛋结束

通风控制:育雏期控制通风,在育雏后期每天中午应适当打开门窗,让空气流通,以保持育雏舍内的空气清新,达到通风换气的目的。蛋鸡舍通风速度可控制在 1.67 $m \cdot s^{-1}$ 以下,通风可采用自然通风法(舍顶设通风口和风帽)或机械通风法(横向负压通风、纵向负压通风、纵向过滤通风)。

消毒防疫:育雏前育雏舍要进行全面彻底消毒。开放式育雏舍先把地面和墙壁冲洗干净,然后用 0.3%的强力消毒灵溶液、0.5%百毒杀溶液或 2%烧碱溶液进行喷洒消毒。密闭式育雏舍按 1 m^3 空间用高锰酸钾 20 g、福尔马林 40 mL 的比例在舍温 28 ℃时熏蒸消毒 12 h,熏蒸时可将饲料槽、饮水器和其他放入育雏舍内同时消毒。进鸡前应打开门窗让舍内空气充分流通至无异味。实行全进全出的饲养管理模式和饲养批次之间的卫生消毒制度。经常清除粪便,堆积于固定的地方进行生物热发酵处理。选用两种以上不同类型的消毒剂,如 0.5%百毒杀、0.5%菌毒杀清、2%烧碱等溶液,对鸡舍、饲养用具、运动场地及排污沟交替喷洒消毒,每周消毒 2～3 次。

饲料兽药:不得选用转基因方法生产的饲料原料。优先使用符合绿色食品生产资料的饲料添加剂类产品。使用饲料添加剂、药物添加剂应符合《饲料和饲料添加剂管理条例》和 NY/T 471 规定,禁止将原料药直接添加到饲料及动物饮水中或直接饲喂动物。

饲料优先使用绿色食品生产资料的饲料类产品。至少90%的饲料来源于已经认证的绿色产品及其副产品，其他原料可以达到绿色食品标志的产品。自配料严格按照鸡的饲养标准进行配制。自配料的饲料原料必须符合GB 13078和NY/T 471规定，厂家饲料和自配料都必须执行国务院颁布的《饲料和饲料添加剂管理条例》的规定，有质检报告单、严禁添加违禁添加物产品质量承诺书。

禁止使用任何药物性饲料添加剂。允许使用无最大残留量要求或无停药期要求或停药期短的兽药。使用兽药符合《兽药管理条例》和NY/T 471的要求，严格执行兽药的使用对象、剂量、方法和休药期，必须严格控制药物残留。

采购兽药应有药物生产企业产品批准文号、生产日期、批准批号等。疫苗应有生产厂家（公司）、生产批号、生产日期、保质期。质量符合兽药国家标准。

非临床医疗需要，禁止使用麻醉药、镇痛药、镇静药、中枢兴奋剂、雄性激素、雌性激素、化学保定药及骨骼松弛药。

禁止使用工业合成的油脂、畜禽粪便和国务院兽医行政管理部门规定的禁用药品。

疫病控制：养殖场建成使用前应取得县级农业局（畜牧兽医局）核发的《动物防疫合格证》，并备案。养殖场应聘任与生产规模相适应的管理人员和技术人员。按照生产管理程序组织生产。出场鸡蛋应符合《中华人民共和国食品安全法》、《中华人民共和国农产品质量安全法》和《绿色食品　标注管理办法》的要求。从事饲养管理的生产人员应身体健康并定期进行体检。做好鸡场的消毒、保健和传染病疫苗的预防接种、监测和检疫，逐步实施动物疾病监测净化，按照免疫程序程序化免疫。

鸡蛋加工：鸡蛋产出后及时收集，剔除异型蛋、沙皮蛋、薄壳蛋、污秽蛋。蛋壳清洁完整，灯光透视呈橘黄色至橙红色，蛋黄不见或略见阴影，打开后蛋黄凸起、完整、有韧性，蛋白澄清、透明、稀稠分明。无异味，破次率≤7%，劣蛋率≤1%。严格按照《中华人民共和国食品安全法》、《中华人民共和国农产品质量安全法》和《绿色食品　标注管理办法》要求组织生产。新鲜合格鸡蛋打码器打绿色产品标识码，装入统一印制的绿色产品包装盒。每批次抽检，检测不合格的严禁装盒。鸡蛋包装盒上贴制农业农村部绿色产品认证办公室的绿色农产品质量产品认证和产地认证标签，盒外印制生产日期，盒内放置生产日期标签和检验人员，消毒入库。库房内干燥、通风、防鼠防潮；严禁放置有毒、有害物品或与其他有污染的物品混合。

每班次生产结束对生产场地进行彻底的消毒，记录人员登记生产数量、日期、质检人员等，工作人员更衣、沐浴后方能离开。每批发出鸡蛋，登记发出地点、发出数量，以备发生质量问题可以追溯。运输中严禁与有毒、有害物品或者其他有污染的物品混合运输，防潮、防碎、小心放置，轻搬轻放。在保证技术统一和商品有关规定一致前提下，应选择可以重复使用的包装。纸类包装箱表面不允许涂蜡、上油，不允许涂塑料等防水材料；连接应采用黏合方式，不允许使用扁钉钉合；所作标记必须是水溶性油墨，不允许油性油墨。金属类包装箱不得使用对人体和环境有危害的密封材料和内涂料。塑料制品包装箱尽量采用单一的材料，使用聚乙烯制品，使用聚苯乙烯树脂或成品应符合国家相应的标准要求，不允许使用含氟氯烃（CFS）的发泡聚苯乙烯（EPS）、聚氨酯（PUR）等产品材料。

思考题

1.绿色食品畜禽生产的基本原则是什么?

2.如何控制养殖业的药物残留?

3.配合日粮、绿色食品饲料添加剂的种类有哪些?

4.农村养殖户如何进行绿色食品畜禽产品生产?

5.如何做好动物福利?

第五章

水产养殖业绿色食品生产

本章提要：水产养殖业绿色食品生产从种苗选育到养殖、加工都有非常严格的规定和要求。本章主要介绍水产养殖业绿色食品的相关标准、绿色食品水产品养殖区的选择与建设、绿色食品水产养殖饲料及其添加剂以及绿色食品水产品养殖技术。学生在学习时要重点掌握绿色食品水产品的种质管理、养殖区的选择与建设、饲料配合、饲料添加剂和渔药使用的技术要求以及绿色食品水产品养殖技术规范，同时还应掌握绿色食品水产品相关的国家标准和地方标准，采用科学的养殖技术和方法进行绿色食品水产品的生产。

我国是目前世界上水产养殖的第一大国，养殖品种和产量都居首位，水产养殖业的发展速度也是空前的。随着社会物质的极大丰富和人们生活水平的不断提高，人们越来越关心日常生活消费食品的质量，作为日常消费品中不可替代的主要蛋白来源之一的水产品更是人们关心的焦点。目前环境污染的日益加剧、农药品种和使用量的急增、抗生素及其他药物的滥用、水产养殖品种中饲料添加剂（包括黏合剂）的无序添加等，使市场供应的水产品出现了令人担忧的现象，如肉质没有以前那么鲜美、重金属积累、农药和抗生素残留等。消费者不断提出疑惑，要求提高水产品质量的呼声越来越高，要求无公害绿色产品或有机产品，这已是世界性关注的问题。绿色水产品成为21世纪的主导食品之一，大力发展绿色水产品是新时期渔业养殖加工的重点方向之一。

绿色水产品是绿色食品的一部分，是通过实施从水体到餐桌的全过程质量管理，经专门机构认可，许可使用绿色食品标志的无污染、安全、优质的营养水产品。

第一节　绿色食品水产品的标准及保证途径

一、绿色食品水产品的标准

绿色食品水产品的标准主要从以下4个方面加以规定：①产品或产品原料产地必须符合农业农村部制定的绿色食品生态环境标准。②水产养殖及水产品加工必须符合农业农村部制定的绿色食品生产操作规程。③产品必须符合农业农村部制定的绿色食品质量和卫生标准。④产品外包装必须符合国家食品标签通用标准，符合绿色食品特定的包装、装潢和标签规定。

中国绿色食品发展中心已制定了《绿色食品　渔药使用准则》（NY/T 755—2013）、《绿色食品　渔业饲料及饲料添加剂使用准则》（NY/T 2112—2011）、《绿色食品　海洋捕捞水产品生产管理规范》(NY/T 1891—2010)等生产技术标准和《绿色食品　鱼》(NY/T 842—2012)、《绿色食品　虾》(NY/T 840—2012)、《绿色食品　蟹》(NY/T 841—2012)、《绿色食品　龟类》(NY/T 1050—2013)、《绿色食品　蛙类及制品》(NY/T 1516—2007)、《绿色食品　海水贝》(NY/T 1329—2007)、《绿色食品　海参及制品》(NY/T 1514—2007)、《绿色食品　海蜇及制品》(NY/T 1515—2007)等多项产品质量标准。

由于绿色食品水产品的生产程序较复杂，存在的问题也较多，不仅涉及养殖业的养殖环境和条件，而且还与饲料加工、苗种培育、渔药生产、环保科学、营养学、食品卫生科学紧密相关。因此，在绿色食品水产品生产过程中，除了严格按绿色食品的标准操作，还应该从以上诸多方面加以考虑。

二、绿色食品水产品的保证途径

绿色食品水产品的健康养殖主要包括种质管理、环境管理、饲养管理和防疫管理 4 方面内容。

(一)种质管理

(1)选择无污染性病原携带的亲体。

(2)受精卵消毒。

(3)育苗用水需沉淀并消毒，整个育苗过程在封闭环境下进行，无病原带入。

(4)种苗培育过程不滥用防治药物。

(5)保证使用成熟卵子及精子，并投喂高质量饵料。

(6)种苗出厂前进行严格检疫消毒。

(二)环境管理

养殖水体要求必须符合国家标准《渔业水质标准》(GB 11607—1992)并执行《绿色食品产地环境调查、监测与评价导则》(NY/T 1054—2013)。该标准就渔业水质规定了 33 项限定指标，同时还增加了农药残留量的限定指标。

(三)饲养管理

在合理密度基础上，实施“定质、定量、定时、定位”的“四定”投饲以及坚持清塘、重点检测、认真记录和及时采取措施的管理制度。

合理密度不仅可提高单位水体的养殖效益，还可以维持有益浮游生物繁衍，抑制有害生物的生长，保持养殖水体的生态平衡，以防止疾病的暴发。

饲养过程中应使用高效、系数低、适口性好、稳定性高的配合饵料。严格执行《绿色食品　渔业饲料及饲料添加剂使用准则》(NY/T 2112—2011)的规定，因为饵料的利用率与养殖环境的好坏有着密切关系。如果饵料利用效率低，那么就会在水体中残留，使水质恶化。

(四)防疫管理

中国绿色食品发展中心在 2003 年发布了《绿色食品　渔药使用准则》(NY/T 755—2003)，并在 2013 年进行了修订，在防疫管理中严格按照生产绿色食品允许使用的渔药种类、剂型、使用对象以及休药期来执行。

第二节　绿色食品水产品养殖区的选择与建设

我国是世界上水产资源较丰富的国家之一，大陆海岸线长达18000 km，浅海、港湾、滩涂面积大，这些水域绝大部分地处亚热带和温带，气候温和，雨量充沛，适宜于水产品的繁殖和人工养殖。

一、绿色食品水产品产地生态环境质量要求

绿色食品水产品产地环境的优化选择技术是绿色食品水产品生产的前提。产地环境质量要求包括绿色水产品渔业用水质量、大气环境质量、渔业水域土壤环境质量等要求。淡水渔业水源水质要求包括水质的感官标准：色、臭、味（不得使鱼、虾、贝、藻类带有异色、异臭、异味）。卫生指标应符合水产行业标准的规定；海水水质的各项指标应符合绿色食品的行业规定。

二、绿色食品水产品养殖区的选择

虽然我国有辽阔的水产养殖区域，但由于近几十年来工农业的迅速发展，有些区域受到不同程度的污染，已经不适合绿色食品的生产。因此，在选择绿色食品水产品养殖区时，应遵循以下几方面原则：

（1）周围没有矿山、工厂、城市等大的工业和生活污染源，养殖区生态环境良好。

（2）水源充足，常年有足够的流量。水质符合国家标准《渔业水域水质标准》（GB 11607—1989）。

（3）交通便利，有利于水产品生产的苗种、饲料、成品的运输。

（4）养殖场进排水方便，水温适宜。可根据不同养殖对象灵活调节水温、处理污水、供应氧气，以保证水生动物健康生长。

（5）海水养殖区应选择潮流畅通、潮差大、盐度相对稳定的区域，注意不得靠近河口，以防洪水期淡水冲击，盐度大幅度下降，导致鱼、虾死亡，以及污染物直接进入养殖区，造成污染。

三、保持良好的水质条件

（一）培养好养殖塘水色

良好的水质有稳定和维持养殖池生态平衡的作用。水体中保持一定数量浮游植物（保持水色为黄褐色、茶绿色，透明度为0.3～0.4 m）能够有效地向水中提供氧气，吸收有机物转化的营养盐类，并能够提供养殖苗种基础饵料，有利于稳定水温、水质，促进养殖品种生长，同时可以减少养殖品种的互相蚕食和生物的应激反应。目前改善水质的主要方法是施肥和添换水。

（二）彻底清淤消毒养殖池有机物和腐殖质

淤泥往往是水质恶化并诱发病害发生的根源，放养前必须彻底清除池底淤泥，进行消毒、暴晒，这样能够改善水质和底质条件。

（三）控制海区及养殖池富营养化水平

近几年有些海区及养殖池富营养化不断加剧，如浙江沿岸，尤其是杭州湾、长江沿岸，受长江、钱塘江、工业污水、城镇生活污水排放的影响，已趋高度富营养化水平。要改变这种状况，首先要控制陆地污染源，禁止向海区排放“三废”，排污企业做到先治理后排放，沿流域城乡逐步推行生活污水的治理后排放，使沿海环境污染的状况得到有效控制；其次是调整产业结构，控制养殖规模和多品种的综合生态养殖，改善养殖区的生态环境，有效控制疾病传播途径。

（四）重视养殖自身污染问题

养殖自身的污染问题是近几年才被人们所认识。养殖生产应因地制宜做好统一规划，尽量做到统一清淤消毒，对污染排放物做好消毒处理，提倡投喂新鲜及优质配饵，提高养殖者的养殖技术，实现鱼、虾、贝轮混养等综合养殖方式，避免养殖自身污染，净化养殖环境。

（五）提倡应用光合细菌净化水质

光合细菌具有明显的净化水质和改良底质的作用，能够吸收利用腐败细菌分解沉积残饵、排泄物等有机物所产生的硫化氢等有害物质，并能与水中致病菌竞争营养盐，抑制病原生物生长，甚至彻底消灭致病细菌，从而达到防止养殖鱼、虾病害发生的目的。光合细菌含有丰富的营养物质，能够作为鱼、虾饵料的添加剂。光合细菌用量为每公顷 49.5～57.0 L（菌液含菌总量为 40 亿个），用 10～20 倍水稀释后泼洒，每天投喂 2～3 次，直到养殖品种起捕。

第三节　绿色食品水产养殖饲料及其添加剂

一、绿色食品水产养殖饲料及其特征

绿色食品水产养殖饲料与兽禽养殖饲料的基本成分大体相同，主要包括蛋白质、脂肪、糖类、矿物质、维生素等。但是由于水产养殖对象与畜禽之间存在差异又使其饲料特征与畜禽养殖饲料存在差异，具体表现在如下几个方面。

（一）蛋白质

蛋白质是鱼体的主要成分，鱼的生长主要是蛋白质在体内积累的结果。饲料中的蛋白质含量是决定动物生长速度的主要因素。饲料中的蛋白质除供给生长、修补组织和构成生物活性物质外，还要作为主要的能源，这是由于鱼类对糖类利用能力较差。因此，鱼饲料中的蛋白质含量比家禽和家畜明显要高。

（二）脂肪

脂肪是提供能源、必需脂肪酸和作为脂溶性维生素的媒介物。脂肪在鱼饲料中的含量约为 10%。不仅是脂肪的数量，其质量对鱼类的健康和生长也同样起很大作用。通常，海水鱼类和冷水性鱼类对脂肪酸的要求比一般淡水鱼类高。

（三）糖类

糖类是相对廉价的能源。鱼类具有消化糖类的酶类，因此糖类可以作为能源供给，具有节约蛋白质的功能。但是鱼类利用糖类的能力有限，并且因种类而异。此外，饲料营养元素的平衡情况也会影响其利用率。一般冷水性和温水性鱼类饲料中的适宜糖类含量分别为20%和30%左右。

(四)矿物质

矿物质也称无机盐类,是动物的组成成分,对于维持动物正常的内在环境,保持物质代谢的正常进行,以保证各种组织和器官的正常活动是不可缺少的。动物所需的矿物元素按其在饲料中的含量划分为常量元素和微量元素,主要有钙、磷、镁、钠、钾、氯、铁、铜、碘、锰、锌、硒、钴、铬、氟、铝、硅等。

(五)维生素

维生素是动物生长发育必不可少的一类营养物质,缺少了它就会影响生长发育,发生疾病,严重的甚至死亡。

绿色食品水产养殖对象的营养主要来源于绿色食品产地和无污染的草场、水域。饲料和饵料既要提供水产养殖对象所需的营养成分,又要避免农药残留、渔药残留、病原体及其他有害物质的介入。

二、绿色食品水产养殖饲料添加剂

(一)绿色食品水产养殖饲料添加剂的特征

(1)绿色食品水产养殖饲料添加剂能促进水产动物生长,有效而经济地提高水产动物生产性能,提高饲料利用率和水产品品质,养殖效益高。

(2)绿色食品水产养殖饲料添加剂能增强水产动物机体免疫功能,防止水产动物的传染性疾病,调整机体生理机能。

(3)绿色食品水产养殖饲料添加用后无残留,不影响水产动物产品质量,不影响人类生存环境与健康。

(4)绿色食品水产养殖饲料添加剂理化性质或生物活性性质稳定,能有效地进入胃肠道发挥作用,不影响饲料适口性。

(5)绿色食品水产养殖饲料添加剂与其他药物添加剂合用,不发生或很少发生配伍禁忌,细菌对其不易产生抗药性。

(6)绿色食品水产养殖饲料添加剂安全范围较大,长期使用对水产动物无毒副作用。

(二)绿色食品水产养殖饲料添加剂及其应用

1.活菌制剂

活菌制剂是动物有益菌经工业化厌氧发酵生产出的菌剂。

(1)活菌制剂的作用机理。活菌制剂对水产动物的作用机理可简单概括如下:活菌制剂中有益微生物进入水产动物机体后,形成优势菌群,与有害菌争夺氧附着位点和营养素,竞争性地抑制有害菌的生长,从而调节肠道内菌群使其趋于正常化。微生物代谢产生有机酸,降低肠道内 pH 值,杀灭耐酸的有害菌;产生溶菌酶、过氧化氢等物质,可杀灭潜在的病原菌;产生各种消化酶,有利于养分分解;合成 B 族维生素、氨基酸、未知生长因子等营养物质;直接刺激肠道免疫细胞而增加局部免疫抗体,增强机体抗病力。

(2)活菌制剂的作用特点。活菌制剂在水产养殖上使用,表现出 3 方面特点:①功能的多样性:它具有促生长作用,提高鱼、虾、蟹等水产品的产量;改善水产品质量;具有防病抗病等多种功能,能使鱼种的成活率提高 5%~20%。②广泛的适应性:已有的水产用活菌制剂在四川、辽宁、广东等地实验示范，均表现出明显的效果。其原因在于它主要受水生生物个体活菌环境的影响，外部环境对其作用的影响相对较小。③高度的安全性：水产活菌制剂大都由健康水产动物体内的微生物系统中分离、提纯，再作用于水产动物，不会对水产动物产生任何危害，也不会在水中和鱼体内有残留。

2.糖萜素

糖萜素是由糖类≥(30%)、配糖体(≥30%)和有机酸组成的天然生物活性物质。糖萜素的有效成分性能稳定，使用安全，与其他饲料添加剂均无配合禁忌。糖萜素在饲料中的添加量为200～500 g/t，它完全可以替代抗生素药物，且无残留，不污染环境，饲用后，可显著增强水产动物机体的免疫力和抗病力，促进生长，提高日增重和饲料转化率，并有抗应激、抗氧化效果，同时对肠道细菌性疾病有较强的预防作用。据试验，饲用糖萜素饲料添加剂的水产品，品质得到改善，符合动物源性食品的绿色化生产要求，社会效益和经济效益十分显著。

3.低聚糖

低聚糖又称为寡糖，是由2～10个糖基通过糖苷键连接而成的具有直链或支链结构的低聚物的总称。低聚糖种类很多，但目前用作饲料添加剂的主要包括异麦芽糖、异麦芽三糖、异麦芽四糖、潘糖、果聚三糖、果聚四糖、果聚五糖、半乳聚糖，甘露聚糖、大豆聚糖、龙胆聚糖、木糖聚糖等。低聚糖可以选择性地促进水产动物肠道中有益菌的增殖。这些有益菌利用低聚糖发酵产生短链脂肪酸，降低肠道pH值，抑制病原菌在体内对养分的消耗，减少有毒和致病代谢物的产生，从而维护、增进水产动物健康。某些低聚糖可以提高机体对药物和抗原的免疫应激能力，增进水产动物的免疫能力。与活菌制剂相比，低聚糖更稳定，对制粒、膨化、氧化、储运等恶劣环境条件都具有很高的耐受性，能抵抗胃酸的作用，克服活菌制剂在肠道定植难的缺陷。加上其无毒无副作用，因此尽管目前生产效率低，生产难度大，但其在水产饲料中的发展应用前景仍十分广阔。

4.酶制剂

酶制剂是通过特定生产工艺加工而成的包含单一酶或混合酶的工业产品。

目前除植酸酶有单酶产品外，其余饲用酶制剂大多是包含多种酶的复合制剂。应用较多的有纤维素酶、β-葡聚糖酶、木聚糖酶、淀粉酶、蛋白酶、果胶酶、植酸酶等。这些酶中一部分是水产动物可以自身分泌的，如淀粉酶和某些蛋白酶；而另一部分是水产动物本身不能分泌的，如纤维素酶、β-葡聚糖酶和木聚糖酶。酶制剂可以破坏植物细胞壁，通过分解纤维素、半纤维素、果胶等由非淀粉多糖(non－starch polysaccharide，NSP)构成的物质，既把这些不可利用的多糖分解成可被消化吸收的小分子糖类，又可以暴露细胞壁保护的淀粉、蛋白等养分，使其养分更充分。酶制剂还可以降低因可溶非淀粉多糖造成的黏稠食糜的黏度。

酶制剂也能破坏稳定的植酸磷结构，提高饲料中磷和其他养分的利用率。饲用酶制剂应用于水产养殖上主要有4个方面的功能：①促进饲料消化吸收，促进水产动物摄食和生长；②具有改善消化系统功能和一定的消炎作用；③防止和减少水产动物的应激反应；④提高饲料效果，减少排泄物中营养物质的含量。

5.中草药饲料添加剂

近年来，中草药由于具有无抗药性和药物残留、副作用小、效果显著、资源丰富等优点受到人们的关注。中草药含有蛋白质、氨基酸、维生素、油脂、树脂、糖类、植物色素、常量元素、多种微量元素等营养物质，还含有大量的有机酸、生物碱、多糖、挥发油、蜡、鞣质及一些未知的促生长活性物质。另据研究,中草药还含有多种免疫活性物质。中草药添加剂在水产养殖中的作用主要表现在以下4方面:①促进水产动物采食(诱食作用),增加采食量;②降低饵料系数,提高增重率;③防止鱼病发生,提高成活率;④替代部分矿物盐添加剂和维生素添加剂。

6.酵母细胞壁

酵母细胞壁是一种全新的天然绿色添加剂,其产品为蛋黄色粉末状,是在生产啤酒酵母过程中从可溶性物质中提取的一种特殊副产品,主要由β-葡聚糖、甘露聚糖、糖蛋白和几丁质组成,占细胞壁干物质量的85%左右。研究表明,酵母细胞壁具有激发和增强免疫功能、维护活菌平衡、控制疾病等生理功效。水产动物不仅面对水环境变化的应激,还受多种常见疾病的困扰。常规的疾病防治措施有限,而以低剂量酵母细胞壁添加于水产饲料中,即可增强鱼、虾、鳖、蟹等对各种主要疾病和环境变化的抵抗力,提高存活率。健康鱼、虾饲喂酵母细胞壁可使幼苗存活率提高20%~40%,使生长期存活率提高10%~20%。因此,使用酵母细胞壁特制饲料,被认为是加强水产动物抵抗疾病、促进生长的有效手段。

7.肉碱

肉碱又名肉毒碱,最初是由Krimberg和Gulewitsch于1905年在肌肉提取物中发现的。肉碱有左旋(L型)和右旋(R型)两种变异体,自然界只存在左旋肉碱。肉碱是一种水溶性化合物,对人和动物的作用很大,是生物体所必需的生命活性物质。近年来,国内外就肉碱对水产动物生长性能的影响进行了一些研究,多数研究结果表明肉碱对水产动物有以下4方面的作用:①提高水产动物的增重率;②降低水产动物体脂,提高肉品质;③节约饲料蛋白质,降低饵料系数,提高水产动物的成活率;④提高鱼类繁殖率。1995年5月29日,国务院颁布了《饲料和饲料添加剂管理条例》,使我国饲料安全管理工作步入了依法管理的轨道。农业部结合管理条例的贯彻施行,加大了对饲料和饲料添加剂中违禁药品的查处力度,同时鼓励开发绿色饲料添加剂产品,用于替代抗生素等饲料添加剂。这对解决药物残留问题,保护环境和人体健康,促进水产品的出口,具有重要意义。但在我国水产养殖业发展的现状下,绿色食品水产养殖饲料添加剂要完全取代水产饲料中的抗生素是不现实的,抗生素退出水产养殖业历史舞台需要一个渐进过程。相信随着水产养殖业和饲料工业的稳步发展,水生动物营养学理论的不断拓新,人民生活水平的普遍提高,安全意识的不断增强,将会有更多满足生产生活需要的绿色水产饲料添加剂问世。

三、绿色食品渔业饲料及饲料添加剂使用准则

《绿色食品　渔业饲料及饲料添加剂使用准则》(NY/T 2112—2011)(2011年9月1日发布,2011年12月1日实施)全文如下。

1　范围

本标准规定了生产绿色渔业产品允许使用的饲料和饲料添加剂的基本要求、使用原则、加工、贮存和运输以及不应使用的饲料添加剂品种。

本标准适用于A级和AA绿色食品渔业产品生产过程中饲料和饲料添加剂的使用、管理和认定。

2　规范性引用文件

下列文件对于本文件的应用是必不可少的。凡是往日期的引用文件,仅注日期的版本适用于本文件。凡是不注日期的引用文件,其最新版本(包括所有的修改单)适用

于本文件。

GB/T 10647　饲料工业术语

GB 13078　饲料卫生标准

GB/T 16764　配合饲料企业卫生规范

CB/T 19164　鱼粉

CB/T 19424　天然植物饲料添加剂通则

NY/T 393　绿色食品　农药使用准则

NY/T 915　饲料用水解羽毛粉

NY/T 5072　无公害食品　渔用配合饲料安全限量

SC/T 1024　草鱼配合饲料

SC/T 1026　鲤鱼配合饲料

SC/T 1077　渔用配合饲料通用技术要求

《饲料和饲料添加剂管理条例》　中华人民共和国国务院令 2001 年第 327 号

《单一饲料产品目录(2008)》　中华人民共和国农业部公告第 977 号(2008)

《饲料添加剂品种目录》　中华人民共和国农业部公告第 1126 号(2008)

《饲料添加剂安全使用规范》　中华人民共和国农业部公告第 1224 号(2009)

3　术语和定义

GB/T 10647 和 SC/T 1077 界定的以及下列术语和定义适用于本文件。

3.1　天然植物饲料添加剂　natural plant feed additives

以天然植物全株或其部分为原料,经物理提取或生物发酵法加工,具有营养、促生长、提高饲料利用率和改善动物产品品质等功效的饲料添加剂。

4　基本要求

4.1　质量要求

4.1.1　饲料和饲料添加剂应符合单一饲料、饲料添加剂、配合饲料、浓缩饲料和添加剂预混合产品质量标准的规定,其单一饲料还应符合《单一饲料产品目录》的要求,饲料添加剂应符合《饲料添加剂品种目录》的要求。

4.1.2　饲料添加剂和添加剂预混合饲料应来源于有生产许可证的企业,并且具有产品批准文号及其质量标准。进口饲料和饲料添加剂应具有进口产品许可证及我国进出口检验检疫部门出具的有效合格检验报告。

4.1.3　进口鱼粉应有鱼粉官方原产地证明、卫生证明(声明)和合格有效质量检验报告,鱼粉进口贸易商进口许可证、国家检验检疫合格报告和绿色食品产品质量定点监测机构出具的鱼粉合格有效质量检验报告,产品质量应满足 GB/T 19164 中一级品以上要求,其中砂分和盐分指标为“砂分＋盐分≤5%”。

4.1.4　感官要求:具有该饲料应有的色泽、气味及组织形态特征,质地均匀,无发霉、变质、结块、虫蛀、鼠咬及异味、异物。颗粒饲料的颗粒均匀,表面光滑。

4.1.5　配合饲料应营养全面、平衡。配合饲料的营养成分指标应符合 SC/T 1077、SC/T 1024、SC/T 1026 等有关国家标准或行业标准的要求。

4.1.6　应做好饲料原料和添加剂的相关记录,确保对所有成分的追溯。

4.2 卫生要求

4.2.1 饲料和饲料添加剂卫生指标应符合 GB 13078、NY 5072 的规定，且使用中符合 NY/T 393 的要求。

4.2.2 饲料用水解羽毛粉应符合 NY/T 915 的要求。

4.2.3 鱼粉应符合 GB/T 19164 安全卫生指标的要求。

5 使用原则

5.1 饲料原料

5.1.1 饲料原料可以是已经通过认定的绿色食品，也可以是全国绿色食品原料标准化生产基地的产品，或是经中国绿色食品发展中心认定、按照绿色食品的生产方式生产、达到绿色食品标准的自建基地生产的产品。

5.1.2 配合饲料中应控制棉籽粕和菜籽粕的用量，建议使用脱毒棉籽粕和菜籽粕。棉籽粕用量不超过 15%，菜籽粕用量不超过 20%。

5.1.3 不应使用转基因饲料原料。

5.1.4 不应使用工业合成的油脂和回收油。

5.1.5 不应使用畜禽粪便。

5.1.6 不应使用制药工业副产品。

5.1.7 饲料如经发酵处理，所使用的微生物制剂应是《饲料添加剂品种目录》中所规定的品种或是农业部公布批准使用的新饲料添加剂品种。

5.1.8 生产 AA 级绿色食品渔业产品的饲料原料，除须满足 5.1.3～5.1.7 的要求外，还应满足以下要求：

——不应使用化学合成的生产资料作为饲料原料；

——原料生产过程应使用有机肥、种植绿肥、作物轮作、生理或物理方法等技术培肥土壤、控制病虫草害、保护或提高产品品质。

5.2 饲料添加剂，

5.2.1 经中国绿色食品发展中心认定的生产资料可以作为饲料添加剂来源。

5.2.2 饲料添加剂品种应是《饲料添加剂品种目录》中所列的饲料添加剂和允许进口的饲料添加剂品种，或是农业部公布批准使用的饲料添加剂品种，但附录 A 中所列的饲料添加剂品种不准使用。

5.2 3 饲料添加剂的性质、成分和使用量应符合产品标签的规定。

5.2.4 矿物质饲料添加剂的使用按照营养需要量添加，减少对环境的污染。

5.2.5 不应使用任何药物饲料添加剂。

5.2.6 严禁使用任何激素。

5.2.7 天然植物饲料添加剂应符合 GB/T 19424 的要求。

5.2.8 化学合成维生素、常量元素、微量元素和氨基酸在饲料中的推荐量以及限量应符合《饲料添加剂安全使用规范》的规定。

5.2.9 生产 AA 级绿色食品渔业产品的饲料添加剂，除需满足 5.2.1～5.2.8 的要求外，不得使用化学合成的饲料添加剂。

5.2.10 接收和处理应保持安全有序，防止误用和交叉污染。

5.3　配合饲料、浓缩饲料和添加剂预混合饲料

5.3.1　经中国绿色食品发展中心认定的生产资料可以作为配合饲料、浓缩饲料和添加剂预混合饲料来源。

5.3.2　饲料配方应遵循安全、有效、不污染环境的原则。

5.3.3　应按照产品标签所规定的用法、用量使用。

5.3.4　应做好所有饲料配方的记录，确保对所有饲料成分的可追溯。

6　加工、贮存和运输

6.1　饲料企业的工厂设计与设施卫生、工厂卫生管理和生产过程的卫生应符合GB/T 16764的要求。

6.2　在配料和混合生产过程中，应严格控制其他物质的污染。

6.3　饲料原料的粉碎粒度应符合SC/T 1077的要求。

6.4　做好生产过程的档案记录，为调查和追踪有缺陷的产品提供有案可查的依据。

6.5　所有加工设备都应符合我国有关国家标准或行业标准的要求。

6.6　成品的加工质量指标(混合均匀度、粒径、粒长、水中稳定性、颗粒粉化率)应符合有关国家标准或行业标准的要求。

6.7　加工中应特别注意调质充分和淀粉熟化。

6.8　生产绿色食品的饲料和饲料添加剂的加工、贮存、运输全过程都应与非绿色食品饲料严格区分管理。

6.9　袋装饲料不应直接放在地上，应放在货盘上；要避免阳光直接照射。

6.10 贮存中应注意通风，防止霉变；防止害虫、害鸟和老鼠的进入，不应使用任何化学合成的药物毒害虫鼠。

附录A

(规范性附录)

生产绿色食品渔业产品不应使用的饲料添加剂

种　类	品　种
矿物元素及其络(螯)合物	稀土(铈和镧)壳糖胺螯合盐
抗氧化剂	乙氧基喹啉、二丁基羟基甲苯(BHT)、丁基羟基茴香醚(BHA)
防腐剂	苯甲酸、苯甲酸钠
着色剂	各种人工合成的着色剂
调味剂和香料	各种人工合成的调味剂和香料
粘结剂	羟甲基纤维素钠

第四节 绿色食品水产品养殖技术

一、绿色食品水产品生产原则

绿色食品水产品生产总的原则包括3个方面:①渔业生产与养殖环境协调的原则,既有利于渔业发展,又有利于生态环境的良性循环;②渔业投入品安全有效的原则,即物质和能量的投入产出效率高,浪费少,有毒有害物质低于相关标准;③渔业产出物安全、营养和健康的原则,即能满足人类食品消费对数量和质量的要求标准。

二、绿色食品水产品品种选育

绿色食品水产品除选择高产、高效益的品种外,还应考虑对病害的抗御能力,尽量选择适应当地生态条件的优良品种。为了避免近亲繁殖,造成品种退化,有条件的绿色食品水产品养殖场,应尽可能选用大江、大湖、大海的天然苗种作为养殖对象。绿色食品水产品养殖人工育苗应注意以下几点。

(一)亲本培育

亲本池应建在水源良好、排灌方便、无旱涝之忧、阳光充足、环境安静、不受人为干扰的地方。亲本放养密度、雌雄比例合理恰当。根据养殖对象的生物学特性,投喂适口饵料和营养全面的配合饲料,创造适合养殖对象繁殖所需的生态环境,尽可能使其自行产卵、孵化。

(二)人工催产受精

人工催产受精是给成熟的亲本注射催产药物,人为控制亲本发情产卵受精的一种生产方式。常用的催产药物有促黄体素释放激素类似物(LRH-A)、脑垂体抽提液或人绒毛膜促性腺激素(HCG),这些激素是AA级绿色食品生产中禁止使用的,在A级绿色食品生产中仅限于繁殖苗种,但注射过催产药物的亲本不能作为绿色食品食用水产品出售。

(三)杂交制种

利用不同品种或地方种群之间的差异进行杂交,其子一代生长性能通常好于亲本,但必须养殖于人工能完全控制的水体中。其成体只供食用,不可留种,因为子二代性状分离十分严重,丧失了杂交优势;也不可放养或流失于江河湖泊中,以免"污染"自然种群的基因库。

三、绿色食品水产养殖结构设计

水产养殖结构包括养殖品种结构及养殖方式的构成。当前我国的养殖品种及养殖方式多种多样,随着水产科技的进步,新的养殖品种、养殖方式不断涌现,为我们调整优化养殖结构提供了极大便利。现以池塘养鱼为例简要说明。

(一)养殖品种的组合设计

1.养殖品种的选养原则

具备以下条件的养殖品种可作为养殖对象,参与养殖结构的优化调整。

(1)市场适销,价位较高,能取得明显经济效益。

(2)具有良好的苗种来源,品质纯正,性状优良,适应当地生长条件,抗逆性强。

(3)具备养殖所选品种所需的特定条件,包括气候条件、水源条件、池塘条件、配套设施等。

(4)能够解决饵料问题,特别是名特优新品种,要有稳定的饵料供应体系,能够因地制宜地选用优质廉价饵料。

(5)能够解决养殖生产中的技术问题,掌握所选品种的生物学特性,科学解决苗种放养、驯化投饵、水质调控、防病治病、捕捞、运输等一系列技术问题。

2.多元化养殖品种组合的优点

多元化品种组合,指由众多的各具特色的养殖品种构成,生产中各种养殖方式并存,生产的产品呈现多样化,多种水产品各自发挥优势,又共同为养殖场增产增效发挥作用。其特点是克服了单一型品种组合的缺点,具有较强的抗风险能力。这是因为多元化品种组合中部分品种市价滑落造成的损失,会由其他多种优势品种的高回报加以抵消,使得这一品种组合在特定收益水平条件下,把总风险降到最低限度。同时,由于多元化品种组合优势的存在,使得养殖场在收益稳定的前提下,便于及时调整养殖品种,淘汰或削减低效品种,补充市场俏销、效益比较高的新品种,使得整体养殖品种组合处于动态变化之中,有利于池塘养殖持续稳定发展。

(二)养殖方式的组合设计

养殖方式按照不同的增效手段,可分为多种不同的类型。各种有效养殖方式的合理组合,发挥多元化养殖品种的优势,利用各种有利条件及措施,是实现良好经济效益的重要保证。现介绍几类高效养殖方式及其特点。

1.充分利用时间的养殖方式

(1)多茬养殖方式。多茬养殖方式即一年内在同一池塘多次放养、多次全塘收获的养殖方式。通常采用两茬养殖方式,即将一年的养殖时间分为前后两个阶段,分别用于养殖成鱼、培育鱼种或养殖不同的水产品种。这种方式有利于选择出塘的产品形式,提高池塘利用效率。

(2)多级轮养方式。多级轮养方式即在同一池塘内将养殖对象以不同的规格混养,待人规格鱼种长成后,捕大留小、轮捕轮放的养殖方式。其优点是能够始终保持池塘足够的载鱼量,实现均衡上市,获得高产、高效。这种方式多以鲍鱼等易于拉网起捕的鱼类为养殖对象。

(3)反季节养殖方式。反季节养殖方式即在冬春季节创造条件养殖上市,常指热带鱼的冬春设施化养殖。因淡季市场供应量少,价值高,有利于获得高效益。温水性鱼类的提前养成也是取得淡季效益的良好措施。

2.周期短、见效快的养殖方式

缩短养殖周期是以提高生产效率而增效的重要养殖方式,这种养殖方式以优良的品种、充足优质的饵料、良好的池塘条件、合理的放养密度及过硬的养管技术为前提。

3.充分利用大池塘水面的养殖方式

(1)池塘网栏养殖方式。池塘设置网栏,将池塘人为分隔成多个较小水面,可以分别放养不同品种、不同规格的养殖对象。这种方式使有限的池塘数量能够实施多种放养模式,特别适合许多名特优养殖对象的试验养殖,在管理上带来了方便,是优化养殖结构、实现高效益的重要措施。

(2)池塘网箱养殖方式。基于自然水域网箱养鱼原理,可在大池塘设置网箱养殖名优养殖对象。例如,池塘内设置网箱用于养殖黄鳝、沟鲇,在国内有许多成功的例子。这种养殖方式具有占地面积小、管理方便、成本低、经济效益显著等特点。

4.充分利用水资源的养殖方式

不同的水源条件蕴含着不同的生产潜力,可采取不同的高效养殖方式。例如,工厂余热水、温泉地热水、温井水源可用于热带鱼养殖或越冬;水库底层水、山溪水、水温较低的深水可用于养殖虹鳟等冷水性高档名贵鱼;常温洁净的自然流水可用于草鱼、鳊等名优草食性鱼类的集约化养殖;富含野杂鱼的江河、湖泊、水库等天然水源可用于名优肉食性鱼类(如乌鳢、鳜、加州鲈)的套养。

5.高效混养模式

(1)80∶20池塘养鱼模式。这是一种新型的高效养鱼模式。这种模式以能摄食颗粒饲料的优质鱼为主养对象,其放养及出塘数量占池鱼总量的80%;其余为服务性鱼类,占池鱼总量的20%;服务性鱼类中能净化水质的滤食性鱼类占池鱼总量的15%,能控制野杂鱼的肉食性鱼类占池鱼总量的5%,故又称为80∶15∶5养鱼模式。可采用这种模式进行池塘主养的鱼类有彭泽鲫、异育银鲫、湘云鲫、淡水白鲳、沟鲇等优质鱼类。滤食性鱼类主要是鲢鱼和鳙鱼,肉食性鱼类以鳜、加州鲈、乌鳢和黄颡鱼为佳。这种养殖模式不仅能取得高产,而且中高档鱼类占绝对优势,是提高效益的理想养殖方式。

(2)特种水产品与鱼类的混养方式。特种水生动物作为套养种类与鱼类的混养,也是一类理想的生态养殖方式。常见的有鱼鳖混养、鱼虾混养、鱼蟹混养等,都可取得理想的效果。

四、绿色食品水产品生产技术

绿色食品水产品的生产技术应涵盖整个水产品生产的全过程,包括水产品的产前、产中和产后的一系列环节,是一个有机联系的整体。产前主要搞好苗种的引种检疫,从源头上控制病害的发生。产中则要做好渔用饲料、渔药的检测,防止有毒、有害的饲料及致畸、致癌并对环境造成影响的渔药用于养殖生产,并减少病害的发生;要规定渔药的停药期,禁止使用政府明令禁用的药物(如五氯酚钠)及滥用抗生素等,大力推广中草药、生物制剂。产后则要做好水产品质量检测和药物残留分析,防止有问题的水产品流入市场。总之,要保证养殖生产的各个环节符合绿色食品生产的要求。

(一)绿色食品水产品生产技术规范

绿色食品水产品生产技术规范包括渔药、饲料、农药、肥料的使用,加工过程质量控制及包装技术等。在绿色食品水产品生产过程中,渔药、农药、饲料使用是水产品质量控制的关键环节之一,不合理使用渔药、饲料、农药、肥料不仅造成环境污染,而且使水产品中药物残留量超标。

1.渔药使用准则

绿色水生动物养殖过程中对病、虫、敌、害生物的防治,坚持“全面预防,积极治疗”的方针,强调“防重于治,防治结合”的原则,提倡生态综合防治和使用生物制剂、中草药对病虫害进行防治。推广健康养殖技术,改善养殖水体生态环境,科学合理混养和密养,使用高效、低毒、低残留渔药。渔药的使用必须严格按照国务院、农业农村部有关规定,严禁使用未取得生产许可证、批准文号、产品执行标准的渔药。禁止使用硝酸亚汞、孔雀石绿、五氯酚钠和氯霉素。外用泼洒药及内服药具体用法及用量应符合《绿色食品　渔药使用准则》(NY/T

755—2013)的规定。

2.饲料使用准则

饲料中使用的促生长剂、维生素、氨基酸、脱壳素、矿物质、抗氧化剂、防腐剂等添加剂种类及用量应符合国家有关法规和标准规定。饲料中不得添加国家禁止的药物(如己烯雌酚、喹乙醇)作为防治疾病或促进生长的目的。不得在饲料中添加未经农业农村部批准的用于饲料添加剂的兽药。渔业饲料及饲料添加剂的具体用法及用量应符合《绿色食品　渔业饲料及饲料添加剂使用准则(NY/T 2112—2011)》的规定。

3.农药使用准则

稻田养殖绿色水产品过程中对病、虫、草、鼠等有害生物的防治,坚持预防为主、综合防治的原则,严格控制使用化学农药。应选用高效、低毒、低残留农药,禁止使用除草剂及高毒、高残留、“三致”(致畸、致癌和致突变)农药。稻田养殖使用农药前应提高稻田水位,采取分片、隔日喷雾的施药方法,尽量减少药液(粉)落入水中,如出现养殖对象中毒征兆,应及时换水抢救。

4.肥料使用准则

养殖水体施用肥料是补充水体无机营养盐类、提高水体生产力的重要手段。施肥主要用于池塘养殖,针对的养殖对象主要为鲢、鳙、鲤、鲫、罗非鱼等。肥料的种类包括有机肥和无机肥。允许使用的有机肥料有堆肥、沤肥、厩肥、绿肥、沼肥、发酵肥等。允许使用的无机肥料有尿素、硫酸铵、碳酸氢铵、氯化铵、重过磷酸钙、过磷酸钙、磷酸氢二铵、磷酸二氢铵、石灰、碳酸钙和一些复合无机肥料。

5.养殖水体水质的要求

绿色水产品对于养殖用水处理提出了更高要求。水污染对于水生生态系统中的各种生物类群有直接和间接的影响,使水体的初级生产力降低,并通过食物链危害不同营养级的各种生物。目前,对养殖水体的净化被认为是绿色食品水产品生产的关键,主要有换水、充气、离子交换、吸附、过滤等机械方法和络合、氧化还原、离子交换等化学方法以及人为地在一种水体中培育有益生物(微生物、藻类)和水生植物的生物方法来净化水质。

6.加工过程质量控制准则

绿色食品水产品加工原料应来自绿色食品水产品生产基地,品质新鲜,各项理化指标、卫生指标应符合相应绿色食品水产品的品质要求;原料在运输过程中应采取保鳞、保活措施;运输工具、存放容器、储藏场地必须清洁卫生。绿色食品水产品加工工厂、冷库、仓库的环境卫生,加工流程卫生,包装卫生,储运安全卫生和卫生检验管理等应符合国家的有关规定和《绿色食品　产地环境技术条件》(NY/T 391—2013)、《绿色食品　贮藏运输准则》(NY/T 1056—2006)等绿色食品相关标准。

(二)放养健康苗种,保持合理放养密度

1.放早苗养健康苗种

为了延长养殖时间,目前许多地方采用放养早苗来延长养殖时间。放养早苗也有利于避开发病时期,达到增产增效的目的。由于放养时间提早,还可以改善水质。

2.合理放养密度

合理放养密度就是要符合养殖水体所能承受的生产能力,维护养殖池的生态平衡。各养殖区应根据自然环境条件、水体交换条件、养殖品种、苗种规格、养殖方式等不同情况,分别对待，以达到最佳经济效益。

（三）科学投喂优质饵料

1.选择优质饵料

优质饵料是水生动物健康和生长发育的关键。病从口入，预防疾病发生，饵料是重要一环。投喂鲜活饵料，冰冻饵料不得有变质，禁止使用带有病原体的饵料。选用配合饵料要选择优质的饵料源，禁止使用发霉变质饵料。在配合饵料或投喂配合饵料时可以添加维生素C或一些水生动物营养元素，以提高水生动物的免疫力和生产力。

2.合理、科学的投饵方法

投喂饵料应做到合理、科学，即做到定质、定量、定时、定位。保证饵料质量，适量投喂，做到少喂多餐，食物投喂到鱼、虾经常活动的位置，最好将饵料投放在食台上。

（四）加强养殖管理，提高养殖者的技术水平

"三分苗种，七分养"，养殖管理是提高经济效益、防止污染与疾病发生的关键所在。日常管理要做到"三勤"：勤巡塘、勤检查和勤除害。同时要做好日常的进排水、饵料投喂等工作。对于疾病要及时监测，发现病情要及时使用适当药物治疗，对疫病中心区进行隔离以切断病害的蔓延，尽量减少损失。在养殖中适当使用消毒剂等药物，改善养殖环境，预防疾病的发生。另外，要有组织、有计划地对养殖队伍进行培训，提高养殖者的技术水平，使绿色水产养殖健康、高效发展。

（五）绿色食品水产品捕捞和保鲜技术

绿色食品水产品的捕捞，尽可能采用网捕、钩钓、人工采集，禁止使用电捕、药捕等破坏资源、污染水体、影响水产品品质的捕捞方式和方法。绿色食品水产品要尽量保鲜、保活，在运输过程中，禁止使用对人体有害的化学防腐剂和保鲜保活剂，确保绿色食品水产品不受污染。

（六）特种水产品养殖的其他注意事项

在特种水产品的养殖过程中，除按上述要求进行养殖外，还应注意以下问题。

1.要注意市场预测

特种水产品养殖成本较高，产品销售价格较贵，因此在发展某种特种水产品时，要认真分析市场的需要和容纳量，预测发展趋势，合理控制规模。

2.要注意饲养技术上的成熟性

特种水产品的生物学特性与一般养殖鱼类的差异往往较大，因此其养殖技术也不能简单地沿用普通鱼类的养殖技术，特别是部分种类要求条件较为苛刻，就更需要有较完善的设备和饲养技术，否则发展生产极为困难。

3.要注意饲料供应的品种和数量

在特种水产品的养殖中，饲料供应问题相当关键，也是降低养殖成本、提高经济效益必须要重视的问题。许多特种水产品养殖时需要动物性料，如鳜、乌鱼、虹鳟等，有的甚至需要鲜活的动物性饵料，如牛蛙，养殖这些品种必须考虑动物性饵料来源和供应量，同时还必须考虑饲料成本。

4.要注意苗种来源

特种水产品养殖一般苗种成本较高，因此要尽可能选择能自繁的养殖品种，或附近天然水域中能稳定地获得苗源的品种。

五、绿色食品渔药使用准则

《绿色食品　渔药使用准则》(NY/T 755—2013)(2013 年 12 月 13 日发布,2014 年 4 月 1 日实施)全文如下。

1　范围

本标准规定了绿色食品水产养殖过程中渔药使用的术语和定义、基本原则和使用规定。

本标准适用于绿色食品水产养殖过程中疾病的预防和治疗。

2　规范性引用文件

下列文件对于本文件的应用是必不可少的。凡是注日期的引用文件,仅注日期的版本适用于本文件。凡是不注日期的引用文件,其最新版本(包括所有的修改单)适用于本文件。

GB/T 19630.1　有机产品　第 1 部分:生产

中华人民共和国农业部　中华人民共和国兽药典

中华人民共和国农业部　兽药质量标准

中华人民共和国农业部　进口兽药质量标准

中华人民共和国农业部　兽用生物制品质量标准

NY/T 391　绿色食品　产地环境质量

中华人民共和国农业部公告　第 176 号　禁止在饲料和动物饮用水中使用的药物品种目录

中华人民共和国农业部公告　第 193 号　食品动物禁用的兽药及其他化合物清单

中华人民共和国农业部公告　第 235 号　动物性食品中兽药最高残留限量

中华人民共和国农业部公告　第 278 号　停药期规定

中华人民共和国农业部公告　第 560 号　兽药地方标准废止目录

中华人民共和国农业部公告　第 1435 号　兽药试行标准转正标准目录(第一批)

中华人民共和国农业部公告　第 1506 号　兽药试行标准转正标准目录(第二批)

中华人民共和国农业部公告　第 1519 号　禁止在饲料和动物饮水中使用的物质

中华人民共和国农业部公告　第 1759 号　兽药试行标准转正标准目录(第三批)

兽药国家标准化学药品、中药卷

3　术语和定义

下列术语和定义适用于本文件。

3.1　AA 级绿色食品　AA grade green food

产地环境质量符合 NY/T 391 的要求,遵照绿色食品生产标准生产,生产过程中遵循自然规律和生态学原理,协调种植业和养殖业的平衡,不使用化学合成的肥料、农药、兽药、渔药、添加剂等物质,产品质量符合绿色食品产品标准,经专门机构许可使用绿色食品标志的产品。

3.2　A 级绿色食品　A grade green food

产地环境质量符合 NY/T 391 的要求,遵照绿色食品生产标准生产,生产过程中遵循自然规律和生态学原理,协调种植业和养殖业的平衡,限量使用限定的化学合成生产资料，产品质量符合绿色食品产品标准，经专门机构许可使用绿色食品标志的产品。

3.3 渔药 fishery medicine

水产用兽药。

指预防、治疗水产养殖动物疾病或有目的地调节动物生理机能的物质，包括化学药品、抗生素、中草药和生物制品等。

3.4 渔用抗微生物药 fishery antimicrobial agents

抑制或杀灭病原微生物的渔药。

3.5 渔用抗寄生虫药 fishery antiparasite agents

杀灭或驱除水产养殖动物体内、外或养殖环境中寄生虫病原的渔药。

3.6 渔用消毒剂 fishery disinfectant

用于水产动物体表、渔具和养殖环境消毒的药物。

3.7 渔用环境改良剂 environment conditioner

改善养殖水域环境的药物

3.8 渔用疫苗 fishery vaccine

预防水产养殖动物传染性疾病的生物制品。

3.9 停药期 withdrawal period

从停止给药到水产品捕捞上市的间隔时间。

4 渔药使用的基本原则

4.1 水产品生产环境质量应符合 NY/T 391 的要求。生产者应按农业部《水产养殖质量安全管理规定》实施健康养殖，采取各种措施避免应激、增强水产养殖动物自身的抗病力，减少疾病的发生。

4.2 按《中华人民共和国动物防疫法》的规定，加强水产养殖动物疾病的预防，在养殖生产过程中尽量不用或者少用药物。确需使用渔药时，应选择高效、低毒、低残留的渔药，应保证水资源和相关生物不遭受损害，保护生物循环和生物多样性，保障生产水域质量稳定，在水产动物病害控制过程中，应在水生动物类执业兽医的指导下用药。停药期应满足农业部公告第 278 号规定、《中国兽药典兽药使用指南化学药品卷》(2010版)的规定。

4.3 所用渔药应符合农业部 1435 号、1506 号、1759 号公告，应来自取得生产许可证和产品批号文号的生产企业，或者取得《进口兽药登记许可证》的供应商。

4.4 用于预防或治疗疾病的渔药应符合中华人民共和国农业部《中华人民共和国兽药典》、《兽药质量标准》、《兽用生物制品质量标准》和《进口兽药质量标准》等有关规定。

5 生产 AA 级绿色食品水产品的渔药使用规定

按 GB/T 19630.1 执行。

6 生产 A 级绿色食品水产品的渔药使用规定

6.1 优先选用 GB/T 19630.1 规定的渔药。

6.2 预防用药见附录 A。

6.3 治疗用药见附录 B。

6.4 所有使用的渔药应来自具有生产许可证和产品批准文号的生产企业，或者具有《进口兽药登记许可证》的供应商。

6.5　不应使用的药物种类

6.5.1　不应使用中华人民共和国农业部公告第176号、193号、235号、560号和1519号公告中规定的渔药。

6.5.2　不应使用药物饲料添加剂。

6.5.3　不应为了促进养殖水产动物生长而使用抗菌药物、激素或其它生长促进剂。

6.5.4　不应使用通过基因工程技术生产的渔药。

6.6　渔药的使用应建立用药记录

6.6.1　应满足健康养殖的记录要求。

6.6.2　出入库记录,应建立渔药入库、出库登记制度,应记录药物的商品名称、通用名称、主要成分、批号、有效期、贮存条件等。

6.6.3　建立并保存消毒记录,包括消毒剂种类、批号、生产单位、剂量、消毒方式、消毒频率或时间等。建立并保存水产动物的免疫程序记录,包括疫苗种类、使用方法、剂量、批号、生产单位等。建立并保存患病水产动物的治疗记录,包括水产动物标志、发病时间及症状、药物种类、使用方法及剂量、治疗时间、疗程、停药时间、所用药物的商品名称及主要成分、生产单位及批号等。

6.6.4　所有记录资料应在产品上市后保存两年以上。

附录 A

(规范性附录)

A级绿色食品预防水产养殖动物疾病药物

A.1 国家兽药标准中列出的水产用中草及其成药制剂

A.2 生产A级绿色食品预防用化学药物及生物制品

表 A.1　生产 A 级绿色食品预防用化学药物及生物制品目录

类　别	制剂与主要成分	作用与用途	注意事项	不良反应
调节代谢或生长药物	维生素C钠粉(Sodium Ascorbate Powder)	预防和治疗水生动物的维生素C缺乏症等	1.勿与维生素 B_{12}、维生素 K_3 合用,以免氧化失效;2.勿与含铜、锌离子的药物混合使用	
疫苗	草鱼出血病灭活疫苗(Grass Carp Hemorrhage Vaccine, Inactivated)	预防草鱼出血病,免疫期12个月	1.切忌冻结,冻结的疫苗严禁使用;2.使用前,应先使疫苗恢复至室温,并充分摇匀;3.开瓶后,限12小时内用完;4.接种时,应作局部消毒处理;5.使用过的疫苗瓶、器具和未用完的疫苗等应进行消毒处理	

续表

类　别	制剂与主要成分	作用与用途	注意事项	不良反应
疫苗	牙鲆鱼溶藻弧菌、鳗弧菌、迟缓爱德华病多联抗独特型抗体疫苗(Vibrio alginolyticus, Vibrio anguillarum, slow Edward disease multiple anti idiotypic antibody vaccine)	预防牙鲆鱼溶藻弧菌、鳗弧菌、迟缓爱德华病。免疫期为5个月	1.本品仅用于接种健康鱼。2.接种、浸泡前应停食至少24小时,浸泡时向海水内充气。3.注射型疫苗使用时应将疫苗与等量的弗氏不完全佐剂充分混合。浸泡型疫苗倒入海水后也要充分搅拌,使疫苗均匀分布于海水中。4.弗氏不完全佐剂在2～8 ℃储藏,疫苗开封后应限当日用完。5.注射接种时,应尽量避免操作对鱼造成的损伤。6.接种疫苗时,应使用1 mL的一次性注射器,注射中应注意避免针孔堵塞。7.浸泡的海水温度以15～20 ℃为宜。8.使用过的疫苗瓶、器具和未用完的疫苗等应进行消毒处理	
	鱼嗜水气单胞菌败血症灭活疫苗(Grass Carp Hemorrhage Vaccine, Inactivated)	预防淡水鱼类特别是鲤科鱼的嗜水气单胞菌败血症,免疫期为6个月	1.切忌冻结,冻结的疫苗严禁使用疫苗,疫苗稀释后,限当日用完;2.使用前,应先使疫苗恢复至室温,并充分摇匀;3.接种时,应作局部消毒处理;4.使用过的疫苗瓶、器具和未用完的疫苗等应进行消毒处理	

续表

类　别	制剂与主要成分	作用与用途	注意事项	不良反应
疫苗	鱼虹彩病毒病灭活疫苗(Iridovirus Vaccine, Inactivated)	预防真鲷、鰤鱼属、拟鲹的虹彩病毒病	1.仅用于接种健康鱼;2.本品不能与其他药物混合使用;3.对真鲷接种时,不应使用麻醉剂;4.使用麻醉剂时,应正确掌握方法和用量;5.接种前应停食至少24小时;6.接种本品时,应采用连续性注射,并采用适宜的注射深度,注射中应避免针孔堵塞;7.应使用高压蒸汽消毒或者煮沸消毒过的注射器;8.使用前充分摇匀;9.一旦开瓶,一次性用完;10.使用过的疫苗瓶、器具和未用完的疫苗等应进行消毒处理;11.应避免冻结;12.疫苗应储藏于冷暗处;13.如意外将疫苗污染到人的眼、鼻、嘴中或注射到人体内时,应及时对患部采取消毒等措施	
	鰤鱼格氏乳球菌灭活疫苗(BY1株)(Lactococcus Garvuae Vaccine, Inactivated)(Strain BY1)	预防出口日本的五条鰤、杜氏鰤(高体鰤)格氏乳球菌病	1.营养不良、患病或疑似患病的靶动物不可注射,正在使用其他药物或停药4日内的靶动物不可注射;2.靶动物需经7日驯化并停止喂食24小时以上,方能注射疫苗,注射7日内应避免运输;3.本疫苗鱼在20℃以上的水温中使用;4.本品使用疫苗和使用过程中注意摇匀;5.注射器具应经高压蒸汽灭菌或煮沸等方法消毒后使用,推荐使用连续注射器;6.使用麻醉剂时,遵守麻醉剂用量;7.本品不与其他药物混合使用;8.疫苗一旦开启,尽快使用;9.妥善处理使用后的残留疫苗、空瓶和针头等;10.避光、避热、避冻结;11.使用过的疫苗瓶、器具和未用完的疫苗等应进行消毒处理	

续表

类　别	制剂与主要成分	作用与用途	注意事项	不良反应
消毒用药	溴氯海因粉(Bromochlorodimethylhydantoin Powder)	养殖水体消毒;预防鱼、虾、蟹、鳖、贝、蛙等由弧菌、嗜水气单胞菌、爱德华菌等引起的出血、烂鳃、腐皮、肠炎等疾病	1.勿用金属容器盛装;2.缺氧水体禁用;3.水质较清,透明度高于 30 cm 时,剂量酌减;4.苗种剂量减半	
	次氯酸钠溶液(Sodium Hypochlorite Solution)	养殖水体、器械的消毒与杀菌;预防鱼、虾、蟹的出血、烂鳃、腹水、肠炎、疖疮、腐皮等细菌性疾病	1.本品受环境因素影响较大,因此使用时应特别注意环境条件,在水温偏高、pH 值较低、施肥前使用效果更好;2.本品有腐蚀性,勿用金属容器盛装,会伤害皮肤;3.养殖水体水深超过 2 m 时,按 2 m 水深计算用药;4.包装物用后集中销毁	
	聚维酮碘溶液(Povidone Iodine Solution)	养殖水体的消毒,防治水产养殖动物由弧菌、嗜水气单胞菌、爱德华氏菌等细菌引起的细菌性疾病	1.水体缺氧时禁用;2.勿用金属容器盛装;3.勿与强碱类物质及重金属物质混用;4.冷水性鱼类慎用	
	三氯异氰脲酸粉(Trichloroisocyanuric Acid Powder)	水体、养殖场所和工具等消毒以及水产动物体表消毒等,防治鱼虾等水产动物的多种细菌性和病毒性疾病的作用	1.不得使用金属容器盛装,注意使用人员的防护;2.勿与碱性药物、油脂、硫酸亚铁等混合使用;3.根据不同的鱼类和水体的 pH 值,使用剂量适当增减	
	复合碘溶液(Complex Iodine Solution)	防治水产养殖动物细菌性和病毒性疾病	1.不得与强碱或还原剂混合使用;2.冷水鱼慎用	
	蛋氨酸碘粉(Methionine Iodine Powder)	消毒药,用于防治对虾白斑综合征	勿与维生素 C 类强还原剂同时使用	
	高碘酸钠(Sodium Periodate Solution)	养殖水体的消毒;防治鱼、虾、蟹等水产养殖动物由弧菌、嗜水气单胞菌、爱德华氏菌等细菌引起的出血、烂鳃、腹水、肠炎、腐皮等细菌性疾病	1.勿用金属容器盛装;2.勿与强类物质及含汞类药物混用;3.软体动物、鲑等冷水性鱼类慎用	

续表

类　别	制剂与主要成分	作用与用途	注意事项	不良反应
消毒用药	苯扎溴铵溶液(Benzalkonium Bromide Solution)	养殖水体消毒,防治水产养殖动物由细菌性感染引起的出血、烂鳃、腹水、肠炎、疖疮、腐皮等细菌性疾病	1.勿用金属容器盛装;2.与阴离子表面活性剂、碘化物和过氧化物混用;3.软体动物、鲑等冷水性鱼类慎用;4.水质较清的养殖水体慎用;5.使用后注意池塘增氧;6.包装物使用后集中销毁	
	含氯石灰(Chlorinated Lime)	水体的消毒,防治水产养殖动物由弧菌、嗜水气单胞菌、爱德华氏菌等细菌引起的细菌性疾病	1.不得使用金属器具;2.缺氧、浮头前后严禁使用;3.水质较瘦、透明度高于30 cm时,剂量减半;4.苗种慎用;5.本品杀菌作用快而强,但不持久,且受有机物的影响,在实际使用时,本品需与被消毒物至少接触15～20 min	
	石灰(Lime)	鱼池消毒、改良水质		
渔用环境改良剂	过硼酸钠(Sodium Perborate Powder)	增加水中溶氧,改善水质	1.本品为急救药品,根据缺氧程度适当增减用量,并配合充水,增加增氧机等措施改善水质;2.产品有轻微结块,压碎使用;3.包装物用后集中销毁	
	过碳酸钠(Sodium Perborate)	水质改良剂,用于缓解和解除鱼、虾、蟹等水产养殖动物因缺氧引起的浮头和泛塘	1.不得与金属、有机溶剂、还原剂等接触;2.按浮头处水体计算药品用量;3.视浮头程度决定用药次数;4.发生浮头时,表示水体严重缺氧,药品加入水体后,还应采取冲水、开增氧机等措施;5.包装物使用后集中销毁	
	过氧化钙(Calcium Peroxide Powder)	池塘增氧,防治鱼类缺氧浮头	1.对于一些无更换水源的养殖水体,应定期使用;2.严禁与含氯制剂、消毒剂、还原剂等混放;3.严禁与其他化学试剂混放;4.长途运输时常使用增氧设备,观赏鱼长途运输禁用	

续表

类　别	制剂与主要成分	作用与用途	注意事项	不良反应
渔用环境改良剂	过氧化氢溶液(Hydrogen Peroxide Solution)	增加水体溶氧	本品为强氧化剂,腐蚀剂,使用时顺风向泼洒,勿将药液接触皮肤,如接触皮肤应立即用清水冲洗	

附录 B

(规范性附录)

A 级绿色食品治疗水生生物疾病药物

B.1 国家兽药标准中列出的水产用中草药及其成药制剂

B.2 生产 A 级绿色食品治疗用化学药物

表 B.1　生产 A 级绿色食品治疗用化学药物目录

类别	制剂与主要成分	作用与用途	注意事项	不良反应
抗微生物药物	盐酸多西环素粉(Doxycycline Hyelate Powder)	治疗鱼类由弧菌、嗜水气单胞菌、爱德华菌等细菌引起的细菌性疾病	1.均匀拌饵投喂;2.包装物用后集中销毁	长期应用可引起二重感染和肝脏损坏
	氟苯尼考粉(Flofenicol Powder)	防治淡、海水养殖鱼类由细菌引起的败血症、溃疡、肠道病、烂鳃病,以及虾红体病、蟹腹水病	1.混拌后的药饵不宜久置;2.不宜高剂量长期使用	高剂量长期使用对造血系统具有可逆性抑制作用
	氟苯尼考粉预混剂(50%)(Flofenicol Premix-50)	治疗嗜水气单胞菌、副溶血弧菌、溶藻弧菌、链球菌等引起的感染,如鱼类细菌性败血症、溶血性腹水病、肠炎、赤皮病等,也可治疗虾、蟹类弧菌病、罗非鱼链球菌病等	1.预混剂使用食用油混合,之后再与饲料混合,为确保均匀,本品须先与少量饲料混匀;2.使用后须用肥皂和清水彻底洗净饲料所用的设备。	高剂量长期使用对造血系统具有可逆性抑制作用
	氟苯尼考粉注射液(Flofenicol Injection)	治疗鱼类敏感菌所致疾病		
	硫酸锌霉素(Neomycin Sulfate Powder)	用于治疗鱼、虾、蟹等水产动物由气单胞菌、爱德华氏菌及弧菌引起的肠道疾病		

续表

类别	制剂与主要成分	作用与用途	注意事项	不良反应
驱杀虫药物	硫酸锌粉(Zinc Sulfate Powder)	杀灭或驱除河蟹、虾类等水生动物的固着类纤毛虫	1.禁用于鳗鲡;2.虾蟹幼苗期及脱壳期中期慎用;3.高温低压气候注意增氧	
	硫酸锌三氯异氰脲酸粉(Zincsulfate and Trichloroisocyanuric Powder)	杀灭或驱除河蟹、虾类等水生动物的固着类纤毛虫	1.禁用于鳗鲡;2.虾蟹幼苗期及脱壳期中期慎用;3.高温低压气候注意增氧	
	盐酸氯苯胍粉(Robenidinum Hydrochloride Powder)	鱼类孢子虫病	1.搅拌均匀,严格按照推荐剂量使用;2.斑点叉尾鮰慎用	
	阿苯达唑粉(Albendazole Powder)	治疗海水鱼类线虫病和由双鳞盘吸虫、贝尼登虫等引起的寄生虫病;淡水养殖鱼类由指环虫、三代虫以及黏孢子虫等引起的寄生虫病		
	地克珠利预混剂(Diclazuril Premix)	防治鲤科鱼类黏孢子虫、碘泡虫、尾孢虫、四极虫、单极虫等孢子虫病		
消毒用药	聚维酮碘溶液(Povidone Iodine Solution)	养殖水体的消毒,防治水产养殖动物由弧菌、嗜水气单胞菌、爱德华氏菌等细菌引起的细菌性疾病	1.水体缺氧时禁用;2.勿用金属容器盛装;3.勿与强碱类物质及重金属物质混用;4.冷水性鱼类慎用	
	三氯异氰脲酸粉(Trichloroisocyanuricacid Powder)	水体、养殖场所和工具等消毒以及水产动物体表消毒等,防治鱼虾等水产动物的多种细菌性和病毒性疾病的作用	1.不得使用金属容器盛装,注意使用人员的防护;2.勿与碱性药物、油脂、硫酸亚铁等混合使用;3.根据不同的鱼类和水体的pH值,使用剂量适当增减	
	复合碘溶液(Complex Iodine Solution)	防治水产养殖动物细菌性和病毒性疾病	1.不得与强碱或还原剂混合使用;2.冷水鱼慎用	
	蛋氨酸碘粉(Methionine Iodine Powder)	消毒药,用于防治对虾白斑综合征	勿与维生素C类强还原剂同时使用	

续表

类别	制剂与主要成分	作用与用途	注意事项	不良反应
消毒用药	高碘酸钠(Sodium Periodate Solution)	养殖水体的消毒;防治鱼、虾、蟹等水产养殖动物由弧菌、嗜水气单胞菌、爱德华氏菌等细菌引起的出血、烂鳃、腹水、肠炎、腐皮等细菌性疾病	1.勿用金属容器盛装;2.勿与强还原性物质及含汞类药物混用;3.软体动物、鲑等冷水性鱼类慎用	
	苯扎溴铵溶液(Benzalkonium Bromide Solution)	养殖水体消毒,防治水产养殖动物由细菌性感染引起的出血、烂鳃、腹水、肠炎、疖疮、腐皮等细菌性疾病	1.勿用金属容器盛装;2.禁与阴离子表面活性剂、碘化物和过氧化物等混用;3.软体动物、鲑等冷水性鱼类慎用;4.水质较清的养殖水体慎用;5.使用后注意池塘增氧;6.包装物使用后集中销毁	

第五节　绿色食品淡水鱼养殖实例

本部分主要以淡水鱼类中的鲢、鳙为对象对淡水鱼的绿色养殖技术加以介绍。

一、养殖产地环境的选择

开展绿色食品级的鲢、鳙养殖生产,最好选择在正常库容量 $1.0\times10^3\sim1.0\times10^4$ m^3 以内,集雨面积在 30 hm^2 以上的山塘或小二型水库中进行。养殖场周边的空气质量和养殖用水质量要经过有资质的机构进行专门的检测,证明其符合《绿色食品　产地环境技术条件》(NY/T 391—2013)中的规定。

二、库区围栏养殖场和网箱设置办法

(一)库区围栏养殖场围网材料、结构与建设方法

单个围网区面积以 2000～6000 m^2 为宜,圆形或椭圆形,由墙网、支架和石笼组成。墙网一般用聚乙烯线编织而成,网目为 2.5～3.0 cm,水平缩结系数为 0.65～0.70。墙网上纲和下纲均装配双纲绳,纲绳直径为 5 mm。墙高为最大水深与波高之和,防跳墙高为 0.8～1.0 m,汛期接在墙网顶端。墙网双层,间距为 4～5 m。两层墙网间通道用隔网隔成几段,每段隔网上安装 1 个囊网。支架由支柱、横杆和支撑组成。支柱打入库底 1 m 左右,上部超出最高水位 1 m,支柱间距为 1.5 m。横杆两道,下横杆接近最低水位处,上横杆离支柱顶端 30～50 cm。迎风面每隔 6 m 加一支撑,将墙网绑在支柱上。石笼内装卵石,下网时沿底纲与墙网缝合,压入底泥中,内墙网用双石笼。

(二)库区网箱设置方法

库区网箱应设在有外源性营养物质输入和水质较肥、浮游生物丰富的区段，最好是水库中上游较开敞库湾，网箱面积占总水面的 1/200～1/100。单箱按品字形或梅花形设置，箱距不小于 30～50 m；多箱串联设置，两组间距不少于 50 m，每组网箱 6～8 只，箱间距为 10～20 m。也可以按一字形排列设置单排网箱，单网箱与网箱之间最少要留有 1 个网箱大小的间隔空间，以便于养殖水体的交换。

三、投放鱼种的质量要求

(一)鱼种来源

投放的鱼种不管规格大小，都必须来源于有水产苗种生产许可证的良种场或繁育场。

(二)鱼种质量

鱼种符合国家颁布实施的《鲢鱼鱼苗、鱼种质量标准》(GB/T 11777)和《鳙鱼鱼苗鱼种质量标准》(GB/T 11778)的规定，而且经过水生动物检疫机构检疫证明不带有病原体，规格整齐。

四、肥料使用原则

养殖前期或养殖过程需要施用肥料培养浮游生物时，必须选用《绿色食品　肥料使用准则》(NY/T 394—2013)中 4.2 的肥料种类，如 4.2 的肥料种类不能满足生产需要，允许按3.1 和 3.2 的要求使用化学肥料(氮、磷、钾)，但禁止使用硝态氮肥。化肥必须与有机肥配合施用，有机氮与无机氮之比不超过 1∶1，如施优质厩肥 1000 kg 加尿素 10 kg(厩肥作基肥，尿素可作基肥和追肥用)。化肥也可与有机肥、复合微生物肥配合施用。厩肥 1000 kg 加尿素 5～10 kg 或磷酸氢二铵 20 kg、复合微生物肥料 60 kg(厩肥作基肥，尿素、磷酸氢二铵和微生物肥料作基肥和追肥用)。最后一次追肥必须在收获前 30 d 进行。

五、养殖技术

(一)养殖前准备

1.山塘养殖

夯实堤坝，检查维修排洪设施。用生石灰带水全塘消毒，按平均水深 1.0 m 计算，生石灰用量为 1125 kg/hm^2。消毒 3 d 后，全塘撒有机肥培养饵料生物，有机肥用量为 3000～7500 kg/hm^2，使水体的透明度在 30～40 cm。

2.水库养殖

检查库区周边及坝首的安全情况，了解水库往年水文、灌溉、库容变动等情况，特别是最小库容时的水域面积情况。当水体透明度大于 60 cm 时，需施用有机肥，施用方法同上。

3.库区围栏养殖与网箱养殖

检查围网的墙网、网箱网衣有无破损；检查围网的支架石笼是否牢固；检测围网、网箱水域水体透明度是否符合要求，当水体透明度大于 60 cm 时，需施用有机肥，施用方法同上。

(二)鱼种放养

在春季或秋季，水温差不超过 3 ℃时，选择体长 10 cm 以上的鲢、鳙进行投放。投放密度，山塘养殖为 6000～8000 尾/hm^2，水库养殖为 5000～6000 尾/hm^2，库区围栏养殖为

4000～5000 尾/hm^2，网箱养殖为 3～5 尾/m^2。鲢、鳙的比例为 1∶4。

(三)日常管理

1.巡塘检查

早、晚巡塘检查塘堤、库堤、闸口、围网、网箱有无破损，水质有无变化，鱼有无浮头和病死的现象。暴雨季节特别要注意观测水库水体的变化，做好安全防范工作。

2.施追肥

当山塘水体透明度大于 40 cm、水库水体透明度大于 60 cm 时，施追肥，使用原则见前述。

3.调节水质

每月施放生石灰 1 次调节水质，生石灰用量为 225～300 kg/hm^2。

4.日常记录

养殖全过程要做好日常生产记录，记录项目包括生理指标、水质理化指标、投饵量、投肥量以及记录人、记录日期等，其中生理指标包括体色、体长、体重，水质理化指标包括溶解氧、pH 值、氨氮、水色、水温等，投饵量分上午和下午记录，投肥量记录肥料名称和用量。记录档案要保存两年以上。

(四)病害防治

坚持以防为主，防治结合的原则。

1.病害预防

养殖过程中应细心操作，尽量避免鱼体受伤，及时捞出病鱼、死鱼，进行无害化处理。在鱼病流行季节，在围栏养殖和网箱养殖区域用漂白粉挂袋预防疾病的传播。

2.药物使用原则

药物使用应符合《绿色食品　渔药使用准则》(NY/T 755—2013)的规定，并按《水产养殖质量安全管理规定》的要求填写用药记录，记录内容包括时间、池号、用药名称、用量(浓度)、平均体重、病害发生情况、主要症状、处方人、处方、施药人员、休药期等。施用药物时，山塘养殖池可直接将药物泼洒到池水中，围栏养殖和网箱养殖因养殖水域的流动性，施用药物前，必须将鱼驱赶集中到围网、网箱一角落，并用彩条布将其围成一小鱼池，然后将药物泼洒进小鱼池中。

第六节　绿色食品海洋捕捞水产品生产管理规范

《绿色食品　海洋捕捞水产品生产管理规范》(NY/T 1891—2010)(2010 年 5 月 20 日发布，2010 年 9 月 1 日实施)全文如下。

1　范围

本标准规定了海洋捕捞水产品渔业捕捞许可要求、人员要求、渔船卫生要求、捕捞作业要求、渔获物冷却处理、渔获物冻结操作、渔获物装卸操作、渔获物运输和贮存等。

本标准适用于绿色食品海洋捕捞水产品的生产管理。

2　规范性引用文件

下列文件对于本文件的应用是必不可少的。凡是注日期的引用文件，仅注日期的版本适用于本文件。凡是不注日期的引用文件，其最新版本(包括所有的修改单)适用于本文件。

GB 5749　生活饮用水卫生标准

GB/T 23871　水产品加工企业卫生管理规范

NY/T 392 绿色食品　食品添加剂使用准则

SC 5010　塑料鱼箱

SC/T 9003　水产品冻结盘

3　渔业捕捞许可要求

3.1　渔船应向相关部门申请登记，取得船舶技术证书，方可从事渔业捕捞。

3.2　捕捞应经主管机关批准并领取渔业捕捞许可证，在许可的捕捞区域进行作业。

4　人员要求

4.1　从事海洋捕捞的人员应培训合格，持证上岗。

4.2　从事海洋捕捞及相关岗位的人员应每年体检一次，必要时应进行临时性的健康检查，具备卫生部门的健康证书，建立健康档案。凡患有活动性肺结核、传染性肝炎、肠道传染病以及其他有碍食品卫生的疾病之一者，应调离工作岗位。

4.3　应注意个人卫生，工作服、雨靴、手套应及时更换，清洗消毒。

5　渔船卫生要求

5.1　生产用水和冰的要求

5.1.1　渔船生产用水及制冰用水应符合 GB 5749 的规定。

5.1.2　使用的海水应为清洁海水，经充分消毒后使用，并定期检查。

5.1.3　冰的制造、破碎、运输、贮存应在卫生条件下进行。

5.2　化学品的使用要求

清洗剂、消毒剂和杀虫剂等化学品应有标注成分、保存和使用方法等内容的标签，单独存放保管，并做好库存和使用记录。

5.3　基本设施要求

5.3.1　存放及加工捕捞水产品的区域应与机房和人员住处有效隔离并确保不受污染。

5.3.2　加工设施应不生锈、不发霉，其设计应确保融冰水不污染捕捞水产品。

5.3.3　存放水产品的容器应由无毒害、防腐蚀的材料制作，并易于清洗和消毒，使用前后应彻底清洗和消毒。

5.3.4　与渔获物接触的任何表面应无毒、易清洁，并与渔获物、消毒剂、清洁剂不应起化学反应。

5.3.5　饮用水与非饮用水管线应有明显的识别标志，避免交叉污染。

5.3.6　配备温度记录装置，并应安装在温度最高的地方。

5.3.7　塑料鱼箱的要求应符合 SC 5010 的规定。

5.3.8　生活设施和卫生设施应保持清洁卫生，卫生间应配备洗手消毒设施。

6　捕捞作业要求

6.1　捕捞机械及设备应保持完好、清洁。

6.2　捕捞作业的区域和器具应防止化学品、燃料或污水等的污染。

6.3　捕捞操作中，应注意人员安全，防止渔获物被污染、损伤。

6.4　渔获物应及时清洗，进行冷却处理，并应防止损伤鱼体。无冷却措施的渔获物在船上存放不应超过 8 h。

6.5　作业区域、设施以及船舱、贮槽和容器每次使用前后应清洗和消毒。

6.6　保存必要的作业和温度记录。

7　渔获物冷却处理

7.1　冰鲜操作要求

7.1.1　鱼舱底层应用碎冰铺底，厚度一般为 200～400 mm。

7.1.2　鱼箱摆放整齐，鱼箱之间、鱼箱与鱼舱之间的空隙用冰填充。鱼箱叠放不应压损渔获物。

7.1.3　冰鲜过程中要经常检查、松冰或添冰，防止冰结壳或缺冰(或脱水)。

7.1.4　污染、异味或体形较大的渔获物应和其他渔获物分舱进行冰鲜处理。

7.1.5　渔获物入舱后应及时关鱼舱舱门，需要开启鱼舱时，应尽量缩短开舱时间。

7.1.6　及时抽舱底水，勿使水漫出舱底板。

7.1.7　食品添加剂的使用应符合 NY/T 392 的规定。

7.2　冷却海水操作要求

7.2.1　船舱海水应注入和排出充分。

7.2.2　鱼舱四周上下均需设置隔热设施，并配备自动温度记录装置。

7.2.3　冷却海水应满舱，舱盖需水密，以避免船体摇晃时引起渔获物擦伤。

7.2.4　舱内海水温度应保持在－1～1 ℃，以确保渔获物和海水的混合物在 6 h 内降至 3 ℃，16 h 内降至 0 ℃。

8　渔获物冻结操作

8.1　冻结基本要求

8.1.1　冻结用水应经预冷，水温不应高于 4 ℃。

8.1.2　冻结设施可使产品中心温度达到－18 ℃以下。

8.1.3　冻藏库温度应保持在－18 ℃以下。

8.2　冻结温度

8.2.1　冻结之前渔获物的中心温度应低于 20 ℃。

8.2.2　冻结前，其房间或设备应进行必要的预冷却。

8.2.3　吹风式冻结，其室内空气温度不应高于－23 ℃；接触式(平板式、搁架式)冻结，其设备表面温度不应高于－28 ℃。

8.2.4　冻结终止，冻品的中心温度不应高于－18 ℃。

8.2.5　冻结间应配备温度测定装置，并在计量检定有效期内使用。保持温度记录。

8.3　冻结时间

冻结过程不应超过 20 h，单个冻结及接触式平板冻结的冻结时间不应超过 8 h。

8.4　镀冰衣

8.4.1　渔获物冻结脱盘后即进行镀冰衣。

8.4.2　用于镀冰衣的水需经预冷或加冰冷却，水温不应高于 4 ℃。

8.4.3　镀冰衣应适量、均匀透明。

9　其他加工

应符合 GB/T 23871 的规定。

10　渔获物装卸操作

10.1　要求

10.1.1　装卸渔获物的设备(起舱机、胶带输送机、车辆或吸鱼泵等)应保持完好、清洁。

10.1.2　设备运行作业时，对鱼体不应有机械损伤，不应有外溢的润滑油污染鱼体。

10.1.3　运输工具应保持清洁、干燥，每次生产任务完成后，应清洗并消毒备用。

10.1.4　装卸场地应清洁、干燥，并有专用保温库堆放箱装渔获物。

10.1.5　地面平整，不透水积水，内墙、室内柱子下部应有 1.5 m 高的墙裙，其材料应无毒、易清洗。

10.1.6　应有畅通的排水系统，且便于清除污物。

10.1.7　应设有存放毒鱼的专用容器，并标有特殊标志，且结构严密、便于清洗。

10.2　操作

10.2.1　散装渔获物装箱时，应避免高温及机械损伤。不应装得过满，以免外溢。

10.2.2　卸下的渔获物应及时进入冷藏库或冷藏车内暂存，并按品种、等级、质量分别堆放。

10.2.3　对有毒水产品应进行严格分检和收集管理。

11　渔获物运输和贮存

11.1　运输

11.1.1　运输工具应保持清洁，定期清洗消毒。运输时，不应与其他可能污染水产品的物品混装。

11.1.2　运输过程中，冷藏水产品温度宜保持在 0～4 ℃；冻藏水产品温度应控制在－18 ℃以下。

11.2　贮存

11.2.1　库内物品与墙壁距离不宜少于 30 cm，与地面距离不宜少于 10 cm，与天花板保持一定的距离，并分跺存放，标识清楚。

11.2.2　冷藏库、速冻库、冻藏库应配备温度记录装置，并定期校准。冷藏库的温度宜控制在 0～4 ℃；冻藏库温度应控制在－18 ℃以下；速冻库温度应控制在－28 ℃以下。

11.2.3　贮存库内应清洁、整齐，不应存放可能造成相互污染或者串味的食品。应设有防霉、防虫、防鼠设施，定期消毒。

第七节　水产品绿色食品生产实例

鲢、鳙鱼绿色食品标准化养殖

养殖地选择:开展绿色食品级的鲢、鳙鱼养殖生产,最好选择在正常库容量10万～100万立方米以内,集雨面积在30 hm^2 以上的山塘或小二型水库中进行。养殖场周边的空气质量和养殖用水质量要经过有资质的机构进行专门的检测,证明其符合《绿色食品　产地环境技术条件》(NY/T 391)中的规定。

库区围栏养殖场围网材料、结构与建设方法:单个围网区面积以2000～6000 m^2 为宜,圆形或椭圆形,由墙网、支架和石笼组成。墙网一般用聚乙烯线编织而成,网目2.5～3.0 cm,水平缩结系数0.65～0.70。墙网上下纲均装配双纲绳.纲绳直径5 mm。墙高为最大水深与波高之和,防跳墙0.8～1.0 m,汛期接在墙网顶端。墙网双层,间距4～5 m。两层墙网间通道用隔网隔成几段,每段隔网上安装1个囊网。支架由支柱、横杆和支撑组成。支柱打入库底1 m左右,上部超出最高水位1 m,支柱间距1.5 m。横杆两道,下横杆接近最低水位处,上横杆离支柱顶端30～50 cm。迎风面每隔6 m加一支撑。将墙网绑在支柱上。石笼内装卵石。下网时沿底纲与墙网缝合,压入底泥中。内墙网用双石笼。

库区网箱设置方法:应设在有外源性营养物质输入和水质较肥、浮游生物丰富的区段,最好是水库中上游较开敞库湾。网箱面积占总水面的1/200～1/100。单箱按"品"字形或"梅花"形设置,箱距不小于30～50 m;多箱串联设置,两组间距不少于50 m,每组网箱6只。箱间距10～20 m。也可以按一字形排列设置单排网箱。单网箱与网箱之间最少要留有1个网箱大小的间隔空间,以便于养殖水体的交换。

鱼种来源:投放的鱼种不管规格大小,都必须来源于有水产苗种生产许可证的良种场或繁育场。

鱼种质量:符合国家颁布实施的《鲢鱼鱼苗、鱼种质量标准》(GB/T 11777)和《鳙鱼鱼苗、鱼种质量标准》(GB/T 11778)的规定,而且经过水生动物检疫机构检验检疫证明不带有病原体,规格整齐。

肥料使用原则:养殖前期或养殖过程需要施用肥料培养浮游生物时,必须选用《绿色食品　肥料使用准则》(NY/T 394)中4.2的肥料种类。如4.2的肥料种类不够满足生产需要,允许按3.1和3.2的要求使用化学肥料(氮、磷、钾),但禁止使用硝态氮肥。化肥须与有机肥配合施用,有机氮与无机氮之比不超过1∶1,如施优质厩肥1000 kg加尿素10 kg(厩肥作基肥、尿素可作基肥和追肥用)。化肥也可与有机肥、复合微生物肥配合施用。厩肥1000 kg加尿素5～10 kg或磷酸二铵20 kg、复合微生物肥料60 kg(厩肥作基肥,尿素、磷酸二铵和复合微生物肥料作基肥和追肥用)。最后一次追肥必须在收获前30 d进行。

养殖前准备:山塘养殖时,夯实堤坝,检查维修排洪设施。用生石灰带水全塘消毒,按平均水深1.0 m计算生石灰用量为1125 kg/hm^2。消毒3 d后,全塘撒有机肥培养饵料生物,有机肥用量为3000～7500 kg/hm^2,使水体的透明度在30～40 cm。水库养殖时,检查库区周边及坝首的安全情况,了解水库往年水文、灌溉、库容变动等情况,特别是最小库容时的水域面积情况。如水体透明度大于60 cm时,需施用有机肥,施用方法同上。库区围栏养殖与网箱养殖时，检查围网的墙网、网箱网衣有无破损；检查围网的支架、石笼是否牢固；检测围网、网箱水域水体透明度是否符合要求，如水体透明度大于 60 cm 时，需施用有机肥，施用方法同上。

鱼种放养：在春季或秋季，水温差不超过±3 ℃时，选择体长 10c m 以上的鲢、鳙鱼进行投放。投放密度山塘养殖按 6000～8000 尾/hm^2；水库养殖按 5000～6000 尾/hm^2；库区围栏养殖按 4000～5000 尾/hm^2；网箱养殖按 3～5 尾/m^2。鲢鱼、鳙鱼的比例为 1∶4。

巡塘检查：早、晚巡塘检查塘堤、库堤、闸口、围网、网箱有无破损，水质有无变化，鱼有无浮头和病死的现象，暴雨季节特别要注意观测水库水体的变化，做好安全防范工作。

施追肥：当山塘水体透明度大于 40 cm、水库水体透明度大于 60 cm 时，施追肥，使用原则见前述。

调节水质：每月施放生石灰 1 次调节水质，生石灰用量为 225～300 kg/hm^2。

日常记录：养殖全过程要做好日常生产记录，记录项目包括生理指标、水质理化指标、投饵量、投肥量以及记录人、记录日期等，其中生理指标包括体色、体长、体重，水质理化指标包括溶解氧、pH 值、氨氮、水色、水温等，投饵量分上、下午记录，投肥量记录肥料名称和重量。记录档案要保存两年以上。

病害预防：养殖过程中，应细心操作，尽量避免鱼体受伤；及时捞出病鱼、死鱼，进行无害化处理；在鱼病流行季节，在围栏养殖和网箱养殖区域用漂白粉挂袋预防疾病的传播。

药物使用原则：药物使用应符合《绿色食品　渔药使用准则》(NY/T 755)的规定，并按《水产养殖质量安全管理规定》的要求填写用药记录，记录内容包括时间、池号、用药名称、用量(浓度)、平均体重、病害发生情况、主要症状、处方人、处方、施药人员、休药期等。施用药物时，山塘养殖池可直接将药物泼洒到池水中。围栏养殖和网箱养殖因养殖水域的流动性，施用药物前，必须将鱼驱赶集中到围网、网箱一角落，并用彩条布将其围成一小鱼池，然后将药物泼洒进小鱼池中。

常见病害的症状与治疗方法：

(1)出血性败血症。早期及急性感染时.病鱼的上颌、下颌、口腔、鳃盖、眼睛、鳍基及鱼体两侧有轻度的充血.肠内有少量食物，严重时体表严重充血，甚至出血。眼睛周围发红充血，肛门红肿，腹部膨大。腹腔中有淡黄色透明或红色浑浊的腹水，病鱼严重贫血，胆囊大，鳃、肝、肾颜色变淡等。可全池遍洒二氧化氯，使池水含二氧化氯浓度为 0.3 mg/L。休药期 7 d 以上，使用过程勿用金属容器盛装。

(2)打印病。患病初期，病鱼身体两侧有圆形或椭圆形红斑，在红斑处，周缘皮肤充血发炎，像打上圆形的红印章。随病情的发展，患病部位的鳞片脱落，肌肉腐烂，严重者，肌肉层烂穿，露出骨骼和内脏，病鱼常在水面狂游。可全池遍洒二氧化氯，使池水含二氧化氯浓度为 0.3 mg/L。休药期 7 d 以上，使用过程勿用金属容器盛装。

(3)白皮病(白尾病)。发病初期，病鱼尾柄出现白点，接着向前扩大，使背鳍与臀鳍、尾鳍之间的体表全部呈白色，严重者在水中头朝下、尾朝上，不久死亡。可全池遍洒二氧化氯，使池水含二氧化氯浓度为 0.3 mg/L。休药期 7 d 以上，使用过程勿用金属容器盛装。

(4)水霉病。鱼的皮肤肌肉组织里繁殖生长纤细的菌丝，向外长成一簇簇棉絮状白色或黄色菌丝团，肉眼可见。可全池遍洒食盐及碳酸氢钠合剂(1∶1)，使池水药物浓度为 800 mg/L。操作时要小心，尽量避免弄伤鱼体。

(5)锚头鳋病。病鱼身体两侧、口腔、眼球、鳍基等处寄生有锚头鳋,肉眼可见被寄生的部位四周、肌肉充血,形成小红色斑点,严重时肌肉腐烂化脓,病鱼消瘦以致死亡。目前没有特效绿色环保药物治疗,可在 1 hm^2 水面搭配 200～300 尾的黄颡鱼,能起预防作用。

思考题

1.绿色食品水产品的健康养殖包括哪几方面内容?其各自的要点是什么?

2.绿色食品水产养殖饲料添加剂要满足哪些要求?

3.绿色食品水产品生产主要包括哪几方面的技术规范?

4.A 级与 AA 级绿色食品用渔药有什么区别?

5.绿色食品海洋捕捞水产品对捕捞人员有什么要求?

第六章

绿色食品加工技术

本章提要：本章主要介绍绿色食品加工厂厂址选择原则和加工厂总体设计的内容、原则及不同使用功能的建筑物、构筑物在总体设计中的布局关系，还介绍绿色食品厂总体设计与环境设计的要求。同时，结合绿色食品的加工过程，重点介绍了绿色食品加工的基本原则、工艺设计和主要工艺技术要求。另外，为了达到绿色食品生产中的质量控制，还重点阐述绿色食品加工厂环境卫生要求及加工车间、设施与加工工艺卫生要求。最后，为了规范绿色食品添加剂的使用，提高使用效果，介绍主要食品添加剂的作用及使用方法、标准和绿色食品添加剂使用准则。

第一节　绿色食品加工厂厂址选择

绿色食品加工厂的厂址选择，与当地建设布局、资源、交通运输、农业发展和地区的长远规划都有密切关系。绿色食品加工厂的厂址选择是否得当，将直接影响工农关系、城乡关系，有时甚至还影响投资费用及建成投产后的生产条件和经济效果。同时，绿色食品加工厂的厂址选择与产品质量、卫生条件、劳动环境等都有密切的关系。

绿色食品加工厂厂址选择工作应当经过当地主管部门、建筑部门、城市规划部门和区乡(镇)等有关单位充分讨论和比较，择优选择，特别是规模较大的工厂，设计单位也应参加。

一、绿色食品加工厂厂址选择的原则

绿色食品加工厂厂址选择时，应根据国家方针政策、生产条件、经济效果等方面综合考虑。

(一)绿色食品加工厂厂址选择首先应符合国家的方针政策

绿色食品工厂的厂址应设在当地的规划区内，以适应当地远近期规划的统一布局，并尽量不占或少占良田，做到节约用地。所需土地可按基建要求分期分批征用。

(二)绿色食品加工厂厂址选择应重点考虑生产与卫生条件

根据我国具体情况，绿色食品加工厂一般选在原料产地附近的大中城市郊区，为有利于销售个别产品亦可设在市区。这样不仅可获得足够数量和质量新鲜的原料，而且便于辅助材料和包装材料的获得、产品的销售，还可以减少运输费用。

厂区的标高应高于当地历史最高洪水位，特别是主厂房及仓库的标高更应高出当地历史最高洪水位。厂区有合适的自然排水坡度。所选厂址要有可靠的地质条件，应避免将工

厂设在流沙、淤泥、土崩断裂层上，对特殊地质（如溶洞、湿陷性黄土、孔性土等）应尽量避免。在山坡上建厂要避免滑坡、塌方等。在矿藏地表处不应建厂。建筑冷库的地方，地下水位不能过高。厂址应有一定的地质耐力。

所选厂址附近应有良好的卫生环境，没有有害气体、放射性源、粉尘和其他扩散性的污染源（包括污水、传染病医院等），特别是在上风向地区的工矿企业，更要注意它们对食品厂生产有无危害。厂址不应选在受污染河流的下游，应尽量避免在古坟、文物、风景区和机场附近建厂，避免高压线、国际专用线穿越厂区。所选厂址面积的大小，应能尽量满足生产要求，留有发展余地和适当的空余场地。

（三）绿色食品加工厂厂址选择应从投资和经济效果考虑

所选绿色食品加工厂厂址要有较方便的运输条件（公路、铁路及水路）。若需要新建公路或专用铁路时，应选最短距离，减少投资。要有一定的供电条件，以满足生产需要，在供电距离和容量上应得到供电部门的保证。所选厂址水源充足，水质较好，符合绿色食品饮用水水质标准。若采用江、河、湖水，则需处理。水源水质是绿色食品加工厂选择厂址的重要条件，特别是饮料厂和酿造厂，对水质要求更高。

二、绿色食品加工厂厂址选择报告

在选择绿色食品加工厂厂址时，应尽量多选几个点，根据上述方面进行分析比较，从中选出最适宜者作为定点，而后向上级部门呈报厂址选择报告。绿色食品加工厂厂址选择报告的基本内容包括：①厂址的坐落地点，四周环境情况；②地质及有关自然环境条件；③厂区范围、征地面积、发展计划、施工时有关的土方工程及拆迁情况，并绘制 1/1000 的地形图；④原料供应情况；⑤电、燃料、交通运输及职工福利设施的供应和处理方式；⑥废水排放情况；⑦经济分析，对厂区一次性投资估算及生产中经济成本等综合分析；⑧选择意见，通过选择比较和经济分析，最终确定哪一个厂址是符合条件的。

第二节　绿色食品加工厂总体设计

一、绿色食品加工厂总体设计的内容

绿色食品加工厂总体设计是将全厂不同功能的建筑物、构筑物按整个生产工艺流程，结合用地条件进行合理的布置设计，使建筑群组成一个有机整体。这样既便于组织生产，又便于企业管理，保证产品的质量和品质。如果没有一个完善的总体设计，就会使厂区的总体布置分散、混乱、不合理，既影响生产和生活的合理组织，又影响建设的经济效果和速度，还破坏建筑群体的统一与完整，生产时也影响绿色食品的生产过程和质量。所以厂址选定之后，必须合理、经济地进行厂区总体设计。

绿色食品加工厂总体设计时，根据全厂建筑物、构筑物的组成和使用功能、用地条件和有关技术要求，综合研究它们之间的相互关系，正确处理建筑物布置、交通运输、管线综合和绿化方面的问题。充分利用地形，节约用地，使建筑群的组成内容和各项设施成为统一的有机体，并与周围的环境相协调。

绿色食品加工厂总体设计内容包括平面布置设计和竖向布置设计两部分。

(一)平面布置设计

平面布置设计就是合理地布置建筑物、构筑物及其他工程设施水平方向相互间的位置关系。平面布置中的工程设施包括下述几个方面。

1.运输设计

运输设计,即合理进行用地范围内的交通运输线路的布置,使人流和物流分开,避免交叉污染。

2.管线综合设计

工程管线网(即厂内外的给排水管道、电线、电话线、蒸汽管道等)的设计必须布置得合理整齐。

3.绿化和环保布置设计

环境保护是关系到国计民生和绿色食品质量的大事,所以在绿色食品加工厂总体设计时,在布局上要充分考虑环境的问题。绿化布置对绿色食品厂来说,可以起到美化厂区、净化空气、调节气温、阻挡风沙、降低噪声、保护环境等作用,从而改善工人的劳动卫生条件,保证食品品质,对绿色食品生产十分重要。但绿化面积过大就会增加投资,所以绿化面积应该适当。另外,绿色食品加工厂的四周,特别是在靠马路的侧,应尽量有一定的树木组成防护林带,以阻挡风沙、净化空气、降低噪声。绿化设计时,种植树木花草要严格选择,不栽产生花絮、散发种子和特殊异味的树木花草,以免影响产品质量,一般选用常绿树。

(二)竖向布置设计

竖向布置设计就是与平面设计垂直方向的设计,即厂区各部分地形标高的设计。其任务是把地形组成一定形态,既平坦又便于排水。竖向布置设计虽是总体设计的组成部分,但在地形比较平坦的情况下,一般都不进行竖向设计。如要进行竖向设计,就要结合具体地形合理进行综合考虑,在不影响各车间联系的原则下,应尽量保持自然地形,既保持良好的环境,又使土方工程量达到最小限度,从而节省投资。

因此,绿色食品加工厂总体设计就是从生产工艺和产品品质出发,研究建筑物、构筑物道路、堆场、各种管线、绿化等方面的相互关系,在图纸上表示出来。这样的设计就是工厂总体设计。工厂总体设计是一项综合性很强的工作,需要工艺设计、交通运输设计、公共工程(即水、电、汽等)设计、绿色食品管理等部门的密切配合,才能正确完成设计任务。

二、绿色食品加工厂总体设计的原则

各种绿色食品加工厂的总体设计,不管原料种类、产品性质、规模以及建设条件的不同,都是按照设计的基本原则结合实际情况进行设计的。绿色食品加工厂总体设计的基本原则有下列几点:

(1)绿色食品加工厂总体设计布置必须紧凑合理,做到节约用地。分期建设的工程应依次布置,分期建设,还必须为远期发展留有余地。

(2)总体设计必须符合绿色食品加工厂生产工艺的要求。主车间、仓库等应按生产流程布置,尽量缩短距离,避免物料往返运输。全厂的物流、人流、原料、管道等的运输应有各自路线,避免交叉,合理组织安排。动力设施应接近负荷中心。例如,变电所应靠近高压线网输入的地方,又靠近耗电量大的车间,如制冷机房应接近变电所,紧靠冷库;绿色罐头食品加工厂的肉类车间的解冻间应接近冷库；杀菌工段、番茄酱车间等蒸汽用量大的工段应靠近锅炉房。

(3)绿色食品加工厂总体设计必须满足绿色卫生质量要求。

①生产区(各种车间和仓库等)和生活区(宿舍、托儿所、食堂、浴室、商店、学校等)、厂前区(传达室、医务室、化验室、办公室、俱乐部、汽车房等)和生产区分开。为使绿色食品加工厂的主车间有较好的卫生条件，厂区内尽量不建饲养场和屠宰场。如需建，应远离主车间。

②生产车间应注意朝向，一般采用南北向，保证阳光充足，通风良好。

③生产车间与周边公路有一定的防护区，一般为 30～50 m，中间最好有绿化地带阻挡，防止其污染食品。

④根据生产性质不同，动力供应、货运周转、卫生防火等应分区布置，同时，主车间应与对食品卫生有影响的综合车间、废品仓库、煤堆及有大量烟尘或有害气体排出的车间间隔一定距离。主车间应设在锅炉房的上风向。

⑤总平面中要有一定的绿化面积，但又不宜过大。

⑥公用厕所要与主车间、食品原料仓库或堆场及成品库保持一定距离，并采用水冲式厕所，以保持厕所的清洁卫生。

(4)厂区道路应采用水泥或沥青路面，保持清洁。运输货物道路应与车间间隔，特别是运煤和煤渣，容易产生污染。道路一般为环形道路，以免在倒车时造成堵塞现象。

(5)厂区建筑物间距应按有关规范设计。从防火、卫生、防震、防尘、噪声、日照、交通等方面来考虑，在符合有关绿色食品设计标准的前提下，使建筑物间的距离最小。考虑建筑间距与日照的关系以及建筑间距与通风的关系。

(6)厂区各建筑物布置设计也应符合规划要求，同时合理利用地质、地形和水文等的自然条件。合理确定建筑物、道路的林高，既保证不受洪水的影响，使排水畅通，又节约土方工程。在坡地、山地建设绿色食品加工厂，可采用不同标高安排道路及建筑物，即进行合理的竖向布置；但必须注意防洪设计。

(7)注意车间之间的相互关系。相互有影响的车间，尽量不要放在同一建筑物里，但相似车间应尽量放在一起，以提高场地的利用率。

三、不同使用功能的建筑物和构筑物在总体设计中的关系

(一)绿色食品加工厂建筑物和构筑物的类型

根据功能划分，绿色食品加工厂的主要建筑物和构筑物可分为下述几类。

1.生产车间

生产车间如实罐车间、空罐车间、糖果车间、饼干车间、面包车间、奶粉车间炼乳车间、消毒奶车间、麦乳精车间、综合利用车间等。

2.辅助车间

辅助车间如机修车间、中心试验室、化验室等。

3.仓库

仓库如原料库、冷库、包装材料库、保温库、成品库、危险品库、五金库、各种堆场、废品库、车库等。

4.动力设施

动力设施如发电间、变电所、锅炉房、冷机房、空气压缩机、真空泵房等。

5.供水设施

供水设施如水泵房、水处理设施、水井、水塔、水池等。

6.排水系统

排水系统如废水处理设施。

7.全厂性设施

全厂性设施如办公室、食堂、医务室、浴室、厕所、传达室、汽车房、自行车棚、围墙、厂大门、工人俱乐部、图书馆、工人宿舍等。

(二)绿色食品加工厂建筑物和构筑物在总体设计中的相互关系

绿色食品加工厂由上述功能的建筑物和构筑物所组成，而它们在总体设计上的布局又必须根据食品加工厂的生产工艺和上述原则来设计。绿色食品加工厂生产区不同使用功能的建筑物、构筑物在总体设计中的关系如图 6-1 所示。

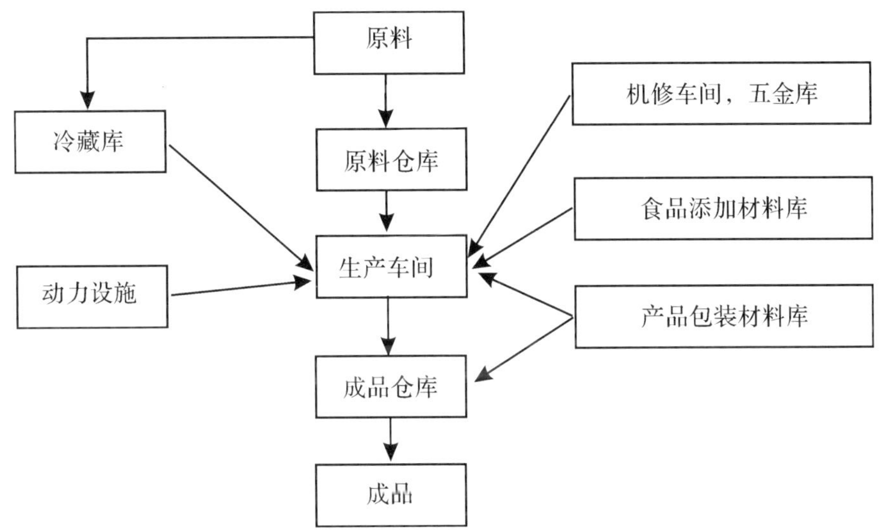

图 6-1　不同使用功能的建筑物和构筑物在总平面布置中的关系示意图

由图 6-1 可知，绿色食品加工厂总体设计应围绕生产车间进行排布，也就是生产车间(即主车间)应在工厂的中心，其他车间、部门及公共设施均需围绕主车间进行排布；但应考虑地形地貌、周围环境、车间组成及数量等的不同。

四、绿色食品加工厂总体设计与环境设计要求

(一)主导风向

绿色食品加工厂总体设计时首先要考虑一个地方的主导风向，主导风向就是风吹来最多的方向。为了考虑主导风向对建筑总平面布置的影响，将当地气象台(站)观测的风气象资料，绘制成风玫瑰图供设计使用。风玫瑰图有风向玫瑰图和风速玫瑰图两种，一般多用风向玫瑰图。

在每一城市的风玫瑰图中，以粗实线表示全年风向频率情况，虚线表示 6—8 月夏季风

风向频率情况，它们都是根据当地多年的全年或夏季的风向频率的平均统计资料制成的。在南方炎热地区，建筑物的朝向和布置与夏季主导风向密切相关，在总平面设计时，应将绿色食品加工厂的原辅材料仓库、食品生产车间等卫生要求高的建筑物布置在夏季主导风向的上风向，把锅炉房、煤堆等污染食品的建筑物布置在下风向，以免影响食品卫生。

车间所散发的有害气体和微粒对厂区和邻近地区空气的污染不但与风向频率有关，同时也受到风速的影响，在风向频率差别不大，风的平均速度相差很大时，要综合考虑某一方向的风向、风速对其下风向地区污染的影响。其污染程度可用污染系数来表示，其表述式为

污染系数＝风向频率÷平均风速。

从污染系数来考虑绿色食品加工厂总平面布置，就应该将污染性大的车间或部门布置在污染系数最小的方位上。应该指出，风玫瑰图是一个地区的一般情况，但由于地形、地物不同，它对风气候(大气环流所形成的风)起着直接的影响。在进行绿色食品加工厂总体设计时，应充分注意地区小气候的变化，并在设计中善于利用地形、地热及其产生的局部地方风，因为局部地区性的地形、地面状况对一个局部地区的风向、风速起主要的作用。

(二)总体设计说明

在总体设计说明中，主要包括设计依据、布置特点、主要技术经济指标、概算等方面。主要技术经济指标包括厂区总占地面积、生产区占地面积、建筑物和构筑物面积(包括楼隔层，楼梯，电梯间的电梯井，建筑物的外走廊、檐廊、挑廊，有围护结构或有支承的楼梯及雨篷)、露天堆场面积、道路长度(指车行道)、道路面积、广场面积、围墙长度、建筑系数、土地利用系数等。

建筑系数＝(建筑物和构筑物占地面积＋堆场、露天场地、作业场地占地面积)÷厂区占地面积×100％。

土地利用系数＝(建筑物和构筑物占地面积＋堆场、露天场地、作业场地占地面积＋辅助工程占地面积)÷厂区占地面积×100％。

辅助工程占地面积包括铁路、道路、管线、散水坡、绿化占地面积。

第三节　绿色食品加工工艺设计与技术要求

一、绿色食品加工的基本原则

绿色食品作为食品的一个特殊类别，对产品质量有着特别要求，即安全、优质、营养、无污染。生产加工方式必须遵循有机生产方式，做到节约能源、持续发展、清洁生产。因此，绿色食品加工必须尽量节约能源，使物质循环利用；保持食物本身营养；在加工中保证食品不受到任何污染；不对环境和人产生任何污染与危害。

(1)绿色食品加工应遵循可持续发展原则，节约能源，综合利用原料。绿色食品加工本着节约能源和物质再循环利用的原则，注意产品加工的综合利用。以苹果为例，用苹果制果汁，制汁后剩余皮渣采用固态发酵生产乙醇，余渣通过微生物发酵生产柠檬酸，再从剩下的发酵物中提取纤维素，生产粉状苹果纤维食品，作为固态食品中非营养性填充物，剩下的废物经厌气性细菌分解产生沼气。这样既提高了经济效益，又减少了加工中副产品的产生。

(2)绿色食品加工应能保存食品的天然营养特性。食品天然的色、香、味一般能引起人们的食欲,故绿色食品加工中也应尽量保持。例如,加工果汁时将其香味物质回收并加入果汁中以保持原风味。有实验表明,当食品引起人的食欲时,其对食物消化率可高达90%以上;而人对食物没有食欲,不太想吃时,消化率低于40%。因此,必须采取一系列特殊加工工艺,尽量减少加工中营养物质的流失、氧化、降解,最大限度地保留其营养价值。

(3)绿色食品加工过程中严格控制可能的污染源。食品加工过程中,原料的污染、不良的卫生状况、有害的洗涤液、使用添加剂、机械设备及材料污染、生产人员操作不当等都可造成产品的污染。因此,对于绿色食品加工的每一环节都必须严格控制,防止食品的二次污染。主要控制下述几方面:

①原料。加工食品的主要原料必须是经过中国绿色食品发展中心认证的或国际有机农业运动联盟(IFOAM)认证的绿色食品(有机食品),辅料也尽量使用已认证的产品。

②企业。绿色食品加工企业必须经过认证人员考察,地理位置适合,建筑布置合理,具有完善的供排系统,卫生条件良好,管理系统严格,保证生产中免受外界污染。

③设备。绿色食品加工设备选用对人体无害的材料制成,尤其与食品直接接触的部分,必须对人体无害。

④工艺。绿色食品加工工艺合理,避免加工中交叉污染,选用天然添加剂及无害的洗涤液。尽量采用先进技术、工艺、物理加工方法,减少添加剂、洗涤剂污染食品的机会。还可利用生物方法进行保鲜、防腐及改善食品风味,或添加营养强化剂,增加食品营养。

⑤储运。采用安全的储藏方法及容器,防止使用对人体有害的储藏方法及容器,保持食品储运后的品质。

⑥生产人员。生产人员必须理解绿色食品加工原则,有较强责任心,在操作中避免人为的污染,以保证食品安全。

(4)绿色食品加工中不会对环境造成污染与危害绿色食品加工企业。在生产中必须考虑对环境的影响,避免对环境造成污染。畜禽加工厂要远离居民区,并有“三废”净化处理装置。以水产品加工厂为例,其废水主要含有鱼、虾等固体残渣,废水的化学成分为蛋白质、油脂、酸、碱、盐、糖类等。虽然食品工业废水、废渣一般是无毒的,但因有机物含量高,若排入水体,将消耗水中大量的溶解氧,导致水生生物不能生长,水体变质、发臭,同样给环境造成危害。因此,水产品加工厂的废水在排出之前必须做必要处理。例如,设置格栅去除固体残渣;除油池除去水中油脂,并加以回收等。绿色食品加工企业产生的废水、废气、废液等都必须经过无害化处理,以免污染环境。绿色食品加工也要体现出绿色食品生产的特征。绿色食品加工过程中进行全程质量控制,既对生产产品负责,也对外界环境负责任。

二、绿色食品加工厂工艺设计内容

(一)绿色食品加工厂工艺设计的主要内容

绿色食品加工厂工艺设计是以生产产品的生产车间为主,其余车间和辅助部门均围绕生车间进行设计。不论是绿色食品加工厂的总体设计还是车间设计,都是由工艺设计和非工艺设计(包括土建、采暖通风、给排水、供电、供气等)组成的。工艺设计的好坏直接影响产品的质量和全厂生产与技术的合理性,并与建厂的费用、产品成本、劳动强度等密切相关。工艺设计又是非工艺设计所需基础资料的依据。

(1)主要设计内容。绿色食品加工厂工艺设计在整个设计中占有重要的地位,必须根据设计任务书上规定的生产规模、产品要求和原料情况,结合建厂条件进行设计。主要包括下列内容:①产品方案、产品规格及班产量的确定;②主要产品和综合利用产品的工艺流程的确定及操作说明;③物料计算;④生产车间设备的生产能力的计算、选型及配套;⑤生产车间平面布置;⑥劳动力平衡及劳动组织;⑦生产车间水、电、汽、冷用量的估算;⑧生产车间管路计算及设计。

(2)对非工艺设计等的要求。工艺设计除上述内容外,还必须向非工艺设计和有关方面提出下列要求:①工艺流程、车间布置对总平面布置相对位置的要求;②工艺对土建、采光、通风、采暖、卫生设施等方面的要求;③生产车间水、电、汽、冷耗用量的计算及负荷要求;④对给水水质的要求;⑤对排水性质、流量及废水处理的要求;⑥各类仓库面积的计算及其温度、湿度等的特殊要求。

(二)绿色食品加工厂工艺设计几项主要内容介绍

由于本书篇幅有限,只对几个主要内容进行介绍。

1.主要产品生产工艺流程的设计

尽管食品厂的类型很多,比如罐头食品厂、乳制品厂、焙烤食品厂、糖果厂、饮料厂等,在同一类型的食品厂中的主要工艺过程和加工工艺也各不相同,但在同一类型的食品厂中的主要工艺过程和设备基本相近。只要相同类型产品不同时生产,其相同工艺过程的设备是可以公用的。因此,在设计产品工艺流程时,首先确定主要产品的工艺流程。为保证绿色食品的质量,不同品种的原料应选择不同的工艺流程。在确定生产工艺流程时,注意下列要求:

(1)根据产品规格要求和国家绿色食品有关标准拟定生产工艺流程。

(2)根据原料性质拟定生产工艺流程。

(3)结合具体条件,优先采用机械化、连续化作业线。对尚未实现机械化、连续化生产的品种,其工艺流程应尽可能按流水线布置,使成品或半成品在生产过程中停留时间最短,以避免半成品的变色、变味、变质。对需要进行杀菌的食品,为保证其产品质量,最好采用连续杀菌或高温短时杀菌。

(4)非定型产品,一定要技术成熟;对科研成果,必须经过中试放大后,才能应用到设计中来;对新工艺的采用,最好经专家论证确认再应用到设计中来。

2.设备生产能力的计算及选型

设备选型是保证产品质量的关键和体现生产水平的标准,又是工艺布置的基础,并且为动力配电、水用量和蒸汽用量计算提供依据。设备选型的基础是物料计算,而设备选型要符合工艺的要求。设备选型应根据每个品种单位时间(小时或分)产量的物料平衡情况和设备生产能力来确定所需设备的台数。若有几种产品都需要共同的设备,但在不同时间使用,则应按处理量最大的品种所需要的台数来确定。对生产中的关键设备,除按实际生产能力所需的台数配备外,还应考虑有备用设备。一般后道工序设备的生产能力要略大于前道工序的设备,以防物料积压。

绿色食品加工厂生产设备大体可分 4 个类型:计量和储存设备、定型专用设备、通用机械设备和非标准专业设备。绿色食品加工厂设备选型的原则如下:

(1)所选设备满足工艺要求,保证产品的质量和产量。

(2)大型绿色食品加工厂一般应选用较先进的、机械化程度高的设备,中小型绿色食品加工厂尽可能选用较好的机械设备。

(3)所选设备能充分利用原料,能耗少、效率高、体积小、维修方便、劳动强度低,并能一机多用。

(4)所选设备应符合食品卫生要求,易清洗装拆,与食品接触的材料抗腐蚀,不会对食品造成污染。

(5)设备结构合理,材料性能可适应温度、湿度、压力、酸碱度等工作条件要求。

(6)在温度、压力、真空、浓度、时间、速度、流量、液位、计数、程序等方面有合理的控制系统,并尽量采用自动控制方式。

3.绿色食品加工厂生产车间工艺设计

绿色食品加工厂生产车间的布置是工艺设计的重要部分,不仅与建成投产后的生产有很大关系,而且影响工厂整体。车间布置一旦施工就不易改变,所以在设计过程中必须全面考虑。工艺设计必须与土建、给排水、供电供汽、通风采暖、制冷、安全卫生等方面统一协调。生产车间平面设计主要是把车间的全部设备(包括工作台)在一定的建筑面积内做出合理安排,也要安排好下水道、门窗及各车间生活设施的位置、进出口及防蝇、防虫设施等。

(1)绿色食品加工厂生产车间工艺设计与布置的原则。绿色食品加工厂生产车间的工艺设计与建筑设计之间关系比较密切,在进行车间工艺布置时,应遵循下列原则:

①绿色食品加工厂生产车间工艺设计必须满足总体设计的要求,要有全局观点。在满足生产要求时,必须从本车间在总体设计上的位置与其他车间或部门间的关系以及发展前景等方面考虑。

②设备布置要尽量按工艺流水线安排,但有些特殊设备可按相同类型适当集中,务必使生产过程占地少,生产周期最短,操作方便。重型设备最好设在底层。

③应考虑到同一台设备进行多品种生产的可能,并留有适当的余地以便更换设备。还应注意设备相互间的间距和设备与建筑物的安全维修距离,既要操作方便,又要方便维修和装拆且清洁卫生。

④生产车间与其他车间的各工序要相互配合,合理安排生产车间人员进出和各种废料排出,保证各物料运输通畅,避免重复往返。

⑤必须考虑生产卫生和劳动保护,如卫生消毒、防蝇防虫、车间排水、电器防潮、安全防火等措施。

⑥应注意车间的采光、通风、采暖、降温等设施。对空气压缩机房、空调机房、真空泵房等既要分隔,又要尽可能接近使用地点,以缩短输送管路。

(2)绿色食品加工厂生产车间工艺设计布置的步骤与方法。绿色食品加工厂生产车间平面设计一般有两种情况,一种是新设计车间平面布置,另一种是对原有厂房进行平面布置设计,但设计方法相同,主要包括以下步骤:

①计算整理好设备清单和各种生活设施所需的面积要求。

②对设备清单进行全面分析,哪些设备是笨重的、固定的,哪些是轻的、可以移动的,哪些是产品生产公用或专用的等。笨重、固定和专用的设备应尽量排布在车间四周;轻的可移动的设备排布在车间的中间,以利于在更换产品时调换设备。

③确定车间建筑物的结构、形式、朝向和跨度,可在计算纸上画好生产车间的长度、宽度

和柱子位置。

④按照总体设计,确定生产流水线方向。

⑤应制订多种不同方案,以便分析比较。

⑥对不同方案可从以下几个方面进行比较:a.建筑结构的造价;b.管道安装(包括工艺、水、冷、汽等方面);c.车间运输与物流的合理性;d.生产卫生条件;e.操作条件;f.通风采光。

三、绿色食品加工技术要求

(一)绿色食品加工原料的选择

原料是发展食品工业的基础,现代先进的食品工业对原料的质量提出了很高的要求。部分食品加工企业已自觉地禁用被农药污染的原料及不符合基本技术品质要求的原料(成熟度、含糖量、有病虫害等)。绿色食品因其不同于普通食品的特性及食品品质较高的要求,更增加了原料选择的难度与严格程度。企业已将原料质量控制作为其加工环节的“第一车间”。

1.绿色食品加工业原料来源

食品加工一般都要求采用新鲜的原料,新鲜才具有营养价值,特别是水果和蔬菜,只有新鲜才含有较高的维生素含量。

绿色食品加工原料应有明确的原产地、生产企业或经销商的情况。固定的、良好的原料基地能够为企业提供质量、数量都有保证的原料。因此,一些企业开始投资农业,建立自己的原料基地,这种反哺农业的集团发展趋势十分适合绿色食品加工业的发展。绿色食品加工的主要原料成分应是已经认证的绿色食品。辅料(如盐)应有固定供应来源,并应出具按绿色食品标准检验的权威的检验报告。

水作为加工中常见的原料,因其特殊性,不必经过认证,但加工水必须符合我国饮用水卫生标准,也需要经过检测,出具合法检验报告。

非主要原料若尚无已认证的产品,则可以使用经中国绿色食品发展中心批准,有固定来源并已经检验的原料。

2.绿色食品加工原料的质量与技术要求

只有品质优良的原料才能加工出质量上乘的食品。有些加工产品需要专用性较强的原料,像面包的专用面粉,以及加工番茄酱的品质优良的番茄,要求可溶性固形物含量高,红色素达到 2 mg/kg,糖酸比适度。

绿色食品加工原料首先必须具备适合人食用的食品级质量,不能危害人的健康。其次,因绿色食品加工工艺的要求以及最终产品的不同,各类食品对原料的具体质量、技术指标要求也不同,但都应以生产出的食品具有最好的品质为原则。果汁质量的决定性因素是原料品种和成熟度、新鲜度等,倘若使用已腐败的水果原料制汁,霉菌(扩展青霉)则可能使水果原汁产生棒曲霉毒素,具有致癌、致畸等作用。所以只有选择适合加工的品质的原料,才能保证绿色食品加工产品的质量。

绿色食品严禁用辐射、微波等方法使不适食用的原料转化成可食的食物作为加工原料。对于非农业、牧业来源的原料(盐及其他调味品等)必须严格管理,在符合世界卫生组织标准及国家标准的情况下尽量少用(水符合饮用水标准,用量可按加工要求量使用)。

3.绿色食品加工产品原料成分的标准及命名

有机食品对不同认证标准的混合成分要求有严格的标注，绿色食品加工也可遵循这个要求。食品标签中必须明确标明该混合物中各成分的确切含量，并按成分不同而采用以下命名方式。

加工品(混合成分)中最高标准的成分占50%以上时，可命名为由不同标准认证的成分混合成的混合物。

(1)命名为含A、B两级标准的混合成分，则只能含A、B两级标准的成分，且A级标准的成分必须占50%以上.

(2)含A、B、C级标准的混合成分，必须有50%以上的A级成分。

(3)含B、C级成分的混合物，必须含50%以上的B级成分。

若该混合成分中最高级成分含量不足50%，则该混合物不能称为混合成分，而要按含量高的低级标准成分命名。例如，含B、C级标准混合物，B级成分占40%，C级成分占60%，则该混合物被称为C级标准成分。

绿色食品对此目前尚无规定，而以上的标注方法比较科学，可以借鉴。

(二)绿色食品加工工艺要求与新技术

1.绿色食品加工工艺要求

绿色食品加工应采用先进工艺，只有先进、科学、合理的工艺，才能最大限度地保留食品的自然属性及营养，避免食品在加工中受到二次污染；但先进工艺必须符合绿色食品的加工原则。较先进的辐照保鲜工艺就是绿色食品加工所禁止的。

采用先进工艺加工的食品一般有较好的品质。例如，果汁饮料杀菌，国内多用高温巴氏杀菌、添加防腐剂等方法。而国际食品法典委员会(CAC)规定，果汁饮料应采用物理杀菌方法，禁用高温、化学及放射杀菌。此规定符合绿色食品营养(不用高温杀菌可减少对营养物质的破坏)、无污染(不用防腐剂，不用化学方法杀菌)的宗旨，所生产的食品也较易达到绿色食品标准要求，但其先进的工艺对设备及加工条件的要求比较高，国内食品行业很少有企业做到。再如，利用二氧化碳超临界萃取技术生产植物油，可解决普通工艺中有机溶剂残存的问题。

绿色食品加工还应注意食品色、香、味的保持，尽量避免破坏固有营养的风味。例如，果汁浓缩时对其香气成分的回收工艺，不必再添加香精，只采用其本身香精就可以再次将浓缩汁恢复为果汁。

食品在加工过程中，加工工艺会引起食品营养成分和色、香、味的流失。绿色食品加工要求较多地(或最大限度地)保持其原有的营养成分和色、香、味。有资料表明，由于谷类中营养素(蛋白质、脂类、糖类、矿物质、维生素)分布的不均匀性，粮食加工研磨时丢失部分营养素，其丢失量往往随加工精度增加而增多，如当小麦的出粉率由85%递降至80%和70%时，硫胺素的损失率也相应地由11%递增至37%和80%。粮谷加工如过分粗糙，虽然营养素丢失较少，但感官性状差，消化吸收率亦下降。因此，粮谷加工工艺的最佳标准应保持最好的感官性状，最高的消化吸收率，同时又最大限度地保留各种营养成分。

果蔬的加工适性很强，营养丰富，特别是含有大量的维生素、矿物质营养，可以制成各种食品，如速冻品、干制品、罐藏品、汁、酿造品、腌制品、粉制品等。不论哪种制品均应最大限度地保存其天然营养成分及原有的色、香、味。一般来讲，速冻品、干制品、罐藏品、汁、干粉制品均能较好地保存其营养成分。若在色、脆性、香味及风味上采取相应的保护措施,则可大大提高其价值。蔬菜含有的叶绿素在水中易引起变色,但在碱性中则稳定,因而在腌制蔬菜时如先将蔬菜浸泡在含有适量石灰乳、碳酸钠、碳酸镁的溶液中,既能保持制品绿色,又能起到保脆作用。

一些食品加工工艺中与绿色食品加工原则相抵触的环节必须进行改进。例如,粉丝生产中原来必须加入明矾增稠、稳定,才能使粉丝成型。但早在1989年,世界卫生组织就已将铝确定为食品中有害元素加以控制,并认为铝是人体不需要的金属元素。因此,粉丝生产工艺中明矾的问题不解决,就不能通过绿色食品认证。再如,咸鱼生产中,因鱼体本身含有丰富的二甲胺(氧化物),三甲胺又极易转化成二甲胺。腌制咸鱼的粗盐中 NO_2 的含量很高。在鱼体中,当二甲胺与 NO_2 达到一定程度时,即使不经过化学途径,也会由于微生物的催化活动,促使大量二甲基亚硝胺生成,对人体有强烈致癌作用。为将咸鱼中亚硝胺化合物降至最低水平,在工艺上可采用以下改进措施:①腌制鱼制品时,不用硝酸盐和亚硝酸盐,采用一些天然香辛料(丁香、豆蔻等)来代替抑菌剂。②采用干泡法,并不断除去腌制过程中产生的水分,保持低温以减少微生物繁殖的机会。必要时可用醋酸或抗坏血酸加以处理,有效抑制亚硝胺的合成。③将腌制品在紫外线或强烈阳光下暴晒,亚硝胺即发生分解反应。采用这些措施可抑制亚硝胺的产生,从而使咸鱼达到绿色食品标准。该原则也适合于所有肉制品的加工。

2.绿色食品加工工艺中的新技术

绿色食品加工必须针对自身特点,采用适合的新技术、新工艺,提高产品品质及加工率。绿色食品加工工艺中可采用的先进技术主要有下述几种:

(1)生物技术。生物技术主要包括基因工程、细胞工程、酶工程和发酵工程。因为有机食品对基因工程采取摒弃的态度,不能采用,故只有酶工程及发酵工程可以采用。

酶工程是利用生物手段合成、降解或转化某些物质,从而使廉价原料转化成附加值高的食品,如酶法生产糊精、麦芽糖等,或者用酶法修饰植物蛋白,改良其营养价值和风味,还可用于果汁生产中分解果胶提高出汁率等。

发酵工程是利用微生物进行工业生产的技术,除传统食品外,还取得了许多新成就,如美国 Kelco 公司用微生物发酵法生产黄原胶等生物技术应用于绿色食品加工,必将对提高加工率产生很大效益。

(2)膜分离技术。膜分离技术主要包括反渗透(reverse osmosis,RO)、超滤(ultrafiltration,UF)和电渗析。反渗透是借助半渗透膜,在压力作用下进行水和溶于水中物质(无机盐、肢体物质)的分隔,可用于牛奶、豆浆、酱油、果蔬汁等的冷浓缩。超滤是利用人工合成膜在一定压力下对物质进行分离的技术,如植物蛋白的分离提取。电渗析是在外电场作用下,利用一种对离子具有不同的选择透过性的膜(离子交换膜)而使溶液中的阴离子、阳离子和溶液分离,可用于海水淡化、水的纯化处理等。

膜分离技术可广泛用于水处理及饮料工艺中,可提高饮料和水的质量。

(3)工程食品。工程食品即用现代科学技术从农产品中提取有效成分,然后以此为配料,根据人体营养需要重新组合、加工配制而成新的食品。其特点是可以扩大食物资源,提高营养价值。

(4)冷冻干燥。冷冻干燥又称为冷冻升华干燥,即湿物料先冻结至冰点以下,使水分变成固态冰，然后在较高的真空度上，将冰直接转化为蒸汽，使物料得到干燥。如加工得当多数可长期保存且原有物理性质、化学性质、生物学性质及感观性质不变，需要时加水，可恢复到原有状态和结构。

(5)超临界提取技术。超临界提取技术，即利用某些溶剂的临界温度和临界压力去分离多组分的混合物。例如，二氧化碳超临界萃取沙棘油，其工艺过程无任何有害物质加入，完全符合绿色食品加工原则。

(6)其他。挤压膨化、无菌包装、低温浓缩等技术也可以运用到绿色食品生产中，对于加工工艺中各项参数指标、加工的操作规程必须严格执行，以保证产品质量的稳定性。

第四节　绿色食品加工厂卫生要求

食品卫生是涉及人民健康的大事，也是一个关系经济效益的重要问题。食品加工过程中会产生污染，因此在工厂设计时，一定要在厂址选择、总体设计、车间布置及相应的辅助设施等方面严格按照国家绿色食品卫生标准和有关规定的要求进行周密的考虑。下面从食品厂设计的角度，介绍有关卫生设计的要求、规定及消毒方法。

一、绿色食品加工厂环境卫生要求

(一)绿色食品加工厂总体卫生要求

(1)总体设计的功能分区要明确生产区(包括生产辅助区)不能和生活区互相穿插。如果生产区中包含有职工宿舍，两区之间要设墙隔开。

绿色食品加工厂生产车间的建筑外形应根据生产品种、厂址、地形等具体条件确定，一般有长方形、L 形、T 形、U 形等，其中以长方形最为常见。长方形车间的长度取决于流水作业线的形式和生产规模。生产车间的柱子越少越好。绿色食品加工厂生产车间的层高依照房屋建筑的跨度和生产工艺的要求确定。

不同性质的食品最好在不同车间生产，性质相同的食品在同一车间内生产时，也要根据使用性质的不同而加以分隔。在生产工段中，原料预处理工段、热加工工段、精加工工段、仪表控制室、油炸间、杀菌间、包装间等相互之间均加以分隔。

(2)原料仓库、加工车间、包装间、成品库等的位置必须符合操作流程，不应迂回运输。原料和成品、生料和熟料不得相互交叉污染。

(3)污水处理站应与生产区和生活区有一定距离并设在下风向。废弃物化制间应在距生产区和生活区 100 m 以外的下风向。锅炉房应设在距主要生产车间 50 m 以外的下风向，锅炉烟囱应配有消烟除尘装置。

(4)厂区应分别设人员进出、成品出厂、原料进厂和废弃物出厂的大门，也可将人员进出门与成品出厂设在同一位置，而隔开使用，但垃圾和下脚料等废弃物出厂不得与成品同门出厂。

(二)绿色食品加工厂内外环境公共卫生要求

(1)厂区周围应有良好的卫生环境，厂区附近(300 m 内)不得有有害气体、放射源、粉尘和其他扩散性的污染源。厂址不应设在受污染河流的下游和传染病医院近旁，厂、库周围不得有污染食品的不良环境。同一厂不得兼营有碍食品卫生的其他产品。

(2)工厂生产区和生活区要分开。生产区建筑布局要合理。

(3)厂区内外要绿化,路面平坦、无积水,主要通道应用水泥、沥青或石块铺砌,防止尘土飞扬。

(4)厂区排水要有完整的、不渗水的并与生产规模相适应的下水系统。下水系统要保持畅通,不得采用开口明沟排水。厂区地面不能有污水积存。工厂污水排放应符合国家环境保护。

(5)厂区厕所应有冲水、洗手设备和防蝇、防虫设施。其墙裙应砌白色瓷砖,地面要易于清洗消毒,并保持清洁。车间内厕所一般采用槽式,便于水冲,不易堵塞。厕所内要求有不用手开关的洗手和消毒设备,厕所应设于走廊的较隐蔽处,厕所门不得对着生产工作场所。

(6)更衣室应设合乎卫生标准要求的更衣柜,鞋帽与工作服要分格存放。

(7)厂内应设有密闭的粪便发酵池和污水无害化处理设施。

(8)垃圾和下脚料在远离食品加工车间的地方堆放,必须当天清理出厂。

二、绿色食品加工车间、设施与加工工艺卫生要求

(一)绿色食品加工车间卫生要求

绿色食品加工厂卫生要求较高,而生产车间的卫生要求更高。在食品生产过程户,有很多生产工段散发出大量的水蒸气和油蒸气,使车间内温度、湿度和油气浓度较高。在原料处理和设备清洗时,排出的废水中含有稀酸、稀碱、油脂等介质,在设计中应考虑防蝇防虫、防尘、防雷、防滑、防鼠、防水蒸气和油气等措施。因此,在工艺设计时,应注意如下要求。

1.每个车间必须有人流、物流等机器设备的出入口

生产车间门的数量必须按生产工艺和车间的实际情况进行设计。生产车间的门应设置防蝇、防虫装置,如水幕、风幕、暗道、飞虫控制器等。为保证生产车间有良好的卫生环境,起到防蝇、防虫的作用,并有利于车间的运输,可采用以下类型的门:

(1)塑料幕帘。这种门上用的幕帘为半软性透明塑料,每条幕帘的宽度为 100 m,厚度为 210 m,塑料叠积而形成密封幕帘,人货均可进出。

(2)软质弹簧门。这种门由 10 m 厚的橡皮板和铝合金金属框架组成,门上部有段透明塑料(视野高度),以免门相互碰撞。此门人货均可进出,铲车可撞门而入、撞门而出。

(3)上拉门。上拉门为铝合金的可折弯的条板门,每条宽度为 400~500 m,用铰链连接。门两边带有小滚轮,可沿轨道上下移动,往上推门即徐徐开放,不用时再下拉,门即密闭。此门极轻,用于进出货物,由于门往上拉,不占地面位置,可以几个门并列,特别适用于进出卸货月台上使用,可按需要开启门的高度。为保证有良好的防虫效果,一般用双道门,头道门是塑料幕帘,二道门上方装有风幕。

我国绿色食品加工厂生产车间常用的门大致有:①空洞门,一般用于生产车间内部各工段间往来运输及人流通过的地方。②单扇门和双扇门,可分内开和外开两种,一般在走廊两旁最好用内开门,但为了舒畅和便于人流疏散,最好用外开门。③单扇推拉门和双扇推拉门,其特点是占地面积小,缺点是关闭不严密,所以一般用于各种仓库。④单扇双面弹簧门、双扇双面弹簧门、单扇内外开双层门和双扇内外开双层门。

2.对排出大量水蒸气和油蒸气的车间应特别注意排气问题

一般对产生水蒸气或油气的设备需进行机械通风，可在设备附近的墙上或设备上部的屋顶开孔，用轴流风机在屋顶或墙上直接进行排气。例如，美国绿色巨人工厂的杀菌锅上部和东方食品厂油锅上部，均在屋顶上开孔，用气罩并装排气风机进行排气。对于局部排出大量蒸汽的设备，应将顶棚做成倾斜式，使大量蒸汽排至室外。

3.注意采光问题

一般绿色食品加工厂生产车间的采光系数为 1/6～1/4，采光面积占窗洞面积的比例与窗的材料、形式和大小有关。窗一般分侧窗和天窗两大类。常用的侧窗有单层固定窗、单层外开上悬窗、单层中悬窗和单层内开下悬窗。我国绿色食品加工厂最好采用双层内外开窗（纱窗与玻璃窗）。常用的天窗有三角天窗、单面天窗和矩形天窗。

4.地坪要求

地坪应能防腐蚀，车间采用 1.5%～2.0%的地面坡度，并设有明沟或地漏排水。在设计时，采用运输带和胶轮车，以减少对地坪的冲击等。应根据绿色食品加工厂生产车间的具体情况进行设计，常用的地坪有石板地面、高标号混凝土地面、缸砖地面、塑料地面等。

食品加工厂生产车间常用的地坪有瓷砖地坪和水泥地坪。有的水泥地坪敷有涂料层（环氧树脂），仓库一般为水泥地坪。食品加工厂生产车间的地坪排水有明沟加盖和地漏两种。地漏直径一般为 200 mm 和 300 mm。国外推荐的地坪坡度为 1/50～1/10，排水沟筑成圆底，以利于水的流动及清洁工作。

5.内墙面要求

绿色食品加工厂车间对内墙面卫生要求很高，一般在内墙面的下部做 1～2 m 高的墙裙。材料可用 150 mm×150 mm 的白瓷砖或塑料面砖，塑料面砖可从地面直铺到天棚下。墙裙的作用是在人的动作高度内，保证墙面少受污染，并易清洗。天棚可用耐化学腐蚀的过氯乙烯油漆或六偏水性内墙防霉涂料。过氯乙烯油漆具有优良的耐化学腐蚀性能，还具有耐油、耐醇和防霉等性能；其缺点是不耐温，长期在 70 ℃以上温度即被分解，使漆膜破坏。此外，墙面可采用白水泥砂浆粉刷，亦可用塑料油漆、丙烯树脂等涂于内墙面，以便清洗。

6.楼盖要求

铺面是楼板层表面的面层，材料有木板、水泥砂浆、水磨石等。填充物起隔音隔热的作用，故用多孔松散材料。天花板一般起隔音、隔热和美观的作用。而绿色食品加工厂生产车间的顶棚必须平整，可防止积尘。为确保生产车间的食品卫生，桁架和柱越少越好。

绿色食品加工厂很多生产车间因生产用水量大和卫生工作需冲洗设备及地坪，楼盖地面不仅要有 1.5%～2.0%的坡度和排水明沟或地漏，而且楼盖不能渗水。

7.绿色食品加工厂生产车间的建筑结构

由于食品厂生产车间散发的热量和湿度较高，木材容易腐烂而影响食品卫生。混合结构可用于绿色食品加工厂生产车间的单层建筑。钢筋混凝土结构为绿色食品加工厂生产车间、仓库等最常用的结构。钢筋混凝土结构（框架结构）可以是单层，也可以是多层。这种结构强度高，耐久性好，是绿色食品加工厂生产车间常用的结构。钢结构造价高，需经常维修，对温度、湿度较高的食品厂生产车间更不适宜采用。

（二）绿色食品加工车间设施卫生要求

绿色食品加工车间设施设备必须符合下列条件：

(1)绿色食品加工车间必须设有与生产能力相适应,易于清洗、消毒,有耐腐蚀的工作台、工具、器具和小车。禁用竹木器具。必须设有与生产能力相适应的辅助加工车间、冷库和各种仓库。

(2)与物料相接触的机器、输送带、工作台面、工具、器具等均应采用不锈钢材料制作。车间内应设有对这些设备及工具、器具进行消毒的措施。冻肉的解冻吊架(道轨和滑车)宜采用不锈钢材料制造.

(3)人流和物流进口处均应采取防虫、防蝇措施,结合具体情况可分别采用灭虫灯、暗道、风幕、水幕、缓冲间等。车间应配备热水及温水系统供设备或人员卫生清洗用。

(4)主生产车间窗户应是双层窗,常温车间一层玻璃一层纱,空调房间双层玻璃,宜采用标准钢窗,以保证关闭严密。车间大门采用透明坚韧的塑料门。

(5)车间天花板的粉刷层应耐潮,不应因吸潮而脱落。天花板、墙壁、门窗应涂刷不易脱落的无毒浅色涂料,便于清洗、消毒。车间内光线充足,通风良好,地面平整、清洁,应有洗手、消毒、防蝇、防虫设施和防鼠措施。

(6)车间地面要有坡度,不积水,易于清洗、消毒,排水道要通畅。地面坡度为1.5%～2.0%,不管地坪还是楼面均应做排水明沟,沟断面以宽300 mm、深150 mm为好,以使排水通畅,易于清扫。楼板结构应保证绝对不漏水,明沟排水至室外处应做水封式排出口。

(7)必须设有与车间相连接、与生产人数相适应的更衣室、厕所。车间进口处设有不用手开关的洗手及消毒设施。有与车间相连接的淋浴室,在车间进口处设靴、鞋消毒池及洗手设备。车间的电梯井道应防水,电梯坑设集水坑排水,各消毒池设排水漏斗。

(8)加工肉类罐头、水产品、蛋制品、乳制品、速冻蔬菜、小食品类车间的墙裙应砌2 m以上(屠宰车间3 m以上)白色瓷砖,顶角、墙角、地角应是弧形,窗台是坡形。

(9)车间的前处理、整理、装罐及杀菌3个工段应明确加以分隔,并确保整理、装罐工段的严格卫生。

(三)绿色食品加工工艺卫生要求

(1)同一车间不得同时生产两种不同品种的食品。

(2)下脚料必须存放在专用容器内,及时处理。容器应经常清洗、消毒。

(3)肉类罐头、水产品、乳制品、蛋制品、速冻蔬菜、小食品类加工用容器不得接触地面。在加工过程中,做到原料、半成品和成品不交叉污染。

(4)与冷冻有关的绿色食品加工还必须符合下列条件:①肉类分割车间必须设有降温设备,温度不高于20 ℃。②设有与车间相连接的、相应的预冷间及速冻间、冷藏库。预冷间温度为0～4 ℃。速冻间温度在－25 ℃以下,使冻制品中心温度(肉类在48 h内,禽肉在24 h内,水产品在14 h内)下降到－15 ℃以下。冷藏库温度在－18 ℃以下,冻制品中心温度保持在－15 ℃以下。冷藏库应有温度自动记录装置和温度计。

(5)绿色罐头食品加工还必须符合下列要求:①原料前处理与后工序应隔离开,不得交叉污染。②装罐前空罐必须用82 ℃以上热水或蒸汽清洗消毒。③杀菌必须符合工艺要求。杀菌锅必须热分布均匀,并设有自动记温计时装置。④杀菌冷却水应加氯处理,保证冷却排放水的游离氯含量不低于0.5 mg/kg。⑤必须严格按规定进行保(常)温处理,库温要均匀。

第五节　绿色食品添加剂使用技术

一、食品添加剂使用概况

食品添加剂是现代食品工业的 4 大支柱之一，也是食品工业最具“魔力”的基础原料。虽然它只在食品中添加 0.01%～0.10%，但对改善食品色、香、味，调整食品营养构成，提高食品质量和档次，改善食品加工条件，延长食品保存期等方面均发挥重要的作用。随着生活水平的提高和生活节奏的加快，人们对饮食提出了越来越高和越来越新的要求，一方面要求色、香、味、形俱佳，营养丰富，另一方面要求食用方便，清洁卫生，无毒无害，确保绿色、安全。

随着现代食品工业的快速发展，食品添加剂被广泛应用于各类加工食品中。据不完全统计，世界各国使用的食品添加剂品种总数已达 14000 种，其中直接使用的品种约 4000 种。美国批准使用的有 3400 多种，日本批准使用的有 1400 多种。食品添加剂在工业发达国家已形成了比较完整的研究开发、生产制造以及质量管理、卫生监督和销售应用体系。我国食品添加剂是随着食品工业的发展而迅速发展起来的，经过 20 多年的努力，在品种与数量上均有较快的增长。1986 年我国批准使用的食品添加剂仅有 16 类 618 种，2016 年则为 23 类 2314 种，其中多数产品国内已可批量生产。

由于食品添加剂种类繁多，国际上还没有一个统一的标准。各国各地区的使用情况、特点和传统习惯也不尽相同，而且有许多食品添加剂的作用是多样的。一般食品添加剂的分类可按其来源、功能和安全评价的不同而有不同的划分。国际上通常按来源把食品添加剂分成 3 大类：①天然提取物。②用发酵法等制取的柠檬酸、味精等，还有虽是化学法合成，但其化学结构和天然的相同，且能被人体代谢的统称似同天然物。我国有的称其为天然同等物，如天然同等香料、天然同等色素。③纯化学合成物。我国按来源将其分为天然和人工化学合成两大类。天然食品添加剂是指利用动植物或微生物的代谢产物等为原料，经提取所获得的天然物质。化学合成食品添加剂是指采用化学手段，通过氧化、还原、缩合、聚合、成盐等合成反应而得到的物质。

二、主要食品添加剂的作用及使用

（一）防腐剂

防腐剂是指能防止由微生物所引起的食品腐败变质，延长食品保质期的食品添加剂。作为食品防腐剂，必须符合食品卫生标准；防腐效果好，在低浓度时仍有抑菌作用；性质稳定，不与食品成分发生不良化学反应；本身无刺激性和异味；使用方便，价格合理。

国外用于食品的防腐剂，美国约有 50 种，日本约有 40 种。我国目前允许使用的防腐剂为 34 种。防腐剂按组成和来源可分为有机防腐剂、无机防腐剂、生物防腐剂及其他类。有机防腐剂主要包括苯甲酸及其盐类、山梨酸及其盐类、对羟基苯甲酸酯类、丙酸及其盐类、单辛酸甘油酯、双乙酸钠、脱氢乙酸及其钠盐等。无机防腐剂主要包括亚硫酸及其盐类、亚硝酸盐类、二氧化钛、各种来源的二氧化碳等。生物防腐剂主要指由微生物产生的具有防腐用的物质，以乳酸链球菌素和纳他霉素为代表。其他类的防腐剂用于水果及蔬菜储藏时的杀菌剂。

防腐剂的作用原理概括起来有以下几个方面:①能使微生物蛋白质变性,干扰其生长和繁殖。②改变细胞膜、细胞壁的渗透性,使微生物体内的酶类和代谢物失活。③干扰微生物体内的酶系,抑制酶的活性,破坏其正常代谢。④对微生物细胞原生质部分的遗传机制产生效应等。

影响防腐剂作用的因素有食品的 pH 值、食品的染菌情况、防腐剂在食品中的溶解与分散和许多其他因素。因此,要充分了解可能引起特定食品腐败的微生物种类和所选用防腐剂的抗菌谱、最低抑菌浓度等,以便根据食品中的菌类,正确选用防腐剂及适当的添加量,做到有的放矢。了解所用防腐剂的各种性质(如溶解性、pH 值等)以便正确操作使用。了解食品加工工艺、储藏条件、保质期限等,以确保在保存时间内防腐剂能一直起作用。注意不同防腐剂的配合使用有不同的效果。

(二)抗氧化剂

抗氧化剂是指能防止或延缓食品氧化,提高食品的稳定性和延长储存期的食品添加剂。防止食品发生氧化变质的方法有物理法、化学法等。具有抗氧化作用的物质很多,但可用于食品的抗氧化剂应具备以下条件:具有优良的抗氧化效果;本身及分解产物都无毒无害;稳定性好,与食品可以共存,对食品的感官性质没有影响;使用方便,价格便宜。

目前,对食品抗氧化剂的分类尚没有统一的方法。抗氧化剂按来源可分为人工合成抗氧化剂和天然抗氧化剂。抗氧化剂按溶解性可分为油溶性、水溶性和兼溶性 3 类,油溶性抗氧化剂有丁基羟基茴香醚(butylated hydroxyanisole,BHA)、二丁基羟基甲苯(butylated hydroxytoluene,BHT)等;水溶性抗氧化剂有维生素 C、茶多酚等;兼溶性抗氧化剂有抗坏血酸棕榈酸酯等。抗氧化剂作用方式可分为自由基吸收剂、金属离子螯合剂、氧清除剂、过氧化物分解剂、酶抗氧化剂、紫外线吸收剂或单线态氧淬灭剂等。抗氧化作用机理也不尽相同,比较复杂,存在着多种可能性。归纳起来,主要有以下几种:一是通过抗氧化剂的还原作用,降低食品体系中的氧含量;二是中断氧化过程中的链式反应,阻止氧化过程进一步进行;三是破坏、减弱氧化酶的活性,使其不能催化氧化反应的进行;四是将能催化及引起氧化反应的物质封闭,如络合能催化氧化反应的金属离子等。

目前,美国允许使用的食品抗氧化剂为 24 种,德国为 12 种,英国及日本各为 11 种,加拿大及法国均为 8 种。我国《食品安全国家标准食品添加剂使用标准》(GB 2760—2011)规定允许使用的食品抗氧化剂为 20 种,包括丁基羟基茴香醚、二丁基羟基甲苯、没食子酸丙酯(PG)、D 异抗坏血酸钠、茶多酚、植酸、特丁基对苯二酚(tertiary butyl hydro quinone,TB-HQ)、甘草抗氧化物、抗坏血酸钙、脑磷脂、抗坏血酸棕榈酸酯、硫代丙酸二月桂酯、4-己基间苯二酚、乙二胺四乙酸二钠钙、抗坏血酸及迷迭香提取物、竹叶抗氧化物等。其他可用作抗氧化剂的如生育酚(维生素 E)列入营养强化剂,葡萄糖氧化酶列入酶制剂中。使用抗氧化剂要正确掌握其使用时机,发挥抗氧化作用。最好使用复配性抗氧化剂,控制影响抗氧化剂还原性的因素(如光、热、氧、金属离子)和抗氧化剂在食品中的分散状态等。另外,抗氧化剂在食品中用量较少,为使其充分发挥作用,必须将其均匀分散在食品中。绿色食品最好使用天然抗氧化剂。

随着人们对食品安全性要求的提高和对化学合成品的安全性疑虑的增加,人们期待着开发出安全高效的天然抗氧化剂。我国允许使用的天然抗氧化剂品种正在不断增加,除列入食品营养强化剂的维生素 E 外，目前有抗坏血酸系列、茶多酚、植酸、甘草抗氧化物、脑磷脂、迷迭香提取物等，特别是异抗坏血酸钠用量逐年迅速增加。随着科研工作的广泛开展，一些新的品种会不断出现，主要为植物提取物，如许多香辛料具有较强的抗氧化性能，其主要的抗氧化成分为酚类及其衍生物。例如，从胡椒、姜、辣椒、桂皮、香紫苏、丁香、茴香等香辛料中均可得到具有较强抗氧化能力的提取物。中草药丹参中含有二氢丹参酮Ⅰ、二氢丹参酮Ⅱ、二氢丹参酮Ⅲ、甲基丹参酮、隐丹参酮等抗氧化成分。昆布、白果、千金子等许多中草药也都具有抗氧化作用。还有其他植物的提取物，如从桉树叶、葵花叶、忍冬叶、油茶果壳、大麦糠、花生壳及一些花卉中都可提取出新的食品抗氧化剂。

（三）乳化剂

食品乳化剂是通过吸附作用使食品胶体的表面张力急剧下降，从而促使其体系稳定的食品添加剂。广义上的食品乳化剂包括低分子质量乳化剂和高分子质量乳化剂，高分子质量乳化剂通常指蛋白质，如酪蛋白、大豆分离蛋白粉。经过长期的发展，目前已形成了以脂肪酸多元醇酯及其衍生物和天然乳化剂大豆磷脂为主的食品乳化剂体系。食品乳化剂在食品生产和加工过程中占有重要的地位。食品乳化剂能改善食品胶体各构成相之间的表面张力，形成均匀、稳定的分散体或乳化体，从而稳定食品的物理状态，改进食品组织结构，简化和控制食品加工过程，改善风味、口感，提高食品质量，延长货架寿命等。乳化剂的作用，一方面通过在两相界面的吸附作用急剧降低表面张力，从而极大地降低整个体系的表面自由能，并形成新的界面，另一方面通过在微滴表面形成保护性的吸附层而赋予微滴很强的空间稳定作用。

我国许可使用的食品乳化剂通常是指分子质量不大于 102。绝大多数都具有两亲性，其分子由两个不同的部分组成，一个是亲水基团（极性的、疏油的），另一个是亲油基团（非极性的、疏水的），而且这两部分分别处于分子的两端，形成不对称的结构。其中亲水基团对水环境具有亲和性，一般是溶于水或能被水湿润的基团，如羟基、羧基；亲油基团对非水环境具有亲和性，一般是与油脂结构中烷烃基相似的碳氢化合物长链，故可与油脂互溶。

乳化剂的应用主要取决于其不同的乳化能力，亦即与分子中亲水及亲油基因的多少有关。衡量乳化能力最常用的指标是亲水亲油平衡值（hydrophile lipophile balance，HLB）。食品乳化剂对食品加工和储藏具有 3 个主要作用：通过控制油滴和脂肪球的分散、附聚状态使乳状液稳定或部分失稳；通过与淀粉、蛋白质组分的相互作用，改善食品的货架期、质构和流变特性；通过影响中性脂肪来控制以脂肪为基质的产品的组织结构和形状。

（四）增稠剂

[illegible]指增加食品黏稠度，使其均匀分布的物质，俗称糊料。增稠剂都属亲水性高分[illegible]含有许多亲水基团（如羟基、羧基、氨基等），能与水分子发生水化作[illegible]态高度分散于水中，形成高黏度的单相均匀分散体系的大分[illegible]过黏度的改变或在含水的分散介质中的胶凝作用而赋予食品胶体长[illegible]，食品增稠剂也称为食品胶、亲水胶、稳定剂、悬浮剂、胶凝剂。增稠剂还被广泛地用作成膜剂、持水剂、黏着剂、填充剂、上光剂、冷冻融化稳定剂、防霜剂、矫味剂、膳食纤维等。此外，增稠剂除用于食品外，还广泛用于医药、化妆品、牙膏、造纸、石油、涂料、洗涤剂等产品中。

世界上通用的增稠剂有 40 多种，我国列入《食品安全国家标准食品添加剂使用标准》

(GB 2760—2011)的增稠剂共有 39 种,按其来源可分为天然和化学合成(包括半合成)两大类。

天然增稠剂多数从含多糖类黏质物的植物和海藻类制取,其中植物种子胶质有罗望子多糖胶、黄蜀葵胶、亚麻籽胶、田菁胶、槐豆胶、瓜尔胶、皂荚豆胶等,植物胶浸出物(树胶)有阿拉伯胶、桃胶、松胶等,海藻胶有海藻酸盐类、琼脂、卡拉胶等,其他植物胶有果胶、芦荟、菊粉、魔芋粉等,海产品壳中的甲壳素,还有从含蛋白质的动植物中提取的蛋白胶体(如明胶、酪蛋白酸盐、浓缩大豆蛋白等)和通过微生物制取的生物胶(如黄原胶、结冷胶、葡聚糖等)。

化学合成增稠剂有羧甲基纤维素钠、聚葡萄糖、羟丙基甲基纤维素、海藻酸丙二醇酯、微晶纤维素、变性淀粉等。

除有稳定体系、增稠、凝胶等品质改良剂功能外,亲水胶体稳定剂的另一新消费趋势是成为功能食品的成分之一。这是因为随着人们对健康食品越来越重视,要求膳食向低糖、低油脂、高纤维素等健康食品的方向发展,对多糖化合物所表现出的功能性更加重视。为了更好地在各种食品中选择和应用各类亲水胶,现将常用亲水胶的性能比较和应用特性分别加以阐述(以下"次序"均为由强到弱)。

抗酸性次序:海藻酸丙二醇酯、抗酸羧甲基纤维素、果胶、黄原胶、海藻酸盐、卡拉胶、琼脂、明胶、淀粉。

增稠性次序:瓜尔胶、黄原胶、槐豆胶、魔芋胶、果胶、海藻酸盐、卡拉胶、羧甲基纤维素、琼脂、明胶、阿拉伯胶。

溶液假塑性次序:黄原胶、槐豆胶、卡拉胶、瓜尔胶、海藻酸盐、海藻酸丙二醇酯。

吸水性次序:瓜尔胶、黄原胶。

凝胶强度次序:琼脂、海藻酸盐、明胶、卡拉胶、果胶。

凝胶透明度次序:卡拉胶、明胶、海藻酸盐。

凝胶热可逆性次序:卡拉胶、琼脂、明胶。

冷水中溶解次序:黄原胶、阿拉伯胶、瓜尔胶、海藻酸盐。

快速凝胶次序:琼脂、果胶。

乳化悬浮性次序:阿拉伯胶、黄原胶。

口味次序:果胶、明胶、卡拉胶。

奶类稳定性次序:卡拉胶、黄原胶、槐豆胶、阿拉伯胶。

目前在功能食品中应用比较多的是健康饮料,因为亲水胶是在人体内基本不产生能量的水溶性膳食纤维。低黏度亲水胶用于替代脂,在食品中充当脂肪填充剂,要求具有合适的口感,能改进风味和组织结构。崇尚食品的纯天然性,世界各国的食品立法机构都要求必须在食品上标明其中的具体原料组成,消费者倾向于选择纯天然亲水胶,如果胶、阿拉伯胶等。

(五)调味剂

良好的风味是食品质量的重要因素之一。风味一般包括味感和嗅感。味感是食品中的成分刺激味觉感受器所引起的感觉,又称为食品的滋味。世界各国对味感的分类各不相同,我国习惯上有甜味、酸味、咸味、苦味、鲜味、涩味及辣味之分。虽然各种食物都有其独特的味道,但因人们的偏爱和口味有所不同,常在食品中添加一些物质来调和成适当的口味,以满足人们的不同习惯,促进人们的食欲。这些添加物质就称为调味剂,按其作用可分为甜味剂、酸味剂、咸味剂、苦味剂、鲜味剂、涩味剂及辣味剂。其中咸味剂一般使用食盐,在我国不作为食品添加剂管理;苦味剂、涩味剂及辣味剂应用较少。此处主要讨论甜味剂和酸味剂。

甜味剂是指使食品呈现甜味的添加物质。甜味剂按来源可分为天然甜味剂和人工合成甜味剂(图 6-2),按营养价值可分为营养性甜味剂及非营养性甜味剂;按其化学结构和性质可分为糖类甜味剂及非糖类甜味剂,按其甜度又可分为一般甜味剂及强力甜味剂等。

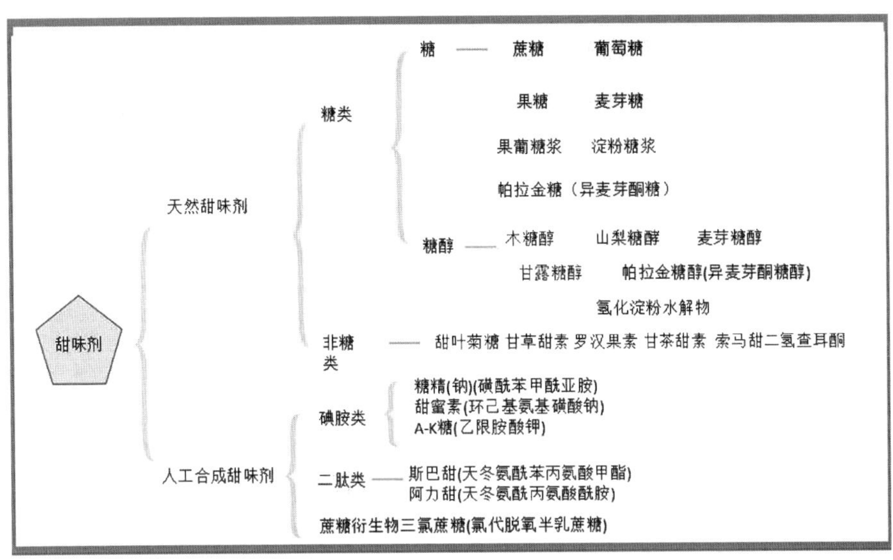

图 6-2 食品甜味剂的分类

图 6-2 中,蔗糖、葡萄糖、果糖、麦芽糖、果葡糖浆、淀粉糖浆、异麦芽酮糖等习惯上统称为糖,常视为食品原料,在我国不列入食品添加剂范畴。随着科研工作的深入开展,一些新的甜味剂不断问世。理想的甜味剂应具备很高的安全性、良好的味觉、较高的稳定性、较好的水溶性、较低的价格。

酸味剂指能赋予食品酸味的食品添加剂,其作用除了赋予食品酸味,有时还可调节食品的 pH 值、用作抗氧化剂的增效剂、防止食品氧化褐变、抑制微生物生长、防止食品腐败等,并可增进食欲、促进消化吸收。酸味剂按其组成分为有机酸和无机酸两大类。天然酸味剂主要有柠檬酸、酒石酸、苹果酸、乳酸、乙酸等有机酸。目前,作为酸味剂使用的主要为有机酸,无机酸较少。现在我国将酸味剂列入酸度调节剂部分。

鲜味剂是指补充或增强食品鲜味的食品添加剂,又称为增味剂或风味增强剂。鲜味剂按其化学性质的不同主要有氨基酸类、核苷酸类及其他,氨基酸类主要是 L 谷氨酸单钠盐;核苷酸类主要有 5′-肌苷酸二钠和 5′-鸟苷酸二钠。琥珀酸二钠盐也具有鲜味。近年利用天然鲜味提取物开发出了许多复合鲜味剂,如肉类提取物、酵母提取物、水解动物蛋白、水解植物蛋白、谷氨酸钠、5-肌苷酸钠、5′-鸟苷酸钠等,以不同的组合配比,制成适合不同食品使用的天然复合鲜味剂,可使味道更鲜美、自然,深受人们欢迎。

(三)酶制剂

从生物(动物、植物、微生物)中提取的具有生物催化能力的物质,辅以其他成分,用于加速食品加工过程和提高食品质量的制品,称为用于加工食品酶制剂。因其来源于生物体,因此通称为生物催化剂。目前已知的酶制剂有 100 多个品种,已被证明是安全的有 50 多种,常用的有20多种。从世界范围而言,在酶制剂总产量中55%是水解酶,35%是蛋白酶,其余是药用酶制剂、试剂级酶制剂和工具酶。目前我国对酶制剂尚未有通用的国家标准。按规定,酶制剂除活性成分外,尚可有载体、溶剂、防腐剂、抗氧化剂和为方便使用所加的其他成分。按照FAO/WHO(1984)和PCC(1981)的规定,所有食品加工用酶制剂的通用质量指标见表6-1。

表6-1 食品酶制剂的通用质量指标

项 目	指 标
酶活力(占所标值的比例,%)	85.0～115.0
砷含量(以As计,%)	≤0.0003
铅含量(%)	≤0.001
重金属含量(以Pb计,%)	≤0.004
大肠杆菌群(个/g)	≤30
沙门氏菌(个/g)	阴性
总杂菌数(个/g)	≤50000
黄曲霉毒素A(真菌酶制剂)	不得检出
杂色曲霉素(真菌酶制剂)	不得检出
T2毒素(真菌酶制剂)	不得检出
玉米烯酮(真菌酶制剂)	不得检出

根据国际生物化学联合委员会对酶的分类,可把酶分为还原酶、转移酶、水解酶、裂和酶、异构酶和合成酶6大类。由于酶具有催化的高效性、专一性、作用条件温和等优点,应用方便,越来越得到重视。酶制剂被广泛应用于食品加工,在提高产品质量、降低成本、节约原料和能源、保护环境等方面产生了巨大的社会效益和经济效益。

三、绿色食品添加剂的使用标准

食品添加剂使用标准是提供安全使用食品添加剂的定量指标,包括允许使用的食品添加剂的品种、使用目的(用途)、使用范围(对象食品)以及最大使用量(或残留量),有的还注明使用方法。最大使用量通常以g/kg为单位。制定使用标准要以食品添加剂使用情况的实际调查与毒理学评价为依据。对某种或某组食品添加剂来说,其制定标准的一般程序如下:

(1)根据动物毒性试验确定最大无作用剂量(maximal non-effect level,MNL)。

(2)将动物试验所得的数据用于人体时,由于存在个体和种系差异,故应定出一个合理的安全系数。一般安全系数的确定,可根据动物毒性试验的剂量缩小若干分之一来确定。一般安全系数定为1/100。

(3)从动物毒性试验的结果确定试验物的人体每日允许摄入量。以体重为基础来表示的人体每日允许摄入量(acceptable daily intake,ADI),根据现有已知的事实,即使终身持续摄取,也不会显示出危害性。每日允许摄入量以mg/kg(体重)为单位。

(4)将每日允许摄入量乘以平均体重即可求得每人每日允许摄入总量(A)。

(5)有了每日允许摄入总量(A)之后,还要根据人群的膳食中含有该物质的各种食品的每日允许摄入量(C),然后分别算出其中每种食品含有该物质的最高允许量(D)。

(6)根据该物质在食品中的最高允许量(D)制定出该种添加剂在每种食品中的最大使用量(E)。在某种情况下,二者可以吻合,但为了人类安全起见,原则上总是希望食品中的最大工业使用量标准低于最高允许量,具体要按照其毒性及使用等实际情况确定。

四、绿色食品添加剂使用准则

为了确保绿色食品的质量,合理使用和严格控制生产绿色食品的食品添加剂,由农业部绿色食品管理办公室和中国绿色食品发展中心提出,农业部制定了《绿色食品　食品添加剂使用准则》(NY/T 392—2013),本标准是生产绿色食品的生产资料使用系列准则之一。本标准为中华人民共和国农业行业标准(中华人民共和国农业部 2013 年 12 月 13 日批准,2014 年 4 月 1 日实施)。

1　范围

本标准规定了绿色食品食品添加剂的术语和定义、食品添加剂使用原则和使用规定。

本标准适用于绿色食品生产。

2　规范性引用文件

下列文件对于本文件的应用是必不可少的。凡是注日期的引用文件,仅注日期的版本适用于本文件。凡是不注日期的引用文件,其最新版本(包括所有的修改单)适用于本文件。

GB 2760　食品安全国家标准　食品添加剂使用标准

GB 26687　食品安全国家标准　复配食品添加剂通则

NY/T 391　绿色食品　产地环境质量

3　术语和定义

GB 2760 界定的以及下列术语和定义适用于本文件。

3.1　AA 级绿色食品　AA grade green food

产地环境质量符合 NY/T 391 的要求,遵照绿色食品生产标准生产,生产过程中遵循自然规律和生态学原理,协调种植业和养殖业的平衡,不使用化学合成的肥料、农药、兽药、渔药、添加剂等物质,产品质量符合绿色食品产品标准,经专门机构许可使用绿色食品标志的产品。

3.2　A 级绿色食品　A grade green food

产地环境质量符合 NY/T 391 的要求,遵照绿色食品生产标准生产,生产过程中遵循自然规律和生态学原理,协调种植业和养殖业的平衡,限量使用限定的化学合成生产资料,产品质量符合绿色食品产品标准,经专门机构许可使用绿色食品标志的产品。

3.3　天然食品添加剂　natural food additive

以物理方法、微生物法或酶法从天然物中分离出来,不采用基因工程获得的产物,经过毒理学评价确认其食用安全的食品添加剂。

3.4　化学合成食品添加剂　chemical synthetic food additive

由人工合成的，经毒理学评价确认其食用安全的食品添加剂。

4　食品添加剂使用原则

4.1　食品添加剂使用时应符合以下基本要求：

a.不应对人体产生任何健康危害；

b.不应掩盖食品腐败变质；

c.不应掩盖食品本身或加工过程中的质量缺陷或以掺杂、掺假、伪造为目的而使用食品添加剂；

d.不应降低食品本身的营养价值；

e.在达到预期的效果下尽可能降低在食品中的使用量。

f.不采用基因工程获得的产物。

4.2　在下列情况下可使用食品添加剂：

a.保持或提高食品本身的营养价值；

b.作为某些特殊膳食用食品的必要配料或成分；

c.提高食品的质量和稳定性，改进其感官特性；

d.便于食品的生产、加工、包装、运输或者贮藏。

4.3　所用食品添加剂的产品质量应符合相应的国家标准。

4.4　在以下情况下，食品添加剂可通过食品配料（含食品添加剂）带入食品中：

a.根据本标准，食品配料中允许使用该食品添加剂；

b.食品配料中该添加剂的用量不应超过允许的最大使用量；

c.应在正常生产工艺条件下使用这些配料，并且食品中该添加剂的含量不应超过由配料带入的水平；

d.由配料带入食品中的该添加剂的含量应明显低于直接将其添加到该食品中通常所需要的水平。

4.5　食品分类系统应符合 GB 2760 的规定。

5　食品添加剂使用规定

5.1　生产 AA 级绿色食品应使用天然食品添加剂。

5.2　生产 A 级绿色食品可使用天然食品添加剂。在这类食品添加剂不能满足生产需要的情况下，可使用 5.5 以外的化学合成食品添加剂。使用的食品添加剂应符合 CB 2760 规定的品种及其适用食品名称、最大使用量和备注。

5.3　同一功能食品添加剂（相同色泽着色剂、甜味剂、防腐剂或抗氧化剂）混合使用时，各自用量占其最大使用量的比例之和不应超过 1。

5.4　复配食品添加剂的使用应符合 GB 26687 的规定。

5.5　在任何情况下，绿色食品不应使用下列食品添加剂（见表 1）。

表 1　生产绿色食品不应使用的食品添加剂

食品添加剂功能类别	食品添加剂名称（中国编码系统 CNS 号）
酸度调节剂	富马酸一钠(01.311)

续表

食品添加剂功能类别	食品添加剂名称(中国编码系统CNS号)
抗结剂	亚铁氰化钾(02.001)、亚铁氰化钠(02.008)
抗氧化剂	硫代二丙酸二月桂酯(04.012)、4-己基间苯二酚(04.013)
漂白剂	硫黄(05.007)
膨松剂	硫酸铝钾(又名钾明矾)(06.004)、硫酸铝铵(又名铵明矾)(06.005)
着色剂	新红及其铝色淀(08.004)、二氧化钛(08.011)、赤藓红及其铝色淀(08.003)、焦糖色(亚硫酸铵法)(08.109)、焦糖色(加氨生产)(08.110)
护色剂	硝酸钠(09.001)、亚硝酸钠(09.002)、硝酸钾(09.003)、亚硝酸钾(09.004)
乳化剂	山梨醇酐单月桂酸酯(又名司盘20)(10.024)、山梨醇酐单棕榈酸酯(又名司盘40)(10.008)、山梨醇酐单油酸酯(又名司盘80)(10.005)、聚氧乙烯山梨醇酐单月桂酸酯(又名吐温20)(10.025)、聚氧乙烯山梨醇酐单棕榈酸酯(又名吐温40)(10.026)、聚氧乙烯山梨醇酐单油酸酯(又名吐温80)(10.016)
防腐剂	苯甲酸(17.001)、苯甲酸钠(17.002)、乙氧基喹(17.010)、仲丁胺(17.011)、桂醛(17.012)、噻苯咪唑(17.018)、乙奈酚(17.021)、联苯醚(又名二苯醚)(17.022)、2-苯基苯酚钠盐(17.023)、4-苯基苯酚(17.024)、2,4-二氯苯氧乙酸(17,027)
甜味剂	糖精钠(19.001)、环己基氨基磺酸钠(又名甜蜜素)及环己基氨基璜酸钙(19.002)、L-a-天冬氨酰-*N*-(2,2,4,4-四甲基-3-硫化三亚甲基)-D-丙氨酰胺(又名阿力甜)(19.013)
增稠剂	海萝胶(20.040)
胶基糖果中基础剂物质	胶基糖果中基础剂物质

注:对多功能的食品添加剂,表中的功能类别为其主要功能

思考题

1.绿色食品加工厂厂址选择有何重要意义?应遵守哪些原则?

2.绿色食品加工厂总体设计的内容和原则有哪些?应考虑哪些内外环境因素?

3.简述绿色食品加工厂工艺设计和绿色食品生产工艺、设备、车间工艺设计的主要内容。

4.绿色食品加工有哪些基本原则?

5.绿色食品加工厂环境、车间、设施、加工卫生要求有哪些重要内容?

6.绿色食品生产中经常使用的主要食品添加剂有哪些?

7.生产绿色食品使用食品添加剂必须遵循哪些原则?

第七章

绿色食品农产品产后处理

本章提要：在绿色食品农产品产后处理过程中严格按绿色食品的标准操作是保证绿色食品产后处理不受二次污染的关键。本章主要介绍绿色食品农产品的采收、包装、储藏保鲜与运输的基本原则与要求。

农产品适宜的采收时期和正确的采收方法是保证农产品采后品质及安全性的重要措施，绿色食品包装、储藏、运输是绿色食品从土地到餐桌全程质量管理的重要环节。田间收获的农产品，一般都是粗产品，其大小不同，颜色各异，成熟度不均，有的还带有病虫及机械伤害，如不加以分级、选择、包装等商品化处理并做好运输工作，势必加速腐烂变质，影响农产品的商品质量和商品价值。

搞好绿色食品农产品的采后商品化处理和储藏工作，提供最优化的条件调控产品的生理状态，可减少农产品在采收、分级、储藏、运输、加工、流通销售等环节中质量和数量的损失，稳定并强化它们的商品性能，提高产品的市场占有率和竞争力，达到获取最大经济效益的目的。

第一节　绿色食品农产品的采收处理

一、绿色食品粮食的收获处理

(一)最佳收获期

粮食作物的最佳收获期，是指在粮食作物籽粒干物质积累最高值时进行收获。这时收获的粮食产量最高，品质最好。各种粮食作物的成熟期大都不相同，即使是同种粮食作物也因品种、地力、气候条件不同而异。因此，不同种类的粮食作物，不同品种的粮食作物，不同种植条件的粮食作物，它们的最佳收获期是不相同的。如何选择最佳收获期呢？这就要根据当地品种布局、土壤肥力、管理条件、气候因素等，及时测定出各种粮食作物的最佳收获期，确定各种粮食作物的最佳收获时间。据研究证明，目前各种粮食作物的传统收获时间距离最佳期收获时间比较远。就大部分地区来说，小麦大都晚于最佳收获期，玉米都早于最佳收获期，因此造成的减产损失是十分惊人的，小麦减产约5%，玉米减产约8%。

(二)适时收获

适时收获是提高粮食成熟度的关键，也可以增加产量。要做到成熟一块收割一块，收割早，籽粒不实，青粒和未熟粒多，水分含量高，不利于储藏，产量也低；收割过迟，容易倒伏或焦穗、爆荚、脱粒，甚至穗上发芽，影响产量。适时收获，一方面是正确掌握粮食的成熟度，即粮食恰到完熟，适时抢收，这时籽粒饱满，有利于储藏，也可以提高产量，另一方面是适当安排收获时间，有利于及时干燥脱粒，提早归仓。对稻谷一般以下午收割较好，因为下午收割，粮粒和植株水分含量都低。据试验，早晨收割的晚稻谷水分含量为28%～30%，而下午收割的为26%左右，且对割后干燥也有利。但对油菜籽、豆类等，则于早晨带露收割较好，以防爆荚、脱粒。目前在粮食作物的收获方式上，基本还是人工、半机械化、机械化齐上阵。一般来说，经济发达的地区收获机械化水平比较高，经济欠发达地区仍以人工、半机械化收获为主。总体而言，粮食作物收获的机械化水平还不高，多数是某些环节上实行机械化，不少环节还是人工劳动。但不管实行哪种方式收获，都应以收获期最佳、收获时间最短、收获损失最少为主要目标。

今后随着农村经济的发展，粮食经营规模水平的不断提高，高度机械化收获势在必行。机械化收获不仅效率高，时间短，质量好，损失少，而且可以避免灾害性天气对粮食生产造成的严重损失。

（三）脱粒

对于小麦、谷子、高粱、大豆等粮食作物最好采用机械脱粒，以达到争取时间、快速脱粒、减少损失的目的。在采用人工、畜力、机械打轧时，要科学安排时间，精心组织劳力，立足“抢”字，防止霉烂，减少损失，并做好防火和阴雨天气的应急工作，力求减少损失玉米穗。收获后，要及时剥皮，晾晒，适时脱粒，防止长期曝晒，风吹雨淋，损失营养成分，影响品质。粮食的集中产区，要在粮食作物成熟收获之前，准备好一定面积的场院，农户轮流使用，严禁在公路上脱粒晾晒。

（四）干燥（晾晒）

收获后的粮食一般含水量较高，容易发生霉烂，尤其遇到阴雨天，可能会造成严重损失。这是目前粮食生产中的薄弱环节之一。现在粮食干燥多采用场院、公路、塑料布晾晒，不仅速度慢，损失大，而且还会使粮食受到不同程度的污染，影响人们的健康。随着粮食生产水平的不断提高，需要较多的机械化程度高、十燥强度大、结构简单、投资较少的粮食烘干设备。收获实行绿色稻谷与普通稻谷分收、分晒。禁止在公路、沥青路面及粉尘污染严重的地方脱粒、晒谷。

（五）粮食的清粮（分级）处理

从粮食产后诸环节的作用看，清粮之前的各环节都是千方百计地把籽粒从粮食作物上收下来，并且要时间短、损失少。清粮是要利用比较先进的工程技术，把籽粒中夹带混入的粮食作物残体碎屑、沙、土、石、杂草种子等异物清理出去，以保持粮食的标准容量，达到安全储运、提高加工产品质量的目的。

1.清粮的作用

因粮食作物收获时间集中，数量大，场所不足，收获环节多，机械化水平比较低，籽粒中难免要夹带和混入各种杂质。这不仅影响粮食的品质，还容易造成粮食的严重损失。及时进行清粮的作用，一是保证粮质，清粮不仅可以清除各种杂质，而且还有降湿和间接防虫防霉的作用；二是安全储存，粮食中的杂质，可降低粮食的散热性，且带菌多、吸湿性强，容易引起粮食发热、霉变、生虫，清粮之后，粮食热容量变小，降低了导热性，有利于安全储存；三是减少浪费,清除各种杂质后,粮食的体积缩小,质量减轻,既可减少运输、存放、储藏中人力、物力的浪费,又可减少加工企业再清理的麻烦,有利于提高加工产品的质量和企业的经济效益。

2.清粮的方法

针对清粮工作长期得不到足够重视的状况,应大力宣传清粮的意义,推广普及清粮的先进机械设备。但在目前农村经济比较薄弱、种粮效益比较低的条件下,在具体做法上,应从实际出发,因地制宜地选用人工、半机械化、机械化等多种方法。

分散粮产区,因粮食种植面积小,收获数量小,特别是一家一户的小面积种植的情况宜采用人工和半机械化的清粮方法。这需要根据粮食种植的面积和产量,建立固定的场院结合脱粒进行人工风扬、过筛清粮。也可以联户进行半机械化清粮,集资购买清粮机械,专人管理维修。严禁在公路或公用场所进行清粮,以保证安全,减少粮食污染。

集中粮产区和种粮大户要进行机械化清粮,购置配备专门的清粮机械设备,这样不仅清粮效率高,质量好,还可以达到降湿降温的目的,避免集中脱粒后,因高湿高温发生霉烂变质。粮食集中仓储单位,应配备清理筛。这种清理筛可按照仓储标准来进行清粮,确保粮食入库。质量清粮环节固然很重要,但它与前面的各环节的质量也有密切的关系。前面环节多,机械化水平低,没有固定的脱粒晒粮场所,都会增大清粮的难度。如能实行粮食生产的规模经营,采用配套的机械化作业,减少杂质混入的机会,也是提高清粮质量的重要方面。

二、绿色食品水果和蔬菜的采收处理

采收是水果和蔬菜栽培生产的结束,也是水果和蔬菜进入商品流通领域的开始。采收工作具有很强的季节性和技术性,并且直接关系着水果和蔬菜的产量和质量。如果采收过迟,水果和蔬菜会因生长成熟过度而生理衰老,变得不耐储藏;如果采收过早,则不能具有本品种所固有的色、香、味及品质。因此,只有适时采收,才能获得质量好和耐储藏的产品。适时采收,首要的是要确定最佳采收期和适当的采收方法。

(一)采收成熟度的确定

1.水果和蔬菜成熟度的分类

水果和蔬菜的采收期主要决定于其成熟度。水果和蔬菜的成熟度一般可分为可采成熟度、食用成熟度和生理成熟度3种。

(1)可采成熟度。可采成熟度是指水果和蔬菜已经完成了生长和营养物质的积累,大小已经定型,开始出现了本品种近于成熟的色泽和形状,已达到可采阶段。这时有的果蔬还不完全适于鲜食,但适于长期储藏,如供储藏用的苹果、香蕉、番茄等都应在此时采收。

(2)食用成熟度。食用成熟度是指水果和蔬菜已经具备本品种固有的色、香、味、形等性状特征,达到最佳食用期的成熟度状态。这时采收的水果和蔬菜适于就地销售及短途运输等。

(3)生理成熟度。生理成熟度是指水果和蔬菜种子已经充分成熟,此时的水果和蔬菜已不适于食用,更不便储藏运输。一般水果都不应在这时采收,蔬菜仅供菜种用,只有以食用种子为目的的核桃、板栗在该阶段采收。

2.采收成熟度的确定

水果和蔬菜种类很多,且不同种类、不同品种采收成熟度不同,所以很难制定统一的采收成熟度标准。现介绍一般采用的方法作为判断采收成熟度的参考。

(1)果梗脱离的难易度。有些种类的果实在成熟时果柄与果枝间产生离层，稍一震动就可脱落，此时为品质最好的成熟度，如不及时采收就会大量落果。

(2)表面色泽的显现和变化。许多果实在成熟时，果皮的颜色可作为判断果实成熟度的标志之一。未成熟果实的果皮中有大量的叶绿素，随着果实的成熟，叶绿素逐渐分解，底色便呈现出来。例如，甜橙果实在成熟时呈现出类胡萝卜素，红橘果皮中含有红橘素和黄酮，因此它们的果皮表现出红色或橙色。苹果、桃等果皮的红色为花青素，柿子皮含橙黄色素和番茄红素而呈血红色。番茄果皮中含有番茄红素、胡萝卜素及叶黄素，果皮表现出深红色、粉红色或黄色。番茄产品若做长距离运输或储藏，应该在绿熟阶段采收，即果顶显示奶油色时采收；而就地销售可在着色期采收，即果顶为粉红色或红色时采收。甜椒一般在绿熟时采收，茄子应该在表皮明亮而有光泽时采收。甜瓜的色泽从深绿变为斑绿和稍黄时表示瓜已成熟。

(3)主要化学物质的含量。水果和蔬菜产品的主要化学物质(如糖、淀粉、有机酸、可溶性固形物)含量，可以作为衡量品质和成熟度的标志。可溶性固形物中主要是糖分，其含量高标志着含糖量高、成熟度高。总含糖量与总酸含量的比值称为糖酸比，可溶性固形物含量与总酸含量的比值称为固酸比，它们不仅可以衡量果实的风味，也可以用来判断成熟度。例如，四川甜橙采收时以固酸比为 10∶1、糖酸比为 8∶1 作为最低采收成熟度的标准；苹果和梨糖酸比为 30∶1 时采收，风味品质好；伏令夏橙和枣在糖分累积最高时采收为宜。苹果中的淀粉遇到碘溶液时会呈现蓝色，所以可把苹果切开，将其横断面浸入配制好的碘溶液中 30 s，观察果肉变蓝的面积及程度就可判断其成熟度。苹果成熟度提高时，淀粉含量下降，果肉变蓝的面积会越来越小，颜色也越来越浅。不同品种的苹果成熟过程中淀粉含量的变化不同，可以制作不同品种苹果成熟过程中淀粉变蓝的图谱(色卡)，供判断成熟度用，很方便。青豌豆、甜玉米、菜豆都是以食用其幼嫩组织为主的蔬菜，糖含量多、淀粉含量少时采收的风味品质好。马铃薯、芋头的淀粉含量高时采收品质好，耐储藏，加工淀粉时出粉率也高。

(4)质地和硬度。一般未成熟的果实硬度较大，达到一定成熟度后，才变得柔软多汁。只有掌握适当的硬度，在最佳质地采收，产品才能够耐储藏和运输，如番茄、辣椒、苹果、梨等都要求在果实有一定硬度时采收。辽宁的"国光"苹果采收时，一般硬度为 186.2 N/cm^2 (19 kgf/cm^2)；烟台的青香蕉苹果采收时，一般为 176.4 N/cm^2 (18 kgf/cm^2)。此外，桃、李、杏的成熟度与硬度的关系也十分密切。一般情况下，一些叶菜类蔬菜不测其硬度而是用坚实度来表示其发育状况。例如，甘蓝的叶球和花椰菜的花球都应该在充实坚硬、致密紧实时采收，此时采收的产品品质好，耐储性强。

(5)果实形态。果实必须长到一定的大小、重量和充实饱满的程度才能达到成熟。不同种类、不同品种的水果和蔬菜都具固定的形状及大小特点。例如，香蕉未成熟时，果实的横切面呈多角形，充分成熟时，果实饱满、浑圆，横切面为圆形。西瓜成熟时，蒂部向里凹。

(6)生长期和成熟特征。不同果实产品由开花到成熟有一定的生长期和成熟特征。例如，山东"元帅"系列的苹果生长期为 145 d 左右，"国光"苹果的生长期为 160 d 左右；早熟西瓜品种从雌花开放到果实生理成熟为 28～32 d，中熟品种为 32～35 d，晚熟品种为 35 d 以上。

各地可以根据多年的经验得出适合当地采收的平均生长期。此外，水果和蔬菜产品在成熟过程中表现出许多不同特征。一些水果和瓜类可以根据其种子从尖端开始由白色逐渐变褐、变黑作为成熟的标志。西瓜果实附近几节的卷须枯萎、果柄茸毛消失、果面条纹散开而清晰可见果粉退去、果皮光滑发亮等都是成熟的特征。还有一些地下生长的水果和蔬菜产品，可以从地上部分植株的生长情况判断其成熟度。例如，洋葱、大蒜、马铃薯等地上部变黄、枯萎、倒伏时，为最佳采收期。

水果和蔬菜种类繁多，成熟特性各异，在判断采收成熟度时应抓住主要因素，只有这样才能确定适宜的采收期，从而满足储藏、加工和销售的需要。

（二）采收方法

联合国粮食与农业组织的调查报告显示，由于采收成熟度和采收方法的不当造成机械损失达8%～12%。在田间不合理的采收和粗放处理，直接影响商品品质。撞伤和损伤后显示出褐色和黑色的斑点，使商品失去吸引力。表皮的损伤作为微生物的通道而引起腐烂，损伤使呼吸作用加强，储藏期缩短。水果和蔬菜的采收方法分为人工采收和机械采收两种，目前我国主要采用人工采收的方法。机械采收可以节省很多人力，采收效率高，但采收的产品质量差。例如，果实以机械采收，往往会折断果梗和增加机械损伤，因而作为鲜销和长期储藏的水果和蔬菜不适于采用机械采收。但在发达国家，由于劳动力比较昂贵，可用机械的方法采收某些适宜的水果和蔬菜品种和某些加工用品种。

1.人工采收

人工采收是鲜销和长期储藏果蔬的最佳采收方法。它的优点是可以针对不同的成熟度和不同的形状及时分类、选择、收获，同时可以减少机械损伤。目前我国人工采收质量与国外相比有很大差距，主要是因为缺乏可操作的采收标准、采收工具原始、采收管理粗放等。具体采收方法应根据水果和蔬菜产品的种类确定。例如，柑橘、葡萄等果实的果柄与枝条不易分离，需要用采果剪采收。为了使柑橘果蒂不被拉伤，此类产品多用复剪法进行采收，即先将果实从树上剪下，再将果柄齐萼片剪平。苹果和梨成熟时，果梗与果枝间产生离层，采收时以手掌将果实向上一托，果实即可自然脱落。桃、杏等果实成熟后果肉特别柔软，容易造成伤害，所以人工采收时应剪平指甲或戴上手套，小心用手掌托住果实，左右轻轻摇动使其脱落。采收香蕉时，应先用刀切断假茎，紧扶母株让其轻轻倒下，再按住蕉穗切断果轴，注意不要使其擦伤、碰伤。同一棵树上的果实，应按照由外向内、由下向上的顺序采收。因成熟度不一致，分批采收可提高产品品质。

人工采收应注意以下几点：①戴手套采收。②选用适宜的采收工具，如果剪、采收刀等。③用采收袋或采收篮进行采收。④周转箱大小适中，不能太大，否则容易造成底部产品的压伤。周转箱材料，我国的柳条箱、竹筐对产品伤害较重，国外木箱、防水纸箱和塑料周转箱对产品伤害较轻。⑤采收时间对采后处理、保鲜、储藏和运输都影响很大，一般最好在一天内温度较低的时间采收，因为此时产品的呼吸作用小，生理代谢缓慢，而且可以使产品自身所带的田间热降到最少。

2.机械采收

机械采收可节省大量劳力，提高生产效率，减轻劳动强度，降低成本。其缺陷是水果和蔬菜机械损伤较严重，而且一般只能进行一次。对于成熟不一致的水果和蔬菜来说，采用机械采收损失较大。此外，由于水果和蔬菜种类很多，其特性各异，采收机械很难通用。采收机械采收的水果和蔬菜产品主要用于加工处理。

(三)采后处理

为提高果蔬产品的质量和商品率,减少其废弃物对环境的污染,在绿色食品水果和蔬菜的产业化生产中,产品的产后处理是必不可少的。采后处理的主要内容包括修整、清洗、分级、预冷、包装等。目前已经相继推出具有清理、洗涤、去皮、切断、包装等多功能的复合型清理整理设施。

1.预冷

预冷是水果和蔬菜采收后,在运输或储藏以前迅速除去水果和蔬菜产品从田间所带的热量,使产品内的温度降低到一定程度的措施。预冷使水果和蔬菜温度适当降低,生理活动受到一定程度的抑制,以保持采后产品品质。预冷的方法有多种,如接触冰预冷、冷库预冷、强制冷风预冷、水预冷、真空预冷等。在实际应用中,应结合水果和蔬菜种类和产区条件,应用预冷技术原理,选择和建立适应本地区条件的预冷系统。例如,清晨利用自然低温在水果和蔬菜温度最低时收获,利用深层低温地下水浸泡以降低水果和蔬菜温度,利用低温山洞通风降温,在荫棚下包装处理水果和蔬菜等,都是预冷的有效措施。采用何种预冷技术,应根据水果和蔬菜采后适温、市场距离、采后处理及市场要求进行选择。

2.修整

修整即除去水果和蔬菜产品非食用的部分和损伤、腐烂的部分,使产品整齐美观,食用方便,便于包装和运输,减少城市垃圾等。修整工作应在产地进行,清理的废弃物要集中烧毁或深埋,或高温堆制成肥料,避免直接返回土壤中而传播病虫害,同时对净化城市环境也大有好处。一般都采用人工修整,也可结合采收进行机械化作业。

3.清洗

水果和蔬菜产品多用水洗法清洗,有浸泡、冲洗、喷淋等方式。洗涤用水要达到饮用水标准,严禁使用洗涤剂,可以加入适量对人体无毒的消毒剂,严禁用已经污染的河塘水或污水洗涤蔬菜。清洗后应达到去污、除虫,减少农药残留的目的,使产品符合商品要求和卫生标准。水洗后还需进行干燥处理以除去游离水分,既保持水果和蔬菜的新鲜度,又不会使水果和蔬菜很快腐烂。

4.分级

根据水果和蔬菜产品的大小、重量、形状、色泽、成熟度、新鲜度、病虫害、机械伤等商品性状,按照一定的标准,进行严格挑选分级。分级是农产品商品化处理的基础环节,是现代化社会生产和市场商品经济的客观要求。分级的目的和意义可以概括为以下几点:①实现优质优价;②满足不同用途的需要;③减少损耗;④便于包装、运输与储藏;⑤提高产品市场竞争力。

水果和蔬菜的种类、品种很多,产品器官各异,因此分级标准不同。果品分级标准的主项目,因种类、品种不同而略有出入。我国目前一般是在果形、新鲜度、颜色、品质、病虫害、机械伤等方面已符合要求的基础上,再按大小进行分级。蔬菜由于供食用的部分不同,成熟标准不一致,因此没有一个固定的统一的规格标准,只能按各种蔬菜品质的要求制定个别的标准。蔬菜分级通常根据坚实度、清洁度、大小、重量、颜色、形状、成熟度、新鲜度、病虫感染、机械损伤等各个方面综合考虑,通常的级别有 3 种,即特级、一级和二级。

三、绿色食品野生植物产品的采集

野生植物食品是指在其生长发育过程中没有人类的管理干预,而基本上是自然成长的产品。一般人们对其环境安全性都有特殊的信任，通常都将其视为绿色食品。然而并非所有的野生植物都是绿色食品，因为随着人类文明的进步，对自然生态环境的影响范围和程度都是空前的，许多野生植物采集区虽然没有直接的人为干预和污染性工程项目的影响，但诸如森林病虫害防治时的飞机喷药、大气污染物扩散等因素的影响都可能对其生长环境造成污染，使其环境质量不能满足绿色食品生产基地的要求；或者由于经济利益的驱动，采集者对野生植物资源进行掠夺式的采集，导致生产能力下降，甚至导致物种丧失，从而使所谓的绿色食品生产成了对该种生物的物种的肃清，使生态系统遭受严重的破坏，与绿色生产的宗旨相违背。因此，野生植物也必须通过产地和产品检测，经过中国绿色食品发展中心认证，允许使用绿色食品标志的才能称作绿色食品野生植物。目前中国绿色食品发展中心已制定了《绿色食品　山野菜制品》(NY/T 1507—2007)。绿色食品野生植物的生产、采收、加工必须遵循绿色食品的操作规程。

(一)野生植物采集的基本原则

野生绿色食品的采集生产必须遵循“采集行为应有利于维持和保护自然区域功能”的原则，即收获或收集产品时，应考虑生态系统的可持续性，不能引起生态系统的退化。根据这个原则和要求，野生蔬菜类农产品的采集应在以下方面进行质量控制：

(1)野生农产品应采自有明确土地边界的地区，而且这个地区应被绿色食品的检查人员检查合格。地区的边界可以是另一种生物资源如另一种植物，也可以是另一种地貌或地形条件。

(2)采集地区在采集以前和采收过程中没有施用过化学合成物质的历史。采集区在采集之前的一段时间(比如说 3 年)内应该没有受到任何禁用物质的污染。

(3)野生植物必须是生长于可界定的、能自我维系的、可持续的生产体系。收获或采集量不能对环境产生不利影响或对动植物物种产生威胁，不应超过该生态系统可持续的生产量，也不应危害到动植物物种的生存。

(4)在交通流量大的路边或其他有污染源的地方必须有足够的缓冲带，采集区所采集的野生植物才可作为绿色食品。产品采集或收集区域应与常规农田以及污染区域保持一定的距离，即有足够的缓冲区。

(二)野生植物采集基地的环境条件

野生植物采集基地或区域的选择应遵循如下原则：①采集区域应选择在空气清新、水质纯净、土壤未受污染、生态环境质量良好的地区；②应尽量避开繁华都市、工业区和交通要道，避免在有污染物扩散的区域采集；③对可能受污染的地区必须进行严格的环境质量监测，确保采集产品没有被污染；④采集区域应远离常规种植的农田，避免农药等的化学物质的污染。

(三)野生植物的采集要求

1.野菜的采集

对野菜的采集，除了采集区域的环境条件满足绿色食品生产基地环境质量标准，还有以下几点共同的要求：①适时采集，每种野菜都有其最适食用时期，此时采集可保证质量好、数量多、商品价值高。②采集植株粗壮、无病害的菜，要选择长势好、粗壮鲜嫩、无病害的植株采集。采集时要用手从根部掐下，为避免菜根因水分挥发而老化可把采下来的菜根在地上擦一下，以促进茬口自身封闭。③采集的菜要以筐盛装，不要挤压，以防野菜因摩擦而变色，装满后再盖一层青草，以防日晒使菜失水萎蔫、老化变质。④要求随采、随整理、随入筐，不同种类的菜不要混在一起，要将同一种类的菜及时归拢，及时入筐。当日采的菜要当日加工，存放过久会使菜老化变质，品质下降。⑤按规格采集，保证菜的质量，特别是加工出口菜应严格按照外贸出口的规格采集。

可以食用的野菜种类很多，不同的野菜采集要求各不相同。例如，蕨菜通常要采集出土 2 cm 以上，不开卷的拳状菜。薇菜的叶柄出土 8 cm 以上时即可采集，要采集未伸展开的嫩菜，当叶柄卷钩半伸时，说明薇菜开始老化，就要停止采集。小黄花菜当花蕾已长成而尚未开放时，选择肥大、长 100 cm 以上、呈黄色或橙黄色、花蕾完整、洁净、不折断、不受污染的采摘。采集过早产量低，过迟则干制的品质差。

采集野菜需要注意的是：①一定要弄清每种野菜的形态特征，特别注意与易混毒草的区别，认不准确的野草切不可乱采、乱吃，同时要注意防止有毒杂草的混入。②有些野草本身含有一些鞣质、生物碱、苷类、皂苷等物质，具有微毒，但采用一些物理方法可以去除，如凉水浸漂法、煮沸法、稀酸稀碱液洗法等。③要特别注意产品的使用说明，否则不宜作为绿色食品。④采集野菜最好远离居住点、未受污染的地方，尽可能避免在城郊、村边、路旁、工业"三废"和生活垃圾可能污染的河流水域以及近期喷施过农药的农田、园圃、人工林等地及其附近区域采集。⑤要注意保护资源，不要采集属珍稀的种类或品种，个别挖取根茎或鳞茎的植物，要将土回填，以利于再生。可以划片轮年采集，以利于休养生息。

2.野果的采集

野生食果资源是指其果实或种子或其附属部分具有食用价值的自然野生的，未经人类规模栽培，未形成商品生产的一类植物资源。

野生食果的采集生产首先要考虑的原则是采集区域的环境条件必须满足绿色食品生产基地的要求。其次，对野生食果资源的开发利用，应以保障资源的扩大再生为前提，使资源增加同采收之间保持适当的比例关系，同时要重视采集区域的整体生态系统的稳定与发展。

采集要掌握成熟的时期，未熟的浆果常呈绿色，苦涩，口感很差；而熟透的水果很容易腐烂。

第二节 绿色食品包装

包装在保护产品、提高物流效率、促进销售等方面起着十分重要的作用，是商品流通不可缺少的重要部分。包装要消耗大量的资源，包装废弃物对环境的污染日趋严重，从而引起了公众的高度重视，因此发展绿色包装势在必行。绿色包装(green packaging)也称为生态包装(ecological packaging)或环境友好包装(environmental friendly packaging)，是指对生态环境和人类健康无害，能重复使用和再生，符合可持续发展要求的包装。

一、绿色食品包装材料的基本要求

根据绿色食品产品质量标准要求的特性选择包装材料，首先要求具备安全性，包装材料本身要无毒，不会释放有毒物质，污染食品，影响人的身体健康。其次要有可降解性，包装物具备可降解性，对环境不会造成污染。最后要可重复利用，在遵循可持续发展的原则下，要求包装材料可重复利用,既可节约资源,又可减少垃圾的产生,减轻对环境的污染;既要符合《绿色食品　包装通用准则》(NY/T 658—2002)的基本要求,具体产品的包装还要符合该类绿色食品的产品包装标准。对绿色食品包装总的要求如下:

(1)根据不同的绿色食品选择适当的包装材料、容器、形式和方法,以满足食品包装的基本要求。

(2)包装的体积和重量应限制在最低水平,包装实行减量化。

(3)在技术条件许可和商品有关规定一致的情况下,应选择可重复使用的包装;若不能重复使用,包装材料应可回收利用;若不能回收利用,则包装废弃物应可降解。

(4)纸类包装要求,一是可重复使用回收利用或可降解;二是表面不允许涂蜡、上油;三是不允许涂塑料等防潮材料;四是纸箱连接应采取黏合方式,不允许用扁丝钉钉合;五是纸箱上所做标记必须用水溶性油墨,不允许用油溶性油墨。

(5)金属类包装应可重复使用或回收利用,不应使用对人体和环境造成危害的密封材料和内涂料。

(6)玻璃制品应可重复使用或回收利用。

(7)塑料制品要求:一是使用的包装材料应可重复使用、回收利用或可降解;二是在保护内装物完好无损的前提下,尽量采用单一材质的材料;三是使用的聚氯乙烯制品,其单体含量应符合《食品包装用聚氯乙烯成型品卫生标准》(GB 9681—88)要求;四是使用的聚苯乙烯树脂或成型品应符合相应国家标准要求;五是不允许使用含氟氯烃(CFS)的发泡聚苯乙烯(EPS)、聚氨酯(PUR)等产品。

(8)外包装上印刷标志的油墨或贴标签的黏着剂应无毒,且不应直接接触食品。

(9)可重复使用或回收利用的包装,其废弃物的处理和利用按《包装与包装废弃物　第1部分处理和利用通则》(GB/T 16716.1—2008)的规定执行。

二、绿色食品包装材料的种类

绿色食品包装材料是指在生产、制造、使用和回收的包装物中,不会对人体健康造成损害,而且对生态环境有良好保护作用和可以回收再利用的包装物料。为了适应当代社会人们对食品方面的需求,易于处理的材料和新型包装材料成为世界各国研发的重点。目前绿色食品包装材料主要可以分为以下几大类。

(一)纸质包装材料

由于纸质包装材料具有取材容易、成本低、易分解、可回收利用、使用后对环境造成的污染较轻等优点,因此纸质包装成为当前国际流行的绿色包装。世界各国已开发出许多纸质包装材料,给人们的生活带来了很多方便。

纸质包装材料主要分为两大类,一类就是一般的纸浆制品,另一类就是新型的多功能纸制品。

纸浆模塑制品是新开发出的一种新型环境保护纸质包装材料,它的最大特点是质量轻、价格低、防震、透气性特别好、在生产过程中不产生“三废”、使用后废弃物不会造成对环境的污染,可以用来保鲜生鲜食品,广泛用来包装蛋品、水果制品等。目前开发应用最多的就是一次性饭盒,该纸质饭盒利用纸模塑工艺制作,比较简单,无毒,能装100 ℃的开水而且可以使杯子在2 h内不软化、破漏,维持原状,在土地中1个月就能分解,不会对环境造成污染。

还有一种就是使用天然植物(如蔗渣、棉秆、谷壳、玉米秸秆、稻草、麦秆等)造的纸以及废纸纤维造的纸。例如,采用非木材纤维造纸技术将马铃薯淀粉和石灰石结合生产出的可循环利用和具有生物降解功能的食品包装托盘,价格低廉,而且可以节省大量的木材;将竹、稻草等植物纤维经高温杀菌后压制成纤维板,再经粉碎,加入填充料、黏合剂等搅拌后挤压成形,制成一次性快餐用具;利用蔗渣纤维制成的缓冲包装材料等。

多功能纸质品目前应用也很广泛,已开发出多种纸包装制品。例如,在纸的表面喷涂防水材料制成具有防湿功能的纸;在纸中注入防腐和杀菌原料制成的可以防止细菌侵入,延缓食品变质作用的保鲜纸;纸浆中加入可随温度变化而改变颜色的人造纤维的感温纸,它可以根据包装纸的颜色变化指示环境温度,根据食品包装袋颜色的变化有效地保存食品。另外,生产出的还有很多诸如具有防油、抗渗透等功能的新型包装纸。

(二)可降解材料包装

可降解塑料是指在生产过程中加入一定量的添加剂(如淀粉、改性淀粉或其他纤维素、光敏剂、生物降解剂等),使其稳定性下降,较容易在自然环境中降解的塑料。它一般可以分为 3 大类:光降解塑料、生物降解塑料、光和生物结合降解塑料。

1.光降解塑料

光降解塑料就是在塑料中掺入光敏剂,在日照下使塑料逐渐分解。它属于较早的一种降解塑料,由于它受环境(日照、气候等)影响比较大,变化难以预测,无法控制降解时间,因此目前很少应用。

2.生物降解塑料

生物降解塑料就是在微生物的作用下,可完全分解为低分子化合物的塑料。它主要包括合成生物降解塑料和天然高分子生物降解塑料两种。

(1)合成生物降解塑料。合成生物降解塑料(如聚乳酸)属于热塑性聚酯,具有生物降解性、可溶性和可吸收性,比现有塑料聚乙烯、聚丙烯、聚苯乙烯等材料都好,降解后不会污染环境,被产业界定为 21 世纪最有发展前途的新型包装材料。

(2)天然高分子生物降解塑料。天然高分子生物降解塑料主要包括植物型和动物型。植物型的包括淀粉、纤维素、半纤维素、木质素等,降解时通常先水解后氧化;动物型的包括甲壳素、明胶、壳聚糖等。例如,从玉米蛋白粉中提取的醇溶蛋白是植物型天然高分子生物降解塑料,是一种可再生的天然高分子蛋白,其平均分子质量为 44000,约占胚乳中蛋白总含量的 40%,可形成韧性、光滑、疏水的防腐膜,它具有生物可降解性和生物相容性,被广泛用于食品、造纸、印刷、纺织、医药卫生等方面。利用小麦面粉添加甘油、乙二醇(又名甘醇)、聚硅油等混合干燥,再经每平方米加 1470 (150 gf)压力热压成为半透明的热可塑性小麦塑料薄膜,可被微生物分解。利用烘干的马铃薯淀粉为原料加水和纤维混合后制成的包装容器,内表面加衬了一层聚丙烯基材料,这种材料能在 14 内完全降解,目前它主要用于干鲜无汁食品的包装。美国科学家采用小麦秸秆的纤维和麦粒中的淀粉制成的快餐包装盒,价格便宜,而且比常用的纸板包装盒和马铃薯淀粉包装盒的保温时间要长,用后无污染,也可以作为肥料。动物型天然高分子生物降解塑料,美国采用动物胶原制成的胶原薄膜,具有强度高、耐水性和隔绝水蒸气性能好等特点,用于包装肉类食品不会改变其风味;利用甲壳素与壳聚糖具有良好的防霉抗菌功能和对氧气、二氧化碳等都具有一定的选择渗透作用,可以作为食用包装膜,用于水果、蔬菜包装,阻止水分蒸发,减少水果和蔬菜对环境中氧的吸收,从而达到降低呼吸消耗,延长果蔬储藏时间的目的。

3.光和生物结合降解塑料

光和生物结合降解塑料就是光降解和微生物相结合的一类塑料,它同时具有光降解塑料和微生物降解塑料的特点。目前开发出一种光/生物降解发泡 PS 餐盒,废弃后被完全降解。我国研究较多的以淀粉与聚烯烃塑料相混的不完全生物降解塑料。这类塑料的降解原理是,淀粉颗粒先被真菌和细菌侵蚀、消耗,从而削弱塑料的强度,同时经过土壤中存在的某些微生物作用形成过氧化物,促使塑料中聚合物的分子链断裂,它们互相促进、相辅相成,细菌消耗淀粉,使塑料表面积增大而有利于自氧化降解。周而复始,高分子链逐渐断裂、缩短,使塑料强度降低,直至聚合物的分子质量降低到能被微生物代谢的程度。

(三)可食性包装材料

可食性包装材料是指当包装功能实现后,即将成为"废弃物"时,使它转变为一种食用原料。它主要可以分为 5 大类:淀粉类、蛋白质类、多糖类、脂肪类和复合类。

1.淀粉类

淀粉类主要是以淀粉为原料加入胶黏剂按一定比例配制,充分搅拌,再通过热压等方式加工制得的。所用淀粉有玉米、甘薯、马铃薯、魔芋、小麦等,所加入的胶黏剂多为天然无毒的植物胶或动物胶,如明胶、琼脂、天然树脂胶等制造出一种可食性"米纸",已广泛应用于食品包装行业。

2.蛋白质类

蛋白质类主要是以蛋白质为基料,利用蛋白质的胶体性质,加入其他添加剂改变胶体的亲水性而制得的包装材料,多以包装薄膜形式存在。美国克雷姆逊大学,以玉米、大豆、小麦为原料提取蛋白质加工研制的谷类薄膜,既能保持水分,又具有较好的防潮隔氧能力,还有一定的抗菌性,适用于香肠等食品的包装,使用后可供家禽食用或作肥料。

3.多糖类

多糖类主要利用多糖食物的凝胶作用,以多糖食品原料为基料而制得。日本开发出用壳类物质提炼的脱乙酸壳多糖制成可食用包装纸,这种可食用包装纸包装的快餐面调料可直接放入火锅内烹调。使用可食包装既方便了消费者,又避免了包装废弃物污染环境。用羧甲基纤维素、羟丙基甲基纤维素、果胶等基料可制得纤维素薄膜,以水产贝类提取物和壳聚糖为基料可制得壳聚精薄膜,利用甘薯、马铃薯、木薯、谷物等农产品经发酵后产生的高分子化合物茁霉多糖可制得茁霉多糖薄膜,利用谷物淀粉糊与水可制得水解淀粉薄膜。

4.脂肪类

脂肪类可食性包装材料是利用食物中脂肪组织纤维的致密性制得的包装材料。根据不同的脂肪来源可分为植物油型薄膜、动物脂肪型薄膜和蜡质型薄膜 3 种脂肪类包装材料。

5.复合类

复合类可食性包装材料是利用多种基材组合,采用不同的加工工艺制得的包装材料。英国一家公司研制成了一种可食用的水果和蔬菜保鲜剂,它是由糖、淀粉、脂肪酸和聚酯物调配而成的半透明乳液,采用喷雾、涂刷或浸渍等方法覆盖于苹果、柑橘等水果蔬菜的表面,在其表面形成一层密封膜,防止氧气进入产品内部,起到保鲜作用,可使保鲜期延长至 200 d 以上,还可以同产品一起食用。食用纸也属于复合类,主要有两种,一种是以蔬菜为主要原料,将蔬菜打浆,成型后烘干;另一种是将淀粉、糖类精化,加入其他食品添加剂制成,富含膳食纤维、多种维生素及矿物质，解决了蔬菜易腐烂、不易储藏的问题。

目前以蔬菜为原料的绿色包装材料更具有发展潜力。

(四)其他新型包装材料

纳米技术的应用被公认为是21世纪最有前途的科研领域。各种新型的纳米包装材料在食品中的应用，将会是食品领域的一次产业革命，给人们饮食结构和生活方式带来巨大变化。目前开发应用的新型纳米包装材料主要有3种：纳米抗菌性包装材料、纳米保鲜包装材料和新型高温阻隔性材料。新型抗菌材料是在尼龙中添加了一种特殊的纳米黏土复合材料，经改性后，不但提高了强度、韧性等物理力学性能，还对大肠杆菌、金黄色葡萄球菌具明显的杀伤效果，同时生产成本也在大幅降低。日本开发的以银沸石为母料的全新型无机抗菌剂，具有催化和显著的抗菌特性，而且抗菌效果持续时间长，加工稳定性高，不会污染环境，广泛用于熟食肉类、水产品和液体食品包装。另外，从芥末中提取物作为抗菌剂的薄膜也已推向了市场，这类抗菌膜主要用于新摘蔬菜及水果等包装。纳米 TiO_2 功能薄膜属于纳米保鲜包装材料，它具有高阻隔性、分解内毒素、除异味和一定的自洁能力，而且可以重复利用，可用于从空气和水中去除污染物以及在大气条件下除臭、防污和杀菌等。我国北京崇高纳米科技公司在原有的聚乙烯保鲜膜技术基础上，创造性地运用纳米材料和技术，将纳米抗菌材料经过特殊的表面处理和分散技术，使之均匀地分散在聚乙烯树脂中，研制成功了维蔬乐长时(果蔬)保鲜膜(袋)。新型高阻隔性塑料在国外已广泛使用，国内正在开发用于食品包装的“尼龙6层状硅酸盐纳米复合材料”，它可以降低气体的透过率，提高材料的阻隔能力，透明度更高，使食品的保质期延长。某国际公司生产出一种纳米复合物，用该材料生产的塑料啤酒瓶罐装啤酒的货架期达到6个月。该纳米复合物通过将纳米晶体包埋于塑料中，形成分子隔离防止氧气逸出，使啤酒的保存时间延长，且不会影响其风味。

近年来由于大众环境保护意识的提高，天然生物包装材料重新受到人们的重视。天然生物包装材料具有自身环境负载低、资源丰富等特点。近年来使用竹材料也成为一种趋势，竹子生长周期比较短，可以代替木头，用它来生产餐具或食品包装容器，不仅原材料丰富易得，而且在生产和使用过程中无污染，有利于环境保护，还保留了竹子所特有的自然清香，目前主要用来做原生态竹筒、竹编器具等。另外，柳条、芦苇、农作物秸秆(如稻草、麦秸等)作为原料，也开始逐步发展起来，它们的应用扩大了食品包装的品种，成为包装生态化的又一大方向。

三、绿色食品包装方法

(一)水果和蔬菜的包装方法

一般先在包装容器内衬垫无污染的蒲包或纸张、干草等衬垫物，再放入水果或蔬菜，在空隙间加入锯屑、刨花、稻壳等填充物，以防相互碰撞、挤压。水果或蔬菜装好经过检查后，再在上面加衬垫物，然后封箱，捆紧扎实，并注明产品的名称、产地、重量或个数、等级等。

水果或蔬菜在包装容器内应有一定的排列形式，其目的在于使其在容器内不滚动、不相互碰撞、能通风透气、充分利用容器。苹果、梨、柑橘、番茄等果实在圆形容器(如筐、委)中，应沿筐壁由外至内呈同心圆排列，排满底层后，再依次排第二层、第三层等，直至筐口。在长方形容器(如纸箱、木箱)中，果实通常采用直线式或对角线式排列。

（二）糕点的包装方法

糕点类需要防潮、遮光和阻氧，因此糕点类包装需要热封型、防潮性能好的材料，如聚丙烯复合薄膜、铝基复合薄膜、涂料玻璃纸等。

（三）糖果的包装方法

糖果需要防潮，为了增加美感和吸引力，可采用透明材料包装。

水果糖用玻璃瓶或者聚氯乙烯（PVC）半硬片容器。

巧克力和果仁酥用纸-塑、铝-塑及真空镀铝复合薄膜。

乳脂糖用彩色印刷薄膜和透明的聚丙烯薄膜。

（四）饮料的包装方法

根据饮料的特性、加工方法、运销方式以及消费对象的不同，可采取不同的包装材料。

1.金属罐

金属罐多采用涂层马口铁板，环氧酚醛内涂料。对酸性较大的饮料，在环氧涂层上还涂敷乙烯基涂料。啤酒和矿泉水多用铁罐和铝易拉罐。

2.玻璃瓶

玻璃瓶化学性质稳定、易回收，但易破碎，多用于饮料、矿泉水、清酒等。

3.塑料容器

塑料容器多采用延伸聚对苯二甲醇乙二醇酯（PET）、聚偏二氯乙烯（PVD）瓶等，可用于多种饮料的包装。

4.纸容器

随着科技的发展，纸容器的种类越来越多，正逐渐开发出适于多种饮料的产品。

（五）罐头的包装方法

罐头可使用玻璃瓶和金属罐包装。金属罐材料可用镀锡薄钢板（马口铁）、涂料铁、黑铁皮和铝，由于各种食品对金属的腐蚀程度不同，可选用不同的内涂料来保护。低酸性、不含硫的食品（如蘑菇罐头），用油脂涂料；易产生黑色硫化铁的食品（如桃罐头），用含氧化锌油树脂涂料；酸性食品（如橘子罐头），用环氧酚醛涂料，对于高酸度水果还应用乙烯基涂料外涂。

（六）茶叶的包装方法

茶叶对储藏环境要求较严格，如果水分含量超过5%，茶叶的色、香、味和营养（如维生素C）都易改变，在高温下变化更快；含氧量高于1%时，茶叶易变色、变味；茶叶见光易使叶绿素分解，产生异味；茶叶还极易吸收异味。因此，茶叶包装要求防潮、阻氧、避光，以保持茶叶的品质。茶叶内包装的包装材料可选用纸或聚丙烯复合薄膜，外包装可选用金属罐或纸容器。

（七）调味品的包装方法

固体调味品要求高度防潮、阻氧、避光和保香，一般以瓶装较多，软包装用PET/PE（聚乙烯）或铝复合膜包装，有时再加上纸盒作为外包装。

液体调味品可使用玻璃容器、聚酯瓶和聚氯乙烯瓶包装。

（八）腌渍菜的包装方法

腌渍菜的包装需要抑制酵母菌的生长，可采用多种容器包装，如瓷罐、玻璃瓶、塑料薄膜袋等。

(九)乳品的包装方法

乳品的包装采用阻氧、避光的材料,如聚丙烯复合薄膜等,也可采用无菌包装容器和方法,如利乐包。

(十)食用油的包装方法

食用油包装的重点是防止氧化,可采用玻璃容器、聚氯乙烯容器等。

(十一)酒类的包装方法

酒类包装要求密封严密,以玻璃、陶瓷等容器为主。目前小型的纸容器也有一定的市场。

四、绿色食品包装通用准则

《绿色食品　包装通用准则》(NY/T 658—2002)全文如下。

1　范围

本标准规定了绿色食品的包装必须遵循的原则,包括绿色食品包装的要求、包装材料的选择、包装尺寸、包装检验、抽样、标志与标签、贮存与运输等内容。

本标准适用于绿色食品。

2　规范性引用文件

下列文件中的条款通过本标准的引用而成为本标准的条款。凡是注日期的引用文件,其随后所有的修改单(不包括勘误的内容)或修订版均不适用于本部分,然而,鼓励根据本部分达成协议的各方研究是否可使用这些文件的最新版本。凡是不注日期的引用文件,其最新版本适用于本标准。

GB/T 2828　逐批检查计数抽样程序及抽样表(适用于连续批的检查)

GB/T 4892　硬质直方体运输包装尺寸系列

GB 7718　食品标签通用标准

GB 9681　食品包装用聚氯乙烯成型品卫生标准

GB/T 10344　饮料酒标签标准

GB/T 13201　圆柱体运输包装尺寸系列

GB/T 13432　特殊营养食品标签

GB/T 13757　袋类运输包装尺寸系列

GB/T 15233　单元货物尺寸

GB/T 15239　孤立批计数抽样检验程序及抽样表

GB/T 15482　产品质量监督小总体计数一次抽样检验程序及抽样表

GB/T 16470　包装　托盘包装

GB T 16716　包装废弃物的处理与利用　通则

GB/T 18006.2　一次性可降解餐饮具降解性能试验方法

3　术语和定义

下列术语和定义适用于本标准。

3.1　减量化　reduce

在保证盛装、保护、运输、贮藏和销售的功能前提下,包装首先考虑的因素是尽量减少材料使用的总量。

3.2 重复使用 reuse

将使用过的包装材料经过一定处理重新利用。

3.3 回收利用 recycle

把废弃的包装制品进行回收，经过一定方式的处理，使废弃物转化为新的物质或能源。

3.4 可降解 degradable

废弃的包装材料在特定的条件下，化学结构和物理机械性能可发生明显变化，出现分子质量降低，物理机械性能下降或分解成二氧化碳和水。

4 要求

4.1 根据不同的绿色食品选择适当的包装材料、容器、形式和方法，以满足食品包装的基本要求。

4.2 包装的体积和质量应限制在最低水平，包装实行减量化。

4.3 在技术条件许可与商品有关规定一致的情况下，应选择可重复使用的包装；若不能重复使用，包装材料应可回收利用；若不能回收利用，则包装废弃物应可降解。

4.4 纸类包装要求：

——可重复使用回收利用或可降解，

——表面不允许涂蜡、上油；

——不允许涂塑料等防潮材料；

——纸箱连接应采取粘合方式，不允许用扁丝钉钉合；

——纸箱上所作标记必须用水溶性油墨，不允许用油溶性油墨。

4.5 金属类包装应可重复使用或回收利用，不应使用对人体和环境造成危害的密封材料和内涂料。

4.6 玻璃制品应可重复使用或回收利用。

4.7 塑料制品要求：

——使用的包装材料应可重复使用、回收利用或可降解。

——在保护内装物完好无损的前提下，尽量采用单一材质的材料。

——使用的聚氯乙烯制品，其单体含量应符合 GB 9681 要求。

——使用的聚苯乙烯树脂或成型品应符合相应国家标准要求。

——不允许使用含氟氯烃(CFS)的发泡聚苯乙烯(EPS)、聚氨酯(PUR)等产品。

4.8 外包装上印刷标志的油墨或贴标签的粘着剂应无毒，且不应直接接触食品。

4.9 可重复使用或回收利用的包装，其废弃物的处理和利用按 GB/T 16716 的规定执行。

5 包装尺寸

5.1 绿色食品运输包装件尺寸应符合 GB/T 4892、GB/T 13201、GB/T 13757 的规定。

5.2 绿色食品包装单元应符合 GB/T 15233 的规定。

5.3 绿色食品包装用托盘应符合 GB/T 16470 的规定。

6 抽样

根据包装材料及相关产品中规定的检验方法进行抽样。一般生产中按 GB/T

2828 执行；产品认证或监督抽查检验按 GB/T 15239 执行；鉴定检验及仲裁检验按 GB/T 15239 执行。

7　试验方法

7.1　可降解材料，参照 GB/T 18006.2 进行检验。

7.2　食品包装用聚氯乙烯成型品，按 GB 9681 的规定执行；其余包装材料卫生性能按相应材料的卫生标准检验（常用包装材料的卫生指标参见附录 A，从略）。

8　标志与标签

绿色食品外包装上应印有绿色食品标志，并应有明示使用说明及重复使用、回收利用说明。标志的设计和标识方法按有关规定执行；绿色食品标签除应符合 GB 7718 的规定外，若是特殊营养食品，还应符合 GB/T 13432 的规定。

9　贮存与运输

绿色食品包装贮存环境必须洁净卫生，应根据产品特点、贮存原则及要求，选用合适的贮存技术和方法；贮存方法不能使绿色食品发生变化，引入污染。可降解食品包装与非降解食品包装应分开贮存与运输。绿色食品不应与农药、化肥及其他化学制品等一起运输。

第三节　绿色食品储藏与保鲜

一、绿色食品储藏与保鲜的要求

绿色食品的储藏保鲜，是根据各类食品的储藏性能和各种储藏技术的机理、生产可行性和卫生安全性、食品在储藏中的质量变化及影响质量变化的诸因素和控制措施，依据储藏原理和食品储藏性能，选择适当的储藏方法和较好的储藏技术的过程。在储藏期内，要通过科学的管理，最大限度地保持食品的原有品质，不带来二次污染，降低损耗，节省费用，促进食品流通，更好地满足人们对绿色食品的需求，符合《绿色食品　贮藏运输准则》（NY/T 1056—2006）的要求。

（一）储藏设施的设计和建造及建筑材料

（1）用于储藏绿色食品的设施结构和质量应符合相应食品类别的储藏设施设计规范的规定。

（2）对食品产生污染或潜在污染的建筑材料与物品不应使用。

（3）储藏设施应具有防虫、防鼠、防鸟的功能。

（二）储藏设施周围环境

周围环境应清洁和卫生，并远离污染源。

（三）储藏设施管理

1.储藏设施的卫生要求

储藏设施及其四周要定期打扫和消毒；储藏设备及使用工具在使用前均应进行清理和消毒，防止污染，优先使用物理方法或机械方法进行消毒。消毒剂的使用应符合《绿色食品　农药使用准则》（NY/T 393—2013）和《绿色食品　兽药使用准则》（NY/T 472—2013）的规定。

2.出入库

经检验合格的绿色食品才能出入库。

3.堆放

按绿色食品的种类要求选择相应的储藏设施存放，存放产品应整齐；堆放方式应保证绿色食品的质量不受影响；不应与非绿色食品混放；不应和有毒、有害、有异味、易污染物品同库存放；保证产品批次清楚，不应超期积压，并及时剔除不符合质量和卫生标准的产品。

4.储藏条件

应符合相应食品的温度、湿度、通风等储藏要求。

(四)保质处理

(1)应优先采用紫外线消毒等物理与机械的方法和措施。

(2)在物理与机械的方法和措施不能满足需要时，允许使用药剂，但使用药剂的种类、剂量和使用方法应符合《绿色食品　农药使用准则》QY/T 1393—2013)和《绿色食品　兽药使用准则》(NY/T 7472—2013)的规定。

(五)管理和工作人员

(1)应设专人管理，定期检查质量和卫生情况，定期清理、消毒和通风换气，保持洁净卫生。

(2)工作人员应保持良好的个人卫生，且应定期进行健康检查。

(3)应建立卫生管理制度，管理人员应遵守卫生操作规定。

(六)记录

(1)应建立储藏设施管理记录程序。

(2)应保留所有搬运设备、储藏设施和容器的使用登记表或核查表。

(3)应保留储藏记录，认真记载进出库产品的地区、日期、种类、等级、批次、数量、质量、包装情况和运输方式，并保留相应的单据。

二、绿色食品储藏与保鲜方法

(一)绿色食品自然冷源储藏

水果、蔬菜等新鲜食物一般采用低温储藏或控制气体成分的储藏方法。常用的方法有下述几种。

1.埋藏或沟藏

埋藏或沟藏利用气温和土温的变化特点和规律达到储藏保鲜的目的。埋藏地应选择地势较高、地下水位较低的地方。挖沟的深度要根据当地冻土层的高度确定，应在冻土层以下储藏。将果实散放于沟内，再用土或沙覆盖；或将物品装筐后放入沟内埋藏。

2.窑窖储藏

窑窖都是根据本地的自然地理条件修建的，大都建在土层以下，利用变化缓慢的土温和简单的通风设备调节和控制温度。窑窖的种类很多，以棚窖最普遍，还有窑洞、井窖、土窖、通风储藏窖等。

3.通风库储藏

通风库是利用良好的隔热保温材料和较好的通风设备建设的永久性储藏库。通风库要选择地势高、干燥、地下水位低、通风良好、没有污染、交通方便的地方。库内的热空气、二氧化碳、乙烯等不良气体排出库外。

4.气调储藏

气调储藏(controlled atmosphere storage)是一种通过调节和控制环境气体成分的储藏方法。其基本原理是在适宜的低温下,改变储藏库或包装中气体的组成,降低氧气含量,增加二氧化碳的含量,以减弱鲜活食品的呼吸强度,抑制微生物的生长繁殖和食品中化学成分的变化,从而达到延长储藏期和提高储藏效果的目的。气调储藏除了用于水果和蔬菜的储藏,已开始用于粮食、油料、肉类肉制品、鱼类、鲜蛋等多种食品的储藏。

(二)绿色食品低温储藏

低温储藏(low temperature storage)是指低于常温 15 ℃以下环境中储藏食品的方法。由于低温储藏能延缓微生物的繁殖活动,抑制酶的活性和减弱食品的理化变化,因而在储藏期内能够较好地保持食品原有的新鲜度、风味品质和营养价值。

食品低温储藏温度因食品种类、特性和储藏期限的不同而不同,可划分为下述 4 类。

1.冷却食品储藏

冷却食品储藏又称为食品的冷藏,温度多控制在 0～10 ℃。此方法多用于水果和蔬菜的储藏。

2.冷冻食品储藏

冷冻食品储藏又称为食品冻结储藏,它先将食品在低于冰点下迅速冻结,再以 0 ℃以下低温进行储藏的方法,一般温度控制在—30～—18 ℃。采用冷冻储藏的食品主要有肉类、禽类、鱼类等易腐性食品。

3.半冻结食品储藏

半冻结食品储藏又称为微冻食品储藏,一般温度为—3～—2 ℃,多用于短期储藏或运输食品,如肉类、鱼类等。

4.冷凉食品储藏

冷凉食品储藏是近年来新兴的一种储藏方法,一类温度控制在—1～+1 ℃,另一类温度控制在—5～+5 ℃。这种方法多用于肉类运输途中的储藏,也多见于水果和蔬菜的运输保藏。

(三)绿色食品干燥储藏

绿色食品干燥储藏包括干燥储藏(drying preservation)及干制食品的储藏。从食品中除去一定数量的水分称为干燥或脱水,食品的干燥或脱水称为干制,经干制的食品称为干燥食品或干制食品。食品经干燥脱水后,不易腐败变质,可延长储藏期,而且由于体积与重量显著减少而便于运输,如蔬菜、水果、肉类、鱼类等。

(四)绿色食品腌渍和烟熏储藏

1.腌渍储藏

腌渍储藏(pickle preservation)主要是利用食盐或食糖溶液产生的高渗透压和低水分活度,或通过微生物的正常发酵,降低环境的 pH 值,以抑制有害微生物的活动,增进储藏性能。

2.烟熏储藏

烟熏储藏(smoking preservation)是在腌制的基础上,利用木料不完全燃烧时所产生的烟气熏制食品的方法，获得食品的特殊风味，延长储藏寿命。

(五)绿色食品密封加热储藏

食品密封加热储藏(airproof calefaction preservation)主要用于罐头食品，这种储藏方法由于对食品密封包装，并经高温处理，既杀死食品中的微生物，又破坏酶的活性，能防止微生物的再污染，从而可达到长期储藏的目的。

(六)绿色食品化学储藏

食品化学储藏(chemical preservation)是指在生产和储藏过程中，添加某种对人体无害的化学物质，增强食品的储藏性能和保持食品品质的方法。化学储藏剂按储藏原理不同，可分为 3 类：防腐剂、杀菌剂和抗氧化剂。食品化学储藏的卫生安全是人们最为关注的问题，因此生产和选用化学储藏剂时，首先必须符合食品添加剂标准，绿色食品选用添加剂时必须符合绿色食品添加剂使用标准。

(七)绿色食品物理储藏

1.电离辐射保藏

利用电离辐射保藏食品是一种发展很快的新技术，经过辐射处理可以延缓果实成熟，并具有杀虫、杀菌、消毒及防腐作用，既不破坏外形，又能保持食品原有色、香、味及营养成分，并在常温下保存期长，且节约能源，更没有化学药剂的残留。大量实验证明，采用小剂量电离辐射照射谷物、果实、种子、蔬菜、鲜肉等食品，可以杀死寄生在其中的各种害虫及细菌。例如，采用 0.8 kGy 的 γ 射线照射储藏的粮食，可以杀灭对粮食危害最大的 4 大害虫(赤拟谷盗、米象、小扁甲虫及锯谷盗)；而采用 0.15～0.30 kGy 的 γ 射线照射果品及蔬菜害虫，可使害虫彻底死亡而对果品及蔬菜无任何影响。目前，世界上已有 70 多个国家批准了 500 多种辐照食品在市场上销售。自 20 世纪 80 年代以来，我国辐照加工技术得到迅速发展，已有 20 多个省、直辖市、自治区开展了辐照粮食、水果、蔬菜、肉类、酒类等的研究。

2.静电处理

近年来，静电技术已被越来越多地应用于食品储藏与水果和蔬菜保鲜。很多试验都证明应用静电场处理食品与水果和蔬菜不仅能起到对其消毒灭菌的作用，而且可保持其原色泽、原品味和不降低其维生素 C 及氨基酸等的含量。例如，山西农业大学采用 80 kV/m 的高压静电场处理“红星”苹果 1 min，然后储藏 3 个月(0 ℃，湿度 90%)，其硬度、可溶性固形物含量分别比对照组提高 10%和 1.8%，呼吸强度降低约 20%。另有研究证明，经静电场处理后再储藏的鸭梨、西瓜、桃和黄瓜在一定时间内其腐烂率均比对照组低，延长了其保鲜期。对于静电保鲜的机理现在还不很清楚，一些学者认为静电场是通过改变水果和蔬菜细胞膜的跨膜电位，进而影响其生理代谢，使之能存放更久。也有一些学者认为，静电场是通过对水果和蔬菜内部呼吸系统的电子传递体的影响而减缓生物体内的氧化还原反应，从而达到保鲜目的的。还有一些学者认为静电场是通过使水果和蔬菜内部水发生共振现象，引起水结构及水与酶的结合状态发生变化，最终导致酶的失活而达到保鲜目的的。另外，利用高压负静电场还可使空气电离产生空气负氧离子和一定程度的臭氧，空气负氧离子可使水果和蔬菜进行代谢的酶钝化，从而降低水果和蔬菜的呼吸强度，减弱其催熟剂乙烯的生成。同时，臭氧经分解可放出新生态原子氧，因此具有极强的消毒杀菌作用，能杀死残留于水果和蔬菜表皮及储藏空间的细菌和霉菌，减少水果和蔬菜的霉烂率。臭氧还可以抑制并延缓果蔬内有机物的水解，从而延长水果和蔬菜的储藏期。

3.磁场处理

产品在一个电磁线圈内通过，控制磁场强度和产品移动的速度，或者产品静止前磁场不断改变方向，可使产品受到一定剂量的磁力线的切割作用。据国外报道，水果在磁场中运动，其组织生理上总会产生某些变化，如同导体在电场中运动要产生电流一样。这种磁化效应虽然很小，但应用电磁测量的方法，可以在果实组织内测量出电磁反应的现象。水分较多的山野菜经磁场处理，可以提高生活力，增强抵抗病变的能力。磁场有类似于植物激素的特性，或具有活化激素的功能，从而起到催熟作用，激活或促进酶系统而加强呼吸作用，形成自由基加速呼吸而促进后熟耐储藏。

4.微波保鲜技术

微波的频率为 $3\times10^{3}\sim3\times10^{6}$ MHz。在微波电磁场作用下，介质中的极性分子由原来的热运动状态转化为跟随微波电磁场的交变而排列取向。在这种微观过程中，微波能量转化为介质内的热能，使介质温度呈现为宏观上的升高。微波具有热效应和非热效应双重杀菌作用。在微波场作用下，食品中的微生物体内的蛋白质和生理活性物质发生变异或被破坏，从而导致生物体生长发育异常，直至死亡。目前，国内外应用微波进行食品保鲜的研究已取得了很大进展，并已大规模地应用于食品工业生产中。例如，瑞典、德国和丹麦均使用微波进行切片面包杀菌防霉保鲜的工业化生产，其保鲜期由原来的 3～4 d 延长到 30～40 d。

（八）利用天然果蔬保鲜剂储藏绿色食品水果和蔬菜

水果和蔬菜保鲜剂可分为两大类：化学合成水果和蔬菜保鲜剂及天然水果和蔬菜保鲜剂(natural fruit and vegetable preservation)。长期以来，人们主要采用化学合成物质作为保鲜剂对储藏的水果和蔬菜保鲜，虽有较好的保鲜防腐效果，但很多化学合成物质对人体健康有一定的不利影响，甚至出现致癌、致畸、致突变毒性。因此，人们开始把注意力转向天然水果和蔬菜保鲜剂的研究与开发。目前国内外已开发应用于水果和蔬菜防腐的天然抗菌物质主要来源于植物、动物和微生物。

1.植物源抑菌物质保鲜剂

植物群体是一个含有自然杀菌物质成分的巨大资源库，许多研究表明一些植物根和叶的提取物对病菌有明显的抑制作用，有的国家早就有利用植物自然抗病物质控制病虫害的传统。目前已开发出上百种具有抑菌作用的植物提取物，可用于水果和蔬菜防腐储藏。例如，在我国用于食品抑菌物质开发的植物就有樟属、蒿属和九里香属 3 属，从樟属植物中提取的丁香酚甲醚、桂醛、芳樟醇等已用于水果储藏；蒿属提取物对水果致病菌青霉等有抑杀作用；九里香属某些提取物对霉菌有一定抑杀功效。

2.动物源抑菌物质保鲜剂

近来人们也开发出了一些动物产品[如脱乙酰甲壳质(即壳聚糖)、蜂胶等]用于水果采后防腐储藏。壳聚糖能够防治灰霉等病菌引起的水果采后腐烂，并且能够延长猕猴桃、草莓、番茄、苹果、桃、梨、四季柚、柑橘等果实的储藏期。然而它的制取工艺复杂，成本较高，仍未能大量用于生产。蜂胶不失为一种来源广、效果好、成本低的防腐剂。Ozcan 等研究了蜂胶的抗真菌活性，得出不同浓度的蜂胶水提取液在培养基中均能不同程度地抑制青霉、链格孢霉等的生长。相对而言，用于水果防腐储藏的动物源抗菌物质种类不多。

3.拮抗微生物保鲜剂

采后病害生物防治的研究工作始于20世纪80年代中期，经过多年研究证明利用拮抗微生物来控制病害是一项具有很大潜力的新技术。国内外已经从植物和土壤中分离出30余种对水果采后病害具有拮抗作用的细菌、小型丝状真菌和酵母菌。从目前取得的研究成果来看，生物防治的潜力和应用前景取决于它防病的有效性，以及对低温、气调等储藏环境的适应性，还需要与其他措施配合。

第四节　绿色食品运输技术

由于受气候分布的影响，食品的生产有较强的地域性，大量产品需要转运到人口集中的城市、工矿区和贸易集中地销售。为了实现异地销售，运输在生产与消费之间起着桥梁作用，是商品流通中必不可少的重要环节。食品包装以后，只有通过各种储藏运输环节，才能到达消费者手中，实现产品的商品价值。

一、绿色食品运输的基本要求

绿色食品运输除要符合国家对食品运输的基本要求外，还要符合《绿色食品　贮藏运输准则》(NY/T 1056—2006)的规定。

(一)运输工具的要求

(1)应根据绿色食品的类型、特性、运输季节、距离以及产品保质储藏的要求选择不同的运输工具。

(2)运输应专车专用，不应使用装载过化肥、农药、粪土及其他可能污染食品的物品而未经清污处理的运输工具运载绿色食品。

(3)运输工具在装入绿色食品之前应清理干净，必要时进行灭菌消毒，防止害虫感染。

(4)运输工具的铺垫物、遮盖物等应清洁、无毒、无害。

(二)运输管理的要求

运输过程中采取控温措施，定期检查车(船、箱)内温度以满足保持绿色食品品质所需的适宜温度；保鲜用冰应符合国家标准《人造冰》(GB 4600—1984)的规定。不同种类的绿色食品运输时应严格分开，性质相反和互相串味的食品不应混装在一个车(箱)中，不应与化肥、农药等化学物品及其他任何有害、有毒、有气味的物品一起运输。装运前应进行食品质量检查，在食品、标签与单据三者相符合的情况下才能装运。运输包装应符合《绿色食品　包装通用准则》(NY/T 658—2002)的规定。运输过程中应轻装、轻卸，防止挤压和剧烈震动。运输过程应有完整的档案记录，并保留相应的单据。

二、绿色食品运输的方法

(一)公路运输

公路运输(highway transportation)主要指汽车或其他机动车辆。它们多以短途运输为主，是交售与收购、分配与批发和转运的主要交通工具。没有这些交通工具就难以把分散在各个果园、菜园的产品集中起来，就难以把大量的食品送到火车站和海河港口转运、批发。

这类交通工具设备比较简单，成本低，灵活方便，是部分食品运输，特别是果蔬产品运输中不可缺少的主要力量。但由于设备简陋，振动力强，速度缓慢，因此必须注意如下几个问题：①装载时要求排列整齐，逐件紧扣，不宜留过大的空隙，以防互相碰撞，引起机械损伤。②根据当地的气候条件和温度情况，采用不同的遮盖物，以避免日晒雨淋，防热防冻。③堆叠层数不宜过高，以免压坏下层产品。必要时，留出装卸工人坐立的空位。严禁在货堆上坐人或堆放重物。④运送时间最好在气温条件比较适宜的时候，尽量避免在炎热的中午前后或果蔬受冻害的时候运送。⑤崎岖路面要慢行，停车时要选择阴凉地方，卸车时要逐层依次搬下。

（二）水路运输

水路运输（waterage）工具既包括产地交送使用的和附近销区调拨使用的木船、小艇、拖驳和帆船，亦包括海河上的大型船舶、远洋货轮等。船舶运行平稳，振动损伤小，运载量大，运输费低廉，对新鲜易腐产品具有特殊的优越性。我国领土广阔，海岸线长，江河纵横交错，沿江河湖海之滨多为新鲜水果、蔬菜盛产之地，因而水路运输也是绿色果蔬产品运输的重要途径。

由于船舶等水路运输设备不是专为食品运输设计的，多系综合使用的交通运输工具，因此用船舶运输食品时要注意以下几点：①装载食品前，应清洗船舱，必要时还应消毒杀菌，尽量避免与其他不同性质的货物混装在同一舱房，防止各种有毒、有味物质的污染和刺激性气体的残留。②一般舱底部凹凸不平，堆放时应设法使其平稳，以不致引起倒塌。③没有遮盖的应准备遮盖物。散装装载的舱底应铺上一层软绵的材料。④大型货轮装载采用机械装卸时，应注意安全科学，防止包装容器挤压变形而损伤商品。近年来远洋运输中大量采用集装箱装卸运输。⑤注意货舱内温度的调节和空气的更换，防止闷热导致食品腐败。

（三）铁路运输

铁路运输（railway transportation）具有运量大、速度快、行驶平稳、安全可靠、时间准确、运费低廉等特点，它是我国长距离调运食品的主要运输形式。食品在铁路运输中除采用无温度调控设备的普通棚车外，主要是使用有控制温度设备的机械保温车和冰箱保温车两种。

1.普通棚车

普通棚车即普通有篷货车，设有温度调节控制设备，受自然气温的影响大。用普通棚车运输食品类的商品，要特别注意温度的变化，既要注意防热，又要重视防冻。防热可采取通风换气或加冰块降温的办法。防冻可在车厢内水果和蔬菜包装上盖苫布、棉被、干草等覆盖物保温，必要时可生火加热。

2.机械保温车

机械保温车即机械冷藏车，它利用机械制冷降低车厢内的温度。我国现有的机械保温车车型有 B1、B13、B15、B17、B20 等，按其供电和制冷的方式可分为集中供电、集中制冷的列车，如 B1 型和 B17 型，车厢内温度可调节在－10～＋5 ℃，温度稳定；集中供电、单独制冷的列车，如 B1 型，温度可在－18～＋14 ℃之间调节。

单节式机械保温车，每辆车车厢内都装有小型发电机组和制冷设备，可单独供电和制冷，也可与发电车联挂集中供电，如 B 型车辆，可分可合，能在 3 种条件下使用：①单独发电作为一个独立的保温冷藏车；②集中供电组成列车；③利用外来电源单独挂靠或组合使用，还可作活动冷藏库使用。

机械保温车备有电热器、鼓风机等设备，当外界温度偏低或运送热带、亚热带水果和蔬菜需要加温时，可调节控制车内温度，并强制空气循环，加强通风换气，使车厢内温度均匀，排除过多的二氧化碳和乙烯气体。若列车装有调节气体成分的设备，即可作为气调冷藏车使用。

3.冰箱保温车

冰箱保温车又称为加冰冷藏车。车厢有隔热保温设备，并有储冰箱，用冰来冷却。由于单独使用冰块不易将车厢内温度降低，更不能使温度降到0 ℃以下，因此通常在加冰时掺进一定比例的盐，可使降温比较迅速，并能得到－10～－6 ℃的低温。新鲜食品，特别是水果和蔬菜产品运输时，在始发站加冰掺盐量一般为3%～10%。加冰冷藏车可单独使用，或几节车厢挂在其他客货列车上，也可组合成冷藏专列。

加冰冷藏车依加冰的冰箱放置位置不同可分为车端式冰箱冷藏车和车顶式冰箱冷藏车。前者是将加冰的冰箱设置在车厢的两端，该冷藏车装冰量少，降温效能低，而且车厢内温度分布不均匀，现正逐渐被淘汰。后者是将加冰冰箱设置在车顶，车顶的冰箱个数多为4～8个，每个冰箱可载冰1 t，这种冷藏车较前者具有有效货位少、通风条件好、降温快、温度均衡(相差不超过1～2 ℃)、加冰次数少等优点。

秋冬季节，当外部气温低于食品适宜温度时，要在车内壁和车底加设稻草垫，并将冰箱以棉絮堵塞，必要时可在车厢内生炉火，但必须注意车厢内温度要尽可能均匀稳定，以适应食品安全运输的需要。

(四)空中运输

空中运输(airlift)也称为航空运输，与其他运输相比，速度快、损失少、食品品质好，但载量小、运费昂贵。食品经营者怯于高昂的运费，一般不进行空中运输。有时为了市场竞争或满足某种特殊需要，对某些名贵高档、易腐的水果或蔬菜产品也行空运，但数量有限。随着我国航空运输事业的发展，空运水果和蔬菜产品的数量将会逐渐增加。

(五)集装箱运输

集装箱运输(containerization)是现代化的一种运输方式。集装箱是便于机械化装卸的一种运输货物的容器，具有足够强度，可以长期反复使用，在途中转运时可直接换装，便于货物的装卸，具有1 m^3 以上的容积。集装箱适用于多种运输工具，具有安全、迅速、简便，节省人力、便于装卸的机械化操作的特点。

集装箱种类很多，用于食品运输的集装箱主要有冷藏集装箱及冷藏气调集装箱两种。后者是在前者的基础上加设气密层和调气装置制成的，二者都能使食品在运输途中保持良好的品质和商品价值。用冷藏集装箱和气调集装箱运输的食品，可直接进入冷库储藏。国外使用集装箱运输已相当普遍，我国多在对外出口远洋运输上使用。

三、绿色食品贮藏运输准则

《绿色食品　贮藏运输准则》(NY/T 1056—2006)全文如下。

1　范围

本标准规定了绿色食品贮藏运输的要求。

本标准适用于绿色食品贮藏与运输。

2　规范性引用文件

下列文件中的条款通过本标准的引用而成为本标准的条款。凡是注日期的引用文件,其随后所有的修改单(不包括勘误的内容)或修订版均不适用于本标准,然而,鼓励根据本标准达成协议的各方研究是否可使用这些文件的最新版本。凡是不注明日期的引用文件,其最新版本适用于本标准。

NY/T 393　绿色食品　农药使用准则

NY/T 472　绿色食品　兽药使用准则

NY/T 658　绿色食品　包装通用准则

SC/T 9001　人造冰

3　要求

3.1　贮藏

3.1.1　贮藏设施的设计、建造、建筑材料

3.1.1.1　用于贮藏绿色食品的设施结构和质量应符合相应食品类别的贮藏设施设计规范的规定。

3.1.1.2　对食品产生污染或潜在污染的建筑材料与物品不应使用。

3.1.1.3　贮藏设施应具有防虫、防鼠、防鸟的功能。

3.1.2　贮藏设施周围环境

周围环境应清洁和卫生,并远离污染源。

3.1.3　贮藏设施管理

3.1.3.1　贮藏设施的卫生要求

a.设施及其四周要定期打扫和消毒。

b.贮藏设备及使用工具在使用前均应进行清理和消毒,防止污染。

c.优先使用物理或机械的方法进行消毒,消毒剂的使用应符合 NY/T 393 和 NY/T 472 的规定。

3.1.3.2　出入库

经检验合格的绿色食品才能出入库。

3.1.3.3　堆放

a.按绿色食品的种类要求选择相应的贮藏设施存放,存放产品应整齐。

b.堆放方式应保证绿色食品的质量不受影响。

C.不应与非绿色食品混放。

d.不应和有毒、有害、有异味、易污染物品同库存放,

e.保证产品批次清楚,不应超期积压,并及时剔除不符合质量和卫生标准的产品。

3.1.3.4　贮藏条件

应符合相应食品的温度、湿度和通风等贮藏要求。

3.1.4　保质处理

3.1.4.1　应优先采用紫外线消毒等物理与机械的方法和措施。

3.1.4.2　在物理与机械的方法和措施不能满足需要时,允许使用药剂,但使用药剂的种类、剂量和使用方法应符合 NY/T3 93 和 NY/T 472 的规定。

3.1.5 管理和工作人员

3.1.5.1 应设专人管理,定期检查质量和卫生情况,定期清理、消毒和通风换气,保持洁净卫生。

3.1.5.2 工作人员应保持良好的个人卫生,且应定期进行健康检查。

3.1.5.3 应建立卫生管理制度,管理人员应遵守卫生操作规定。

3.1.6 记录

建立贮藏设施管理记录程序。

3.1.6.1 应保留所有搬运设备、贮藏设施和容器的使用登记表或核查表。

3.1.6.2 应保留贮藏记录,认真记载进出库产品的地区、日期、种类、等级、批次、数量、质量、包装情况和运输方式,并保留相应的单据。

3.2 运输

3.2.1 运输工具

3.2.1.1 应根据绿色食品的类型、特性、运输季节、距离以及产品保质贮藏的要求选择不同的运输工具。

3.2.1.2 运输应专车专用,不应使用装载过化肥、农药、粪土及其他可能污染食品的物品而未经清污处理的运输工具运载绿色食品。

3.2.1.3 运输工具在装入绿色食品之前应清理干净,必要时进行灭菌消毒,防止害虫感染。

3.2.1.4 运输工具的铺垫物、遮盖物等应清洁、无毒、无害。

3.2.2 运输管理

3.2.2.1 控温

a.运输过程中采取控温措施,定期检查车(船、箱)内温度以满足保持绿色食品品质所需的适宜温度。

b.保鲜用冰应符合 SC/T 9001 的规定。

3.2.2.2 其他

a.不同种类的绿色食品运输时应严格分开,性质相反和互相串味的食品不应混装在个车(箱)中。不应与化肥、农药等化学物品及其他任何有害、有毒、有气味的物品一起运输。

b.装运前应进行食品质量检查,在食品、标签与单据三者相符合的情况下才能装运。

c.运输包装应符合 NY/T 658 的规定。

d.运输过程中应轻装、轻卸,防止挤压和剧烈震动。

e.运输过程应有完整的档案记录,并保留相应的单据。

思考题

1.如何进行绿色食品粮食的收获后处理?

2.绿色食品水果和蔬菜的成熟度判定方法有哪些?

3.绿色食品水果和蔬菜采后处理有哪些内容?其目的是什么?

4.绿色食品野生植物采集的基本原则是什么?

5.绿色食品包装材料的基本要求有哪些？
6.绿色食品储藏与保鲜的要求是什么？
7.绿色食品的运输的基本要求是什么？

参考文献

[1]陈兵红.绿色食品生产基础[M]. 北京:科学出版社,2018.

[2]陈兵红.绿色食品生产基础[M]. 北京:科学出版社,2018.

[3]陈功，王莉. 山野菜保鲜贮藏与加工[M]. 北京:中国农业出版社,2002.

[4]陈天佑.绿色食品[M]. 西北农业科技出版社,2002.

[5]方舟.发展“三品一标”是长期战略[J]. 农产品质量与安全，2010,2:8—12.

[6]刘连馥.绿色食品导论[M]. 北京:企业管理出版社,1998.

[7]欧阳喜辉.农产品质量安全认证理论与实践[M]. 北京:中国农业出版社,2009.

[8]孙远明.食品安全快速检测与预警[M]. 北京:化学工业出版社,2017.

[9]谭济才，康绪宏.绿色食品生产原理与技术[M]. 长沙:湖南科学技术出版社,2003.

[10]谭济才.绿色食品生产原理与技术[M]. 北京:中国农业出版社,2014.

[11]王运浩.绿色食品基础理论与技术研究现状及推进重点[J]. 农产品质量与安全，2012,6:8—10.

[12]王运浩.中国绿色食品 20 年发展成效及推进方略[J]. 农产品质量与安全，2010,4:10—14.

[13]王运浩.中国绿色食品发展现状与发展战略[J]. 中国农业资源与区划,2011,3:5—6.

[14]席运官，钦佩.有机农业生态工程[M]. 北京:化学工业出版社,2002.

[15]杨敏，杨富民.现代绿色食品管理与生产技术[M]. 北京:化学工业出版社,2018.

[16]曾庆祝，余以刚，战宇.食品质量与安全检验[M]. 北京:中国质检出版社，中国标准出版社,2015.

[17]张婷,吴秀敏.绿色食品生产者质量控制行为研究[M]. 成都:西南财经大学出版社，2015.

[18]张志恒,陈倩.绿色食品 农药实用技术手册[M]. 北京:中国农业出版社,2016.

[19]张志恒,陈倩.绿色食品 食品添加剂实用技术手册[M]. 北京:中国农业出版社，2016.

[20]中国绿色食品发展中心.最新中国绿色食品标准[M]. 北京:中国农业出版社,2017.